PRÁTICAS E PROTOCOLOS BÁSICOS DE BIOLOGIA MOLECULAR

Blucher

Fernanda Matias
(organizadora)

PRÁTICAS E PROTOCOLOS BÁSICOS DE BIOLOGIA MOLECULAR

Práticas e protocolos básicos de biologia molecular
© 2017 Fernanda Matias (organizadora)
Editora Edgard Blücher Ltda.

Revisão técnico-científica Clarissa Salton
Figuras Kamilla Carvalho

Blucher

Rua Pedroso Alvarenga, 1245, 4° andar
04531-934 – São Paulo – SP – Brasil
Tel 55 11 3078-5366
contato@blucher.com.br
www.blucher.com.br

Segundo Novo Acordo Ortográfico, conforme 5. ed. do *Vocabulário Ortográfico da Língua Portuguesa*, Academia Brasileira de Letras, março de 2009.

FICHA CATALOGRÁFICA

Práticas e protocolos básicos de biologia molecular / organização de Fernanda Matias ; [revisão técnico-científica Clarissa Salton ; figuras de Kamilla Carvalho]. -- São Paulo : Blucher, 2021.
276 p.

Diversos autores.
ISBN 978-65-5506-316-5

1. Biologia molecular 2. Laboratórios biológicos 3. Biologia molecular - Manuais de laboratório I. Matias, Fernanda II. Salton, Clarissa

21-0067 CDD 572.8

Índice para catálogo sistemático:
1. Biologia molecular

APRESENTAÇÃO

Este livro foi uma idealização gerada a partir de experiências pessoais e da observação de alunos em laboratório. Muitos livros trazem protocolos, mas não dão dicas e não possuem parte teórica. Muitos dos problemas de bancada podem ser resolvidos a partir das dicas apresentadas nesta obra e, também, da própria teoria.

O tempo necessário para buscar as melhores referências e os profissionais para desenvolver os capítulos foi de mais de cinco anos, exatamente porque havia a preocupação de fazer um trabalho diferente dos encontrados no mercado, e que, inovando, ajudasse o profissional que se inicia na biologia molecular. Assim, este livro foi pensado para auxiliar estudantes iniciantes ou que estão trocando de área, inclusive dentro da biologia molecular.

Alguns profissionais conseguem facilmente executar protocolos, porém sem entender o que cada reagente representa e, quando há um problema, não conseguem resolvê-lo. Hoje, há uma tendência a usar kits prontos, que são mais práticos, mas também mais caros, e nem sempre se sabe o que cada item do kit representa.

Muitas vezes, podemos incrementar os resultados de nossos trabalhos acrescentando um experimento – se possuímos todos os reagentes no laboratório –, como a extração de DNA total de uma célula (Parte II deste livro), ou ainda um experimento para entender por que uma proteína heteróloga não está sendo bem expressa, se por causa da origem do plasmídeo ou pelo número de cópias do vetor (Parte V, Capítulo 15) ou se em razão da célula escolhida (Parte V, Capítulo 14). Alternativas a protocolos também são colocadas para ajudar o usuário na escolha. A parte de bioinformática, disposta ao longo do livro, foi pensada para ser uma base em desenho para a compreensão das moléculas de proteínas, área com pouco material didático que ajude o aluno a iniciar modelagem molecular.

CONTEÚDO

PARTE I – ORGANIZANDO O LABORATÓRIO

Antes de iniciarmos qualquer trabalho, devemos avaliar as suas condições. Isso significa conferir se todos os reagentes estão disponíveis, avaliar os protocolos que serão utilizados, a rotina de experimentação e o tempo necessário e verificar se tudo está acertado para a execução do experimento. Ou seja: é necessário organizar o laboratório.

Visando facilitar o uso do laboratório e o treinamento de pessoal, devemos adotar um manual de biossegurança e de procedimentos operacionais padrão. Esses dois itens fazem parte das boas práticas de laboratório que determinam o bom funcionamento e a padronização das regras de uso daquele ambiente e das experimentações que lá serão feitas. Dessa forma, garantimos um melhor desempenho no ambiente de trabalho, com menos perda de tempo a cada experimentação feita pelos diferentes usuários.

CAPÍTULO 1
BOAS PRÁTICAS DE LABORATÓRIO

Sabrina Dick, Karina Teixeira Pinheiro

Laboratórios não são lugares necessariamente perigosos, embora possam apresentar certo risco potencial. Todos os que trabalham direta ou indiretamente nesses ambientes devem ser responsáveis ao desenvolver suas atividades, evitando atitudes que possam acarretar acidentes e possíveis danos a eles mesmos, aos colegas, ao patrimônio e ao meio ambiente. Esteja sempre atento e seja cuidadoso e metódico com relação ao trabalho a ser executado, concentrando-se nas atividades e evitando quaisquer distrações. Da mesma forma, não distraia os demais usuários durante a execução de trabalhos no laboratório.

Os acidentes não acontecem; eles são causados. Resultam, normalmente, de uma atitude indiferente dos utilizadores, da ausência de senso comum, da falha no cumprimento das instruções a serem seguidas ou da pressa excessiva na obtenção de resultados. Vale salientar que os riscos de acidentes são maiores quando nos acostumamos a conviver com o perigo e passamos a ignorá-lo. Sendo assim, acidentes podem ser evitados, ou pelo menos terem suas consequências minimizadas, desde que sejam tomadas as devidas precauções.

Os princípios das Boas Práticas de Laboratório (BPL) são o conjunto de regras básicas necessárias para o funcionamento seguro dos laboratórios e das aulas práticas, e dizem respeito à organização e às condições sob as quais estudos em laboratórios e/ou de campo são planejados, desenvolvidos, monitorados, registrados e relatados. As BPL são um sistema de qualidade fundamental para o desenvolvimento de testes de qualidade assegurada e para a confiabilidade de todo o processo técnico-científico.

No Brasil, a partir do Decreto nº 6.275, de 28 de novembro de 2007, a Coordenação Geral de Acreditação (Cgcre), vinculada ao Instituto Nacional de Metrologia, Normalização e Qualidade (Inmetro), passou a ser a autoridade brasileira de monitoramento da conformidade aos princípios das BPL, reconhecendo e acreditando instalações de teste que realizam estudos exigidos por órgãos regulamentadores para o registro de produtos agrotóxicos, farmacêuticos, aditivos de alimentos e rações, cosméticos, veterinários, produtos químicos industriais e organismos geneticamente modificados (OGM), entre outros, visando avaliar os riscos ambiental e à saúde humana. Para estabelecer os procedimentos e os documentos normativos utilizados no reconhecimento da conformidade de instalações/unidades de teste aos princípios das BPL, a Cgcre criou a "Norma Nº NIT-DICLA-035 - Princípios das boas práticas de laboratório (BPL)"[1] a partir de documentos publicados pela Organização para o Desenvolvimento e Cooperação Econômica (OCDE). Os documentos que complementam essa norma são: NIT-DICLA-034; NIT-DICLA-036; NIT-DICLA-037; NIT-DICLA-038; NIT-DICLA-039; NIT-DICLA-040; NIT-DICLA-041; NIT-DICLA-043.

A implantação das BPL tem como objetivos a garantia de dados confiáveis, a padronização de procedimentos, a racionalização do trabalho e a eliminação de erros operacionais, além de possibilitar maior rapidez no acesso às informações, melhorias nos resultados, aperfeiçoamento dos procedimentos de trabalho e aceitação ampla dos dados produzidos.

A seguir, são expostas algumas diretrizes básicas das BPL. Para o caso de se pretender a acreditação do Inmetro, sugerimos que sejam seguidas as etapas do Programa de Monitoramento de BPL e instaurado um sistema de gestão de qualidade e biossegurança comprometido com as normas da Associação Brasileira de Normas Técnicas (ABNT), ambos disponíveis nos websites das respectivas instituições. Essa certificação, bem como as da Organização Internacional para Padronização (International Organization for Standarization - ISO), confere uma maior confiabilidade de produtos, processos e/ou serviços de uma organização.

1.1 PRINCÍPIOS GERAIS

As regras e os conselhos gerais para desenvolver um trabalho laboratorial com segurança estão principalmente relacionados a organização. Isso significa que o tempo dedicado à organização das atividades contribui para prevenir riscos químicos, biológicos e acidentes inerentes à manipulação de reagentes e equipamentos.

Antes de qualquer trabalho laboratorial, o operador deve estar informado sobre os riscos oferecidos pelos produtos químicos e equipamentos a serem utilizados. Conhecer os procedimentos de segurança e de emergência em casos de acidentes ajuda na proteção contra os possíveis riscos. O operador deve sempre planejar o trabalho que vai realizar, pois só assim poderá executá-lo com segurança.

Dicas

- Nenhum trabalho é tão importante e tão urgente que não possa ser planejado e executado com segurança.
- A segurança é uma responsabilidade coletiva que requer a cooperação de todos os indivíduos do laboratório.

[1] Disponível no site do Inmetro: <http://www.inmetro.gov.br/monitoramento_BPL/>. Acesso em: 13 abr. 2017.

As BPL exigem que todos os membros de um laboratório observem algumas regras básicas de utilização das dependências, conforme descritas a seguir.

1.1.1 NOÇÕES BÁSICAS DE ORGANIZAÇÃO DO PESSOAL DA UNIDADE DE OPERAÇÃO

1. Leve à bancada de trabalho apenas o material indispensável à sua execução. Guardar os objetos pessoais (bolsas, casacos etc.) nos armários existentes na área externa ao laboratório, se disponíveis, ou em área exclusiva para esses objetos.
2. Certifique-se de que os integrantes do grupo e os visitantes estejam utilizando os equipamentos de segurança adequados. O acesso de pessoas não autorizadas ao laboratório deve ser restrito e controlado.
3. Sempre trabalhe vestindo um jaleco branco com mangas longas. Atente aos fatos de que o jaleco deve ser usado apenas durante a experimentação e que ele só deve ser retirado do laboratório para lavagem, o que deve ser feito toda semana. Antes de lavá-lo normalmente, esterilize-o com a ajuda de um aparelho de autoclave utilizando um recipiente adequado.
4. Novos usuários devem ter treinamento e orientação específicos sobre as BPL e sobre os princípios de biossegurança aplicados ao trabalho que irão desenvolver. Esse treinamento deve ser providenciado pelo responsável pelo laboratório.
5. Não perturbe ou distraia quem estiver realizando um trabalho no laboratório.
6. Todos os procedimentos, como uso de equipamentos, protocolos de preparação de soluções etc., devem ser conduzidos de acordo com um procedimento operacional padrão (POP) de fácil acesso aos usuários do laboratório. Os POP devem ser revistos periodicamente, datados e assinados pelo responsável pelo laboratório.
7. Planeje bem os protocolos e realize seus procedimentos operacionais. Antes de começar um experimento, saiba exatamente o que será consumido e quais equipamentos serão utilizados, verificando suas disponibilidades.
8. Crie o hábito de registrar todos os detalhes de experimentos em um caderno individual (que deve ser mantido no laboratório) para garantir a reprodutibilidade experimental e possibilitar a detecção de erros experimentais e suas correções.
9. Evite trabalhar sozinho e fora do horário de trabalho convencional. Procure sempre trabalhar próximo de alguém que possa ouvi-lo se houver qualquer problema. Caso precise utilizar o laboratório fora do

horário convencional de trabalho, comunique o fato ao responsável pelo local e, se necessário, peça a ele uma autorização.

10. Ao trabalhar com materiais ou técnicas de risco, o responsável pelo laboratório tem o direito de exigir que outra pessoa esteja presente.
11. Certos cilindros de gases, como os de CO e H_2, não podem permanecer nos laboratórios quando não estiverem sendo usados. Os demais cilindros, quando em uso, ou mesmo quando armazenados, devem estar sempre presos às paredes ou às bancadas.
12. Não utilize vidrarias trincadas, lascadas ou quebradas no laboratório.
13. Sempre utilize luvas para manusear ponteiras e mantenha os suportes sempre cheios.
14. Caminhe com atenção e nunca corra no laboratório.
15. Não faça nada com pressa!

1.1.2 LOCAL DE TRABALHO, REAGENTES, MATERIAL DE USO COMUM E EQUIPAMENTOS

1. O local de trabalho deve ser mantido sempre em ordem. Ao perceber algo fora do lugar, coloque-o de volta no local apropriado. A iniciativa própria para manter a ordem é sempre muito bem-vinda.
2. Seja cuidadoso para não contaminar equipamentos dentro ou fora da sala.
3. Todos os usuários deverão limpar e arrumar as bancadas e os equipamentos após o uso. Descontamine todas as superfícies de trabalho diariamente, antes e após o uso, e quando houver respingos ou derramamentos. Observe o processo de desinfecção específico para a escolha e a utilização do agente desinfetante adequado.
4. Cuide da limpeza adequada do material utilizado para não contaminar os reagentes.
5. Mantenha os reagentes inflamáveis tão longe de chamas ou fontes de calor quanto possível.
6. Use os equipamentos do laboratório apenas para seu propósito designado. Utilize os equipamentos somente após ter lido e compreendido suas instruções de manuseio e segurança.
7. Sempre anote a data de utilização de um equipamento quando houver um "livro" de registro de uso.
8. Ao perceber que um equipamento está quebrado, registre o problema em um livro de registro de uso e o comunique imediatamente aos responsáveis para que o reparo possa ser providenciado.
9. Consulte dados de segurança, propriedades físicas e toxicidade de reagentes químicos com os quais não esteja familiarizado antes

de utilizá-los, e esteja atento aos procedimentos apropriados de manuseio de agentes perigosos.

10. Todos os recipientes que contenham produtos, especialmente os que oferecem algum risco, devem estar devidamente rotulados com uma clara identificação, o mais completa possível.
11. Evite exposição a gases, vapores e aerossóis. Utilize sempre uma cabine química (capela) ou uma câmara de controle biológico ("fluxo laminar") para manusear esses materiais.
12. Evite qualquer contato entre reagentes e a pele.
13. Nunca deixe frascos de reagentes abertos e estoque-os o mais próximo possível do chão.
14. Não carregue reagentes químicos pelos corredores. Mantenha-os sempre próximos à estação de trabalho para evitar acidentes.
15. Nunca aqueça recipientes fechados.
16. Siga os procedimentos de descarte adequados para cada reagente ou material de laboratório.
17. Sempre que efetuar a diluição de um ácido concentrado, adicione lentamente, e sob agitação, o ácido sobre a água, e nunca o contrário.
18. Ao aquecer um tubo de ensaio contendo qualquer substância, nunca direcione a extremidade aberta do tubo a você ou a uma pessoa próxima.
19. Ao testar o odor de um produto químico, desloque os vapores que se desprendem do frasco com as mãos em sua direção. Nunca coloque o frasco sob o nariz. Tenha em mente que esse teste nem sempre pode ser feito.

Dica

- Lembre-se de que, dependendo da concentração, todas as substâncias são tóxicas.

1.1.3 MANUTENÇÃO DAS INSTALAÇÕES

1. As áreas de trabalho devem estar sempre limpas e livres de obstruções.
2. Escadas e saguões não devem ser usados para estocagem de materiais ou equipamentos de laboratório. Isso se aplica também a equipamentos de uso pessoal (por exemplo, bicicletas, rádios etc.).
3. As áreas de circulação e de passagem dos laboratórios devem ser sempre mantidas limpas.
4. Os acessos aos equipamentos e às saídas de emergência nunca devem estar bloqueados.

5. Os equipamentos de laboratório devem ser inspecionados e mantidos em boas condições de uso por pessoas qualificadas para esse trabalho. A frequência de inspeção depende da taxa de risco do equipamento e das instruções do fabricante. Os registros contendo inspeções, manutenções e revisões dos equipamentos devem ser guardados e arquivados pelo líder do laboratório.
6. Todos os equipamentos devem ser guardados adequadamente para prevenir quebra ou perda de componentes.
7. Quando possível, os equipamentos devem possuir filtros de linha que evitem sobrecarga devido **à** queda e ao posterior restabelecimento de energia elétrica.
8. Os equipamentos e reagentes químicos devem ser estocados de forma apropriada.
9. Reagentes derramados devem ser limpos imediatamente e de maneira segura.
10. Os materiais descartados devem ser etiquetados e colocados em locais adequados.
11. Materiais usados ou não etiquetados não devem ser acumulados no interior do laboratório e devem ser descartados imediatamente após a sua identificação, seguindo os métodos adequados para descarte de material de laboratório.

Dicas

- Para organizar melhor o laboratório, codifique os reagentes, identifique-os com um adesivo e faça uma lista contendo o código e o nome de cada reagente. Essa lista deve estar disponível para consulta a todos.
- Identifique com letras grandes em papel autoadesivo o que há em cada gaveta e atrás de cada porta.

1.2 CUIDADOS ESPECÍFICOS EM UM LABORATÓRIO

1.2.1 PIPETADORES E MICROPIPETADORES AUTOMÁTICOS

1. Muito cuidado para não encostar a haste do pipetador nas paredes dos frascos ou nos líquidos.
2. O pistão das micropipetas possui dois estágios: o primeiro é o de ajuste de aspiração e o segundo é o de dispensa do volume medido. Para garantir a precisão da pipetagem, pressione o pistão até o primeiro estágio e, após o encaixe da ponteira, mergulhe-a no líquido e solte lentamente o pistão. Para liberar totalmente o líquido pipetado, basta pressionar o pistão até o segundo estágio.

3. Pressione o pistão de modo lento e constante.
4. Sempre troque a ponteira antes de aspirar líquidos, amostras ou reagentes diferentes.
5. NUNCA pipete líquidos com temperatura superior a 70 °C ou inferior a 4 °C.
6. Não vire o pipetador de cabeça para baixo ou deite-o enquanto houver líquido na ponteira, pois o líquido pode ir para o interior da micropipeta, prejudicando a calibragem e diminuindo o tempo de vida útil da mesma.
7. Tenha cuidado ao aspirar suas amostras para que elas não entrem no pipetador. Caso isso ocorra, proceda à limpeza interna dele ou solicite ajuda de seu supervisor para o procedimento.
8. Depois de pipetar líquidos ácidos ou corrosivos, remova o porta-cone e lave o pistão, o selo, o-ring e o interior do porta-cone com água destilada. Se não souber como proceder, solicite ajuda.
9. Se sujar o pipetador por fora, tenha sempre o cuidado de limpá-lo.
10. NUNCA ajuste o volume acima da especificação.

1.2.2 CÂMARA DE CONTROLE BIOLÓGICO ("FLUXO LAMINAR")

1. A circulação de pessoas no laboratório durante o uso da cabine deve ser evitada.
2. Ligue a cabine e a luz UV de 15 min a 20 min antes e após o seu uso.
3. Trabalhe com as portas do laboratório fechadas.
4. Antes de iniciar o trabalho e ao finalizá-lo, descontamine todo o interior da câmara com gaze estéril embebida em álcool etílico ou isopropílico a 70%.
5. Lave mãos e antebraços com água e sabão e seque-os com papel toalha descartável.
6. Passe álcool etílico ou isopropílico a 70% nas mãos e nos antebraços.
7. Use jaleco de manga longa, luvas, máscara, gorro e propé quando necessário.
8. Coloque os equipamentos, os meios, a vidraria etc. no plano de atividade da área de trabalho.
9. Limpe todos os objetos antes de introduzi-los na cabine.
10. Organize os materiais de modo que itens limpos e contaminados não se misturem.
11. Minimize os movimentos dentro da cabine.

12. Coloque os recipientes para descarte de material no fundo ou nas laterais da área de trabalho (pode ser em câmaras laterais).
13. Cuide para nunca obstruir o fluxo de ar da cabine pelo mau posicionamento de objetos em seu interior.
14. Faça uso de um incinerador elétrico ou de um microqueimador automático. Quando utilizar o bico de Bunsen, tome cuidado com a altura da chama, pois ela pode queimar o filtro HEPA. Sempre que possível, use um pipetador automático. Se utilizar pipetadores de vidro, higienize-os em uma autoclave em embalagens individuais ou em tubos específicos para esse fim, deixando a ponta da pipeta para baixo.
15. Conduza as manipulações no centro da área de trabalho.

1.2.3 AUTOCLAVES

1. As autoclaves utilizam como método de esterilização o calor úmido sob pressão (vapor de água saturado). A esterilização se dá após pelo menos 20 min a 121 °C, pressão de 1 atmosfera (101 kPa, 151 lb/in acima da pressão atmosférica).
2. Prepare o material cobrindo as aberturas e as partes vulneráveis com folha de alumínio, no caso de vidrarias, ou empacote-o completamente em campo de algodão ou papel crepado, ou ainda envelopando-o em papel grau cirúrgico.
3. Sempre cole a fita indicativa de autoclavagem antes do processo de esterilização. Isso só não é necessário em caso de utilização do papel grau cirúrgico que vem com o indicador de esterilização na lateral.
4. Todos os frascos, vazios ou não, devem sempre estar com suas tampas semiabertas.
5. Não utilize autoclaves automáticas (que liberam a pressão interna abruptamente) para esterilização de líquidos e meios de cultura. Nesses casos, a autoclave deve diminuir a pressão interna pelo resfriamento gradual do sistema até a temperatura ambiente, para que então se proceda à abertura do equipamento e à retirada do material estéril. Se a pressão for liberada repentinamente, com o sistema aquecido, o líquido a ser esterilizado entrará em ebulição e poderá vazar dentro da autoclave, podendo causar danos ao equipamento.
6. Providencie com antecedência o material estéril a ser utilizado, identificando-o com nome e data de esterilização.
7. Sempre que utilizar a autoclave para descontaminação de material infectante, proceda à limpeza interna da mesma e à troca da água de seu interior. Preferencialmente, utilize a autoclave apenas para descontaminação de material.
8. Use água destilada nas autoclaves sempre que possível.

9. Periodicamente, realize um teste biológico de esterilização nas autoclaves. O Ministério da Saúde recomenda o uso dos indicadores biológicos, semanalmente, na instalação e na manutenção da autoclave e também em todas as cargas que contenham artigos implantáveis. Os indicadores biológicos para autoclaves consistem em esporos de *Geobacillus stearothermophillus*, geralmente autocontidos, e você deve seguir as indicações do fabricante do teste para assegurar a sua validade. Todos os resultados desses testes devem ser documentados e arquivados.

1.2.4 CENTRÍFUGAS

1. Sempre verifique se os tubos a serem centrifugados estão bem fechados.
2. Se houver uma tampa interna, verifique se a mesma se encontra bem encaixada e fechada.
3. No caso de centrífugas refrigeradas, após a sua utilização, desligue-a e aguarde o derretimento de possíveis cristais de gelo para proceder com a secagem da água que se formou, e só então feche a tampa. Nunca desligue o equipamento e feche-o se houver gelo ou água em seu interior. Isso pode ocasionar contaminação por microrganismos e deterioração das borrachas de vedação, entre outros problemas.
4. Tenha sempre muito cuidado ao utilizar ultracentrífugas. Elas podem atingir velocidades de centrifugação altíssimas e, se não forem bem utilizadas, podem provocar acidentes.

1.2.5 MATERIAIS COMBUSTÍVEIS E INFLAMÁVEIS

1. Guarde todos os materiais combustíveis e inflamáveis apropriadamente.
2. Trabalhe sempre com uma ventilação adequada se uma atmosfera inflamável puder ser gerada; por exemplo, ao pipetar solventes inflamáveis.
3. Avise a todos os presentes no laboratório quando estiver realizando um procedimento que utilize líquidos ou gases combustíveis ou inflamáveis.

Dica

- Ao trabalhar com materiais combustíveis ou inflamáveis, evite o uso do bico de Bunsen, de modo direto ou indireto, pela proximidade da chama e pelos materiais utilizados. Se precisar usar a chama, utilize-a apenas durante o tempo necessário e apague-a assim que terminar o trabalho. Não é recomendável proceder a uma destilação em pressão reduzida utilizando uma chama devido à possibilidade de superaquecimento local. Antes de acender a chama, remova todos os materiais combustíveis e inflamáveis da área de trabalho. Evite também utilizar a chama próxima a equipamentos que possam gerar faíscas.

1.2.6 CABINE QUÍMICA (CAPELA)

As capelas dos laboratórios servem para conter o trabalho com reações que utilizem ou produzam vapores tóxicos, irritantes ou inflamáveis, mantendo o laboratório livre de tais componentes. Com a janela corrediça abaixada, a capela fornece uma barreira física entre o executor da tarefa e a reação química. Todos os procedimentos envolvendo a liberação de materiais voláteis, tóxicos ou inflamáveis devem ser realizados em uma capela para eliminar os riscos.

Dica

- As capelas não são uma proteção contra explosões.

Quando existe risco de explosão, outras medidas adicionais devem ser tomadas para proteção individual. Os equipamentos utilizados em capelas devem ser aparelhados com condensadores, *traps* de resfriamento ou sugadores para conter e coletar, na medida do possível, os solventes de descarte e os vapores tóxicos. A capela não é um meio de descarte de reagentes químicos.

1. As capelas devem ser verificadas antes de cada utilização (no mínimo uma vez por mês) para assegurar que a exaustão de gases funcione apropriadamente. Antes de sua utilização, assegure-se de que o fluxo de ar esteja adequado.
2. A janela corrediça deve permanecer fechada, exceto quando a capela estiver passando por reparos ou quando estiver sendo utilizada. Na eventualidade de estar aberta, a janela deve ficar elevada entre 30 a 45 cm.
3. Os aparelhos, equipamentos e reagentes devem ser colocados pelo menos a 15 cm de distância da janela da capela. Esse procedimento reduz a turbulência durante o manuseio e evita a perda de contaminantes para fora da capela, na área do laboratório.
4. As capelas não devem ser utilizadas como local de estoque de reagentes. Isso pode interferir no fluxo de ar em seu interior e provocar riscos adicionais às reações e aos processos efetuados no seu interior. Os frascos com reagentes químicos e os frascos para descarte de solventes devem estar presentes no interior da capela somente enquanto estiverem em uso, e devem ser estocados em lugares apropriados após o uso.
5. As capelas devem ser deixadas em funcionamento contínuo durante o manuseio de reagentes em seu interior.

6. O uso da capela é altamente recomendado ao se trabalhar com materiais e combustíveis inflamáveis, materiais oxidantes, materiais com efeitos tóxicos sérios e imediatos, materiais com outros efeitos tóxicos, materiais corrosivos e materiais que reagem perigosamente.

1.2.7 MATERIAL CRIOGÊNICO E *TRAPS* DE RESFRIAMENTO

1. Utilize luvas e máscaras apropriadas ao preparar ou manusear *traps* de resfriamento abaixo de – 70 °C ou líquidos criogênicos (por exemplo, nitrogênio líquido).
2. Nunca utilize nitrogênio líquido ou ar líquido no resfriamento de materiais inflamáveis ou combustíveis em contato com o ar. O oxigênio da atmosfera pode condensar e há risco de explosão.
3. Utilize sempre um frasco de Dewar específico para líquidos criogênicos, e não um frasco normal para vácuo.
4. Use luvas apropriadas ao manusear materiais criogênicos (por exemplo, gelo seco).
5. Sistemas de resfriamento contendo gelo seco/solvente devem ser preparados com cuidado pela adição lenta de pequenas quantidades de gelo seco ao solvente; isso evita que, ao borbulhar, o solvente seja derramado.
6. Nunca coloque a cabeça no interior de um recipiente contendo gelo seco, uma vez que um alto nível de CO_2 pode se acumular dentro do recipiente e provocar asfixia.

1.2.8 APARELHOS E EQUIPAMENTOS ELÉTRICOS

1. Todos os equipamentos elétricos adquiridos ou aprovados devem ter certificado de qualidade.
2. Não utilize extensões para ligar aparelhos a instalações permanentes.
3. Utilize interruptores com circuito de fio terra quando existir o risco de o operador estar simultaneamente em contato com água e equipamentos elétricos.
4. Somente pessoal qualificado e treinado está autorizado a consertar ou modificar equipamentos elétricos ou eletrônicos.

1.3 LIMPEZA DE BANCADAS

Independentemente do procedimento a ser realizado sobre a bancada, uma correta e eficiente limpeza dessa superfície é indispensável. Todo o procedimento pode ser comprometido se a bancada utilizada estiver contaminada. A limpeza deve ser feita com papel toalha, sem esfregar repetida ou circularmente e sempre utilizando luvas (como mostra a Figura 1.1). Utilize uma solução de hipoclorito de sódio (0,5%) seguido de etanol (70%).

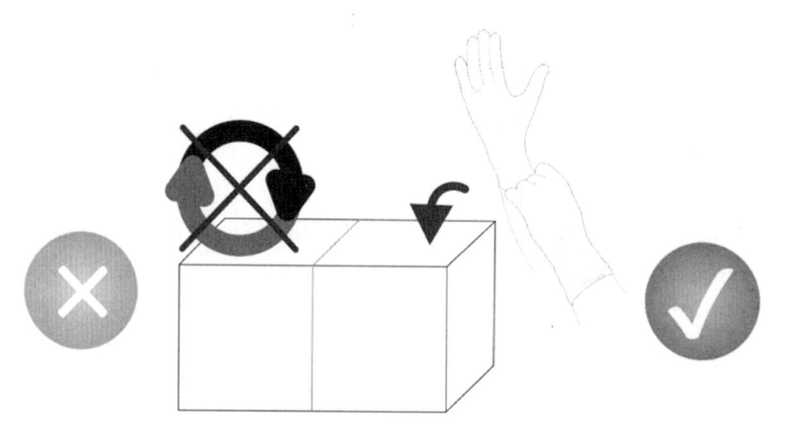

Figura 1.1 Modo correto de limpeza de uma bancada.

1.3.1 DILUIÇÕES PARA SOLUÇÕES BÁSICAS DE LIMPEZA

Em geral, os produtos utilizados na limpeza de bancadas e materiais precisam ser diluídos, pois sua composição pura torna-se desnecessária ou até mesmo prejudicial. Assim, é preciso diluir tais produtos a concentrações específicas.

Usando a fórmula apresentada a seguir, inicia-se o processo de diluição. Com esta fórmula é possível identificar a quantidade (volume) do produto original necessária para se obter a concentração final desejada.

$$V1 \times C1 = V2 \times C2$$

em que

V1 = volume do produto original;

V2 = volume do produto diluído (varia de acordo com a necessidade do laboratório);

C1 = concentração original do produto;

C2 = concentração desejada/diluída.

Após descobrir o volume do produto original necessário para a diluição, basta medi-lo utilizando uma proveta ou pipeta. Coloque o volume medido em uma proveta e complete com água destilada até chegar ao volume desejado (o mesmo utilizado no cálculo). Para finalizar, deposite a solução produzida em um recipiente devidamente identificado.

Esse roteiro pode ser utilizado na produção de soluções de etanol, hipoclorito de sódio, detergentes, entre outros.

Exemplo:

Tendo à disposição 1l de hipoclorito de sódio a 99,8% (considera-se 100%) em estoque e desejando 500 mL de solução a 0,5%, utilize a fórmula da seguinte maneira:

$$V1 \times C1 = V2 \times C2$$

$$V1 \times 100 = 500 \times 0{,}5$$

$$\mathbf{V1 = 2{,}5\ mL}$$

Serão necessários 2,5 mL de hipoclorito a 99,8% para produzir 500 mL de hipoclorito a 0,5%.

Utilizando uma pipeta, separe 2,5 mL do hipoclorito a 99,8% e o deposite em uma proveta, completando o volume com água destilada até a marca de 500 mL. Deposite a solução produzida em um recipiente devidamente identificado.

1.4 DESCARTE DE MATERIAIS

O manuseio e o descarte de resíduos devem ser feitos de maneira a não colocar em risco a integridade dos trabalhos. Isso inclui coleta, armazenamento, locais de descarte e procedimentos de descontaminação e transporte.

1.4.1 PROCEDIMENTOS GERAIS DE DESCARTE

Cada uma das categorias de resíduos orgânicos e inorgânicos relacionados deve ser separada e acondicionada de acordo com os procedimentos e as formas específicas e adequadas a cada uma. Na embalagem contendo esses resíduos deve ser afixada uma etiqueta autoadesiva preenchida a lápis e contendo as seguintes informações: laboratório de origem, conteúdo qualitativo, classificação quanto à natureza e advertências. Os resíduos armazenados para posterior recolhimento e descarte/incineração devem ser recolhidos separadamente em recipientes coletores impermeáveis, resistentes, com tampas rosqueadas para evitar derramamentos e evaporação de gases.

1.4.1.1 Resíduos químicos

São compostos por resíduos orgânicos ou inorgânicos tóxicos, corrosivos, inflamáveis, explosivos, teratogênicos etc. Para a realização dos procedimentos adequados de descarte, é importante a observância do grau de toxicidade e do procedimento de não mistura de resíduos de diferentes naturezas e composições. Os que não puderem ser recuperados devem ser armazenados em recipientes próprios para posterior descarte.

No armazenamento de resíduos químicos devem ser considerados a compatibilidade dos produtos envolvidos, a natureza deles e o volume máximo a ser armazenado. Todas as embalagens devem ser rotuladas e indicar seu conteúdo qualitativo, a classificação quanto à sua natureza e advertências.

1.4.1.2 Resíduos perfurocortantes

São compostos por: agulhas, ampolas, pipetas, lâminas de bisturi, lâminas de barbear e qualquer vidraria quebrada ou que se quebre facilmente. Esses resíduos devem ser descartados em recipientes descartáveis de paredes rígidas, com tampa e resistentes à autoclavagem. Esses recipientes devem estar localizados tão próximo quanto possível da área de uso dos materiais. É importante salientar que não se deve quebrar, entortar ou tentar recapear agulhas.

1.4.1.3 Material biológico

As disposições inadequadas dos resíduos gerados em laboratório poderão constituir focos de doenças infectocontagiosas se não forem observados os procedimentos para seu tratamento. O material biológico deve ser descartado em lixeiras próprias, com sacos plásticos do tipo 1, de capacidade máxima de 100 L, como indica a NBR 9190 da ABNT. Após o descarte, os sacos devem ser totalmente fechados de forma a não permitir o derramamento de seu conteúdo, mesmo se virados para baixo. Uma vez fechados, precisam ser mantidos íntegros até o processamento de resíduo ou a chegada ao seu destino final. Os sacos plásticos deverão ser identificados com nome do laboratório de origem, sala, técnico responsável e data do descarte.

Havendo derramamento do conteúdo, cubra o material derramado com uma solução desinfetante (hipoclorito de sódio a 10.000 ppm), recolhendo-o em seguida e procedendo à lavagem do local.

1. Sempre use os equipamentos de proteção necessários. Todos os utensílios que entrarem em contato direto com o material deverão passar por uma desinfecção posterior.
2. O material biológico deve ser descontaminado em autoclave (121 °C/125 F) e pressão de 1 atmosfera (101 kPa, 151 lb/in acima da pressão atmosférica) durante pelo menos 20 min, ou encaminhado para incineração. Lembre-se de que sempre que a autoclave for utilizada na descontaminação de resíduos você deverá limpá-la por dentro e trocar a água de seu interior.

REFERÊNCIAS

ABNT - ASSOCIAÇÃO BRASILEIRA DE NORMAS TÉCNICAS. **NBR ISO 9004:2000**: Sistema de gestão da qualidade: diretrizes para melhoria de desempenho. Rio de Janeiro, 2000.

ALVES, J. C.; BARATELLA, A. P. **Recomendações de segurança para trabalhos em capelas químicas**. Campinas: Designs Laboratório, [20--]. Disponível em: <http://designslaboratorio.com.br/imagens/capelas/Palestra_Capela.PDF>. Acesso em: 10 maio 2017.

BARBOSA FILHO, A. N. **Segurança do trabalho e gestão ambiental**. 3. ed. São Paulo: Atlas, 2010.

BRASIL. Ministério da Ciência, Tecnologia e Inovação. Assessoria de Comunicação. **Cadernos de biossegurança**: legislação. Brasília, DF, 2002. Disponível em: <http://w2.fop.unicamp.br/cibio/downloads/caderno_de_legislacao_biosseguranca.pdf>. Acesso em: 10 maio 2017.

BRASIL. Ministério da Saúde. Agência Nacional de Vigilância Sanitária. **Acreditação para laboratórios de microbiologia**. Brasília, DF, 2004.

BRASIL. Ministério da Saúde. Secretaria de Vigilância em Saúde. Coordenação Geral de Laboratórios de Saúde Pública. **Requisitos gerais de biossegurança para laboratórios de saúde pública**. Brasília, DF, 2006.

HARRIS, D. C. **Análise química quantitativa**. 6. ed. São Paulo: LTC, 2005.

INMETRO - INSTITUTO NACIONAL DE METROLOGIA, QUALIDADE E TECNOLOGIA. **Programa de monitoramento de BPL:** Inmetro e seus respectivos documentos orientativos, documentos normativos, formulários e modelos. Brasília, DF: [20--]. Disponível em: <http://www.inmetro.gov.br/monitoramento_BPL/>. Acesso em: 1 maio 2014.

SOUSA JUNIOR, M. A. et al. Gerenciamento de resíduos de saúde: uma questão da biossegurança no meio ambiente. **Diálogos & Ciência**, Rio de Janeiro, v. 14, p. 91-97, 2010. Disponível em: <http://www.scielo.br/scielo.php?pid=S0102-311X2004000300011&script=sci_abstract&tlng=pt>. Acesso em: 28 ago. 2017.

NEVES, W. B. et al. Mapa de risco em laboratório clínico: avaliação de riscos ambientais em laboratório de biologia molecular. **Biotecnologia Ciência & Desenvolvimento**. n. 36, p. 1045-1053, 2006.

OMS - ORGANIZAÇÃO MUNDIAL DA SAÚDE. **Manual de segurança biológica em laboratório**. 3. ed. Genebra, 2004.

PORTO ALEGRE. Secretaria Municipal de Saúde. Comissão Municipal de Controle de Infecção. **Controle e monitoramento de microrganismos multirresistentes**. Porto Alegre, maio, 2014. Disponível em: <http://lproweb.procempa.com.br/pmpa/prefpoa/cgvs/usu_doc/controle_e_monitoramento_de_microrganismos_multirresistentes.pdf>. Acesso em: 10 maio 2017.

SANTOS, M. S. T. et al. **Segurança e saúde no trabalho em perguntas e respostas**. São Paulo: IOB, 2013.

CAPÍTULO 2
BIOSSEGURANÇA

Sabrina Dick

Biossegurança é o conjunto de procedimentos, ações, técnicas, metodologias, equipamentos e dispositivos capazes de eliminar ou minimizar riscos inerentes às atividades de pesquisa, produção, ensino, desenvolvimento tecnológico e prestação de serviços que podem comprometer a saúde do homem, dos animais, do ambiente ou a qualidade dos trabalhos desenvolvidos.

Todo laboratório deve desenvolver seu manual de biossegurança de acordo com os riscos potenciais do local de trabalho e seus arredores, como corredores e salas de uso comum.

A seguir, alguns conceitos importantes para entender os riscos a que se pode estar submetido.

- **Risco ocupacional**: riscos para a saúde ou para a vida dos trabalhadores decorrentes de suas atividades laborais.
- **Classe de risco**: grau de risco associado ao material manipulado.
- **Análise de risco**: processo de levantamento, avaliação e comunicação de riscos considerando o ambiente e os processos de trabalho a fim de implementar ações destinadas à prevenção, ao controle, à redução ou à eliminação deles.

2.1 RISCOS DE ACIDENTES

Considera-se risco de acidente qualquer fator que coloque o trabalhador em situação de perigo e possa afetar sua integridade e seu bem-estar físico e moral. Os riscos de acidentes são ainda classificados por tipo, de acordo com a Portaria n. 3.214 (BRASIL, 1978).

Exemplos de riscos de acidente: arranjo físico inadequado, máquinas e equipamentos não compatíveis com a tarefa a ser realizada, iluminação inadequada, descuidos com eletricidade, probabilidade de incêndio ou explosão, armazenamento inapropriado, animais peçonhentos, entre outras situações de risco que poderão contribuir para um acidente.

2.2 RISCOS ERGONÔMICOS

Considera-se risco ergonômico qualquer fator que possa interferir nas características psicofisiológicas do trabalhador causando desconforto ou afetando sua saúde.

Exemplos de riscos ergonômicos: esforço físico intenso, levantamento e transporte manual de peso, controle rígido de produtividade, ritmo excessivo de trabalho, monotonia, repetitividade, responsabilidade excessiva, postura inadequada de trabalho, jornada de trabalho excessiva e prolongada, entre outras situações de estresse físico ou psíquico.

2.3 RISCOS FÍSICOS

Consideram-se agentes de riscos físicos as diversas formas de energia a que possam estar expostos os trabalhadores, tais como ruídos, vibrações, radiações não ionizantes, radiações ionizantes, ultrassom, materiais cortantes e pontiagudos, temperaturas extremas, umidade, pressões anormais.

2.4 RISCOS QUÍMICOS

Consideram-se agentes de riscos químicos as substâncias compostas ou os produtos que possam penetrar no organismo por via respiratória em forma de poeiras, fumos, névoas, neblinas, gases ou vapores, ou que possam ter contato ou ser absorvidos pelo organismo por meio da pele ou por ingestão.

2.5 RISCOS BIOLÓGICOS

Consideram-se agentes de riscos biológicos bactérias, fungos, parasitas, vírus, sangue e outros fluidos corporais.

Os agentes de riscos biológicos podem ser distribuídos em quatro classes, por ordem crescente de risco, de acordo com os seguintes critérios:

1. Patogenicidade para o homem.
2. Virulência.
3. Modos de transmissão.
4. Disponibilidade de medidas profiláticas eficazes.
5. Disponibilidade de tratamentos eficazes.
6. Endemicidade.

- **Classe de risco I:** escasso risco individual e comunitário. O microrganismo tem pouca probabilidade de provocar enfermidades humanas ou enfermidades de importância veterinária. Ex: *Bacillus subtilis.*

- **Classe de risco II:** risco individual moderado; risco comunitário limitado. A exposição ao agente patogênico pode provocar infecção; porém, dispõe-se de medidas eficazes de tratamento e prevenção, sendo o risco de propagação limitado. Ex: *Schistosoma mansoni.*
- **Classe de risco III:** risco individual elevado; baixo risco comunitário. O agente patogênico pode provocar enfermidades humanas graves, podendo propagar-se de uma pessoa infectada para outra; entretanto, possui profilaxia e/ou tratamento. Ex: *Mycobacterium tuberculosis.*
- **Classe de risco IV:** elevado risco individual e comunitário. Os agentes patogênicos representam uma grande ameaça para pessoas e animais, com fácil propagação de um indivíduo a outro, direta ou indiretamente, não possuindo profilaxia nem tratamento. Ex: Vírus ebola.

2.5.1 NÍVEIS DE CONTENÇÃO FÍSICA PARA RISCOS BIOLÓGICOS

Para a manipulação de microrganismos pertencentes a cada uma das quatro classes de risco devem ser atendidos alguns requisitos de segurança, conforme o nível de contenção necessário.

- O nível 1 de contenção se aplica aos laboratórios de ensino básico, nos quais são manipulados os microrganismos pertencentes à classe de risco I. Não é requerida nenhuma característica de desenho, mas, sim, um planejamento de espaço bom e funcional, bem como a adoção de boas práticas laboratoriais.
- O nível 2 de contenção é destinado ao trabalho com microrganismos da classe de risco II e se aplica aos laboratórios clínicos ou hospitalares de níveis primários de diagnóstico, sendo necessário, além da adoção das boas práticas, o uso de barreiras físicas primárias (cabine de segurança biológica e equipamentos de proteção individual) e secundárias (desenho e organização do laboratório).
- O nível 3 de contenção é destinado ao trabalho com microrganismos da classe de risco III ou à manipulação de grandes volumes e altas concentrações de microrganismos da classe de risco II. Para esse nível de contenção são requeridos, além dos itens referidos no nível 2, desenho e construção laboratoriais especiais. Devem ser mantidos controles rígidos quanto a operação, inspeção e manutenção das instalações e equipamentos. O pessoal técnico deve receber treinamento específico sobre procedimentos de segurança para a manipulação desses microrganismos.
- O nível 4 ou de contenção máxima destina-se à manipulação de microrganismos da classe de risco IV, sendo o laboratório com maior nível de contenção, e representa uma unidade geográfica funcionalmente

independente de outras áreas. Esses laboratórios requerem, além dos requisitos físicos e operacionais dos níveis de contenção 1, 2 e 3, barreiras de contenção (instalações, desenho, equipamentos de proteção) e procedimentos especiais de segurança.

2.6 MONTANDO O MANUAL DE BIOSSEGURANÇA DO LABORATÓRIO

Algumas ideias que devem compor o manual de biossegurança:

2.6.1 NOÇÕES BÁSICAS DE SEGURANÇA DO PESSOAL DA UNIDADE DE OPERAÇÃO

1. Utilize calçados fechados e calça comprida.
2. Mantenha cabelos longos sempre presos.
3. Não use relógios, pulseiras, anéis ou quaisquer ornamentos ou maquiagem durante o trabalho no laboratório.
4. Mantenha suas unhas curtas.
5. Identifique causas de risco potenciais e as precauções de segurança apropriadas antes de começar a utilizar novos equipamentos ou implantar novas técnicas no laboratório. Confirme se existem condições e equipamentos de segurança suficientes para a implantação do novo procedimento.
6. Tome conhecimento da localização do quadro de eletricidade.
7. Aprenda a utilizar o extintor antes que um incêndio aconteça.
8. Toda sala ou laboratório deverá ter um responsável, cujo telefone deverá ser fixado na parte externa da sala, de preferência junto à porta.
9. Assegure-se de que o responsável pelo laboratório seja informado de qualquer condição de falta de segurança ou acidente, por mais insignificante que possa lhe parecer.
10. É expressamente proibido fumar dentro do laboratório. A proximidade com materiais tóxicos, biológicos e inflamáveis faz com que se corra o risco de começar um incêndio ou ingerir reagentes acidentalmente.
11. Conheça a localização e o uso correto dos equipamentos de segurança disponíveis.
12. Todos os laboratórios devem estar providos de material de combate e prevenção de incêndio, tais como: caixas de areia, extintores de incêndio dos tipos CO_2 e pó químico, que deverão ficar em locais de livre acesso. Normalmente estão presentes nos corredores e em mais de um ponto.

13. Faça a assepsia correta das mãos antes e após usar as luvas de procedimentos. Lave as mãos ao final dos procedimentos de laboratório e remova todo o equipamento de proteção, incluindo luvas e aventais, antes de deixar o local.
14. Use os equipamentos de proteção individual (EPI) de acordo com a necessidade. Todos os aparelhos telefônicos do laboratório deverão ter em sua lateral os números de emergência bem destacados.

2.6.2 SAÚDE E HIGIENE

1. Nunca consuma alimentos, bebidas e gomas de mascar no laboratório. Esses devem ser consumidos nas áreas designadas para essa finalidade. A separação de alimentos e bebidas dos locais contendo materiais tóxicos, de risco ou potencialmente contaminados pode minimizar os riscos de ingestão acidental desses materiais.
2. Não trabalhe com lentes de contato, pois elas podem absorver produtos químicos e causar lesões nos olhos. A colocação ou a retirada de lentes de contato, a aplicação de cosméticos ou a escovação dos dentes em laboratório podem transferir materiais de risco para os olhos ou para a boca. Esses procedimentos devem ser realizados fora do laboratório e com as mãos limpas.
3. Não leve as mãos à boca, aos olhos ou ao nariz quando estiver manuseando produtos químicos.
4. Não coloque quaisquer objetos ou materiais utilizados no laboratório na boca, como canetas, etiquetas, papéis, óculos etc.
5. Não guarde alimentos e utensílios utilizados para a alimentação nos laboratórios onde se manuseiam materiais tóxicos e perigosos.
6. Não utilize os fornos de micro-ondas ou as estufas dos laboratórios para aquecer alimentos.
7. Não pipete ou sugue diretamente com a boca nenhum tipo de material. O uso de pipetador é obrigatório.
8. Nunca permaneça com as luvas usadas em um experimento fora da área de trabalho, e não se esqueça de retirá-las ao abrir portas ou atender o telefone.

2.6.3 CUIDADOS GERAIS

1. Tenha cuidado ao levantar e transportar pesos, evitando assim sofrer lesões osteomusculares.
2. Utilize uma escada para acessar prateleiras mais altas.
3. Coloque os objetos mais pesados em prateleiras mais baixas.

4. Não sobrecarregue fichários e não deixe gavetas abertas em área de circulação.
5. Não trabalhe sozinho no laboratório.

2.6.4 HIGIENIZAÇÃO DAS MÃOS

Pode parecer estranho, mas as mãos são a maior fonte de contaminação, tanto do laboratorista quanto do experimento; portanto, esse é um cuidado importante a se ter em um laboratório (Figura 2.1).

Lave as mãos:

1. Ao iniciar o turno de trabalho.
2. Sempre antes e depois de ir ao banheiro.
3. Antes e após o uso de luvas.
4. Antes de beber e comer.
5. Após a manipulação de materiais biológico e químico.
6. Ao final das atividades, antes de deixar o laboratório.

Regras básicas:

1. Antes de lavar as mãos, retire anéis e pulseiras.
2. Quando tiver lesões nas mãos e nos antebraços, proteja-as com pequenos curativos antes de calçar as luvas.

1. Palma 2. Dorso das mãos 3. Espaços interdigitais 4. Polegar

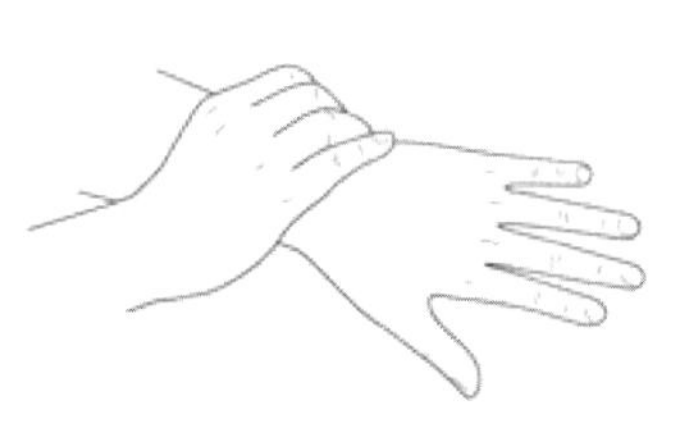

5. Articulação dos dedos 6. Unhas e extremidades 7. Punhos

Figura 2.1 Sequência de lavagem das mãos.

2.6.5 EQUIPAMENTOS E PROCEDIMENTOS DE EMERGÊNCIA

Os equipamentos comuns de segurança e emergência incluem extintores, kits de primeiros socorros, estações de lavagem de olhos e chuveiros de emergência, kits para derramamento de determinados reagentes e saídas de emergência. É necessário que os usuários saibam onde esses equipamentos estão e como manejá-los com segurança, e que aprendam o que fazer em uma emergência, familiarizando-se com esses procedimentos. Em caso de acidente, mantenha a calma, desligue os aparelhos próximos, inicie o combate ao fogo, isole os inflamáveis e chame os bombeiros.

2.6.6 ACIDENTE COM PRODUTOS QUÍMICOS

1. Um lava-olhos e um chuveiro de emergência devem estar a menos de 25 m do pessoal de laboratório, e deve haver apenas uma porta entre eles. Eles devem estar em localização acessível a todo o momento em laboratórios em que reagentes perigosos para a pele e para os olhos são usados.
2. Todos os equipamentos de emergência devem ser checados periodicamente. Os lava-olhos e os chuveiros devem ser testados mensalmente. Os extintores de incêndio devem ser inspecionados a cada seis meses. Um registro das inspeções deve ser colocado em uma etiqueta afixada ao equipamento.
3. Em caso de acidente por contato ou ingestão de produtos químicos, procure um médico, indicando o produto utilizado.
4. Se um produto químico atingir seus olhos por acidente, abra bem as pálpebras e lave-os com bastante água. Se atingir outras partes do corpo, retire a roupa impregnada e lave a pele com água abundante.

2.6.7 ACIDENTE COM MATERIAL BIOLÓGICO

1. Lave a área afetada com água corrente em abundância.
2. Passe álcool iodado na área afetada (com exceção dos olhos, que devem ser lavados exaustivamente com água destilada).
3. Em caso de ferida, lave-a com água corrente e comprimida, de forma a provocar sangramento (cuide para que esse procedimento não aumente as dimensões da ferida).
4. Descontamine todo o material contaminado biologicamente por autoclavagem ou por desinfecção química, seguindo as recomendações para descarte de cada material.

Dicas

- Todos os acidentes devem ser comunicados imediatamente ao responsável pelo setor e à direção do instituto para discussão das medidas a serem adotadas.
- Não entre em locais de acidentes sem uma máscara contra gases.

2.6.8 ACIDENTE COM INCÊNDIO

Se um pequeno incêndio começar no laboratório e estiver restrito a um béquer, um frasco ou outro recipiente pequeno, tente dominá-lo com o extintor apropriado ou abafá-lo com uma rolha ou um vidro de relógio a fim de impedir entrada de ar.

Se o incêndio não estiver limitado a uma pequena área, se houver envolvimento de materiais voláteis ou tóxicos ou se as tentativas de conter um pequeno incêndio forem inúteis, tome as seguintes providências:

1. Se possível, feche todas as portas que possibilitem isolar o foco de incêndio do restante das instalações.
2. Informe todo o pessoal nas áreas vizinhas da existência do foco de incêndio e evacue as instalações utilizando as escadas e as saídas de emergência. Não utilize os elevadores.
3. Entre em contato com os bombeiros e explique a natureza do fogo, identificando todos os possíveis produtos de risco como fumaças tóxicas, materiais potencialmente explosivos, meios de combater o fogo etc.
4. Preencha um relatório de acidentes/incidentes.

Dica

- Em qualquer situação de fogo, mantenha a calma e avise a todos que há foco de incêndio para que saiam do ambiente. Verifique os tipos de extintor disponíveis na área. Caso seja possível, tente controlar o fogo. Se não for possível, ligue para o corpo de bombeiros.

Os incêndios são classificados em quatro classes, de acordo com o material que o inflama:

Classe A – combustíveis comuns como madeira, papel, tecidos, plásticos etc.

Classe B – líquidos combustíveis e inflamáveis.

Classe C – fogo em equipamentos elétricos.

Classe D – metais combustíveis.

Cada tipo de material combustível possui uma classe de extintor de incêndio mais adequada para apagá-lo.

1. Os extintores de pó seco, tipo ABC, são utilizados em incêndios das classes A, B e C.
2. Os extintores de água pressurizada devem ser utilizados somente em incêndios da classe A. Não use esse tipo de extintor em materiais carregados eletricamente, pois isso poderá resultar em choque elétrico. Se utilizado sobre líquido inflamável ele pode causar o espalhamento do fogo.
3. Nenhum desses extintores deve ser utilizado em incêndios provocados por metais combustíveis. Deve-se utilizar o extintor do tipo "químico seco" com pó químico especial para cada material.

2.7 MAPA DE RISCO

O mapa de risco é uma representação gráfica de um conjunto de fatores presentes nos locais de trabalho (formulado a partir da planta baixa da empresa, podendo ser completo ou setorial) capazes de acarretar prejuízos à saúde dos trabalhadores, como acidentes de trabalho e doenças. Tais fatores têm origem nos diversos elementos do processo de trabalho (materiais, equipamentos, instalações, suprimentos e espaços de trabalho) e na forma de organização do trabalho (arranjo físico, ritmo, método, postura, jornada, turnos, treinamento etc.).

O mapa de risco tem por objetivos:

1. Conscientizar e informar os trabalhadores, por meio da fácil visualização, sobre os riscos existentes no local de trabalho.
2. Reunir as informações necessárias para estabelecer o diagnóstico da situação de segurança e saúde no trabalho.
3. Possibilitar, durante a sua elaboração, a troca e a divulgação de informações entre os trabalhadores, bem como estimular sua participação nas atividades de prevenção.

O mapa de riscos (Figura 2.2) é composto de círculos de três tamanhos e cinco cores que identificam os locais e os fatores de riscos associados a situações de risco em função da presença de agentes físicos, químicos, biológicos, ergonômicos e de acidentes. Os tamanhos dos círculos representam a gravidade do risco, e a cor, o tipo de risco. Um círculo pode ser dividido e apresentar mais de uma cor ao mesmo tempo indicando diferentes riscos de mesmo grau em um determinado ambiente. Os círculos são sempre desenhados proporcionalmente, sendo o maior duas vezes o médio que, por consequência, é duas vezes maior que o menor.

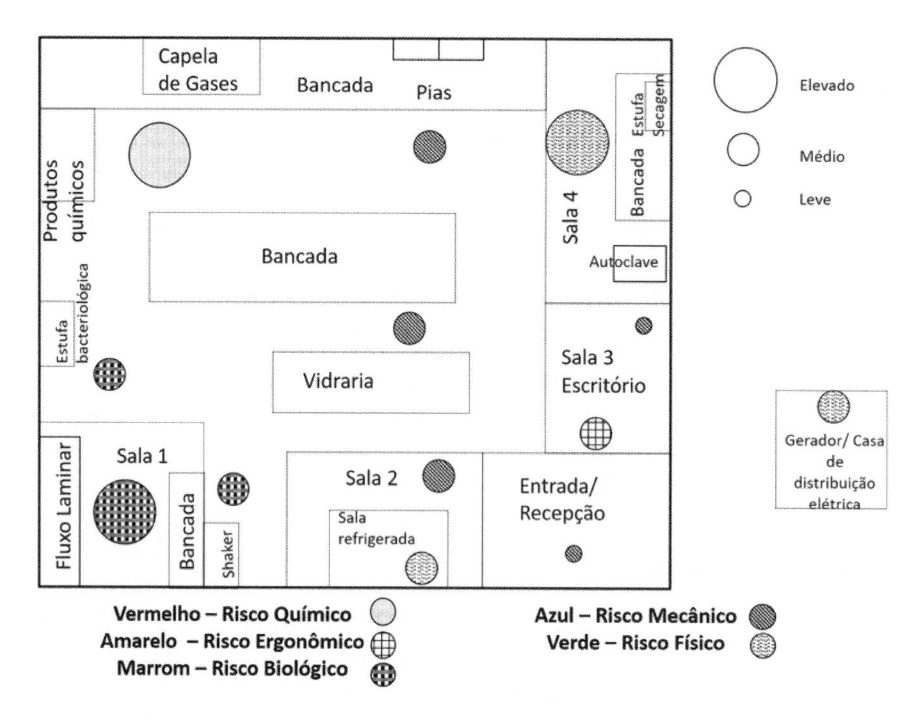

Figura 2.2 Modelo de mapa de riscos.

2.8 MÉTODOS DE CONTROLE DE AGENTES DE RISCOS

Os principais elementos para contenção de agentes de risco são:

1. Boas Práticas de Laboratório (BPL).
2. Observância de práticas e técnicas padronizadas por Procedimentos Operacionais Padrão (POP).
3. Conhecimento prévio dos riscos.
4. Treinamento de segurança apropriado.
5. Manual de biossegurança (identificação dos riscos, especificação das práticas, procedimentos para eliminação de riscos).
6. Barreiras.
7. Equipamento de proteção individual (EPI).
8. Equipamentos de proteção coletiva (EPC).
9. Procedimentos para descarte dos resíduos gerados em laboratório.

Assim, preconiza-se que o melhor é prevenir os riscos de acidentes inerentes a toda atividade de laboratório colocando em prática os pontos expostos neste capítulo.

REFERÊNCIAS

ABNT - ASSOCIAÇÃO BRASILEIRA DE NORMAS TÉCNICAS. **NBR ISO 9004:2000**: Sistema de gestão da qualidade: diretrizes para melhoria de desempenho. Rio de Janeiro, 2000.

ALVES, J. C.; BARATELLA, A. P. **Recomendações de segurança para trabalhos em capelas químicas**. Campinas: Designs Laboratório, [20--]. Disponível em: <http://designslaboratorio.com.br/imagens/capelas/Palestra_Capela.PDF>. Acesso em: 10 maio 2017.

BARBOSA FILHO, A. N. **Segurança do trabalho e gestão ambiental**. 3. ed. São Paulo: Atlas, 2010.

BRASIL. Ministério do Trabalho e Emprego. Secretaria de Inspeção do Trabalho. Portaria n. 3.214, de 8 de junho de 1978. Aprova as Normas Regulamentadoras - NR - do Capítulo V, Título II, da Consolidação das Leis do Trabalho, relativas a Segurança e Medicina do Trabalho. **Diário Oficial da União**, Brasília, DF, 6 jul. 1978. Disponível em: <http://www.camara.gov.br/sileg/integras/839945.pdf>. Acesso em: 10 maio 2017.

BRASIL. Ministério da Ciência, Tecnologia e Inovação. Assessoria de Comunicação. **Cadernos de biossegurança**: legislação. Brasília, DF, 2002. Disponível em: <http://w2.fop.unicamp.br/cibio/downloads/caderno_de_legislacao_biosseguranca.pdf>. Acesso em: 10 maio 2017.

BRASIL. Ministério da Saúde. Agência Nacional de Vigilância Sanitária. **Acreditação para laboratórios de microbiologia**. Brasília, DF, 2004.

BRASIL. Ministério da Saúde. Secretaria de Vigilância em Saúde. Coordenação Geral de Laboratórios de Saúde Pública. **Requisitos gerais de biossegurança para laboratórios de saúde pública**. Brasília, DF, 2006.

BRASIL. Ministério da Saúde. Agência Nacional de Vigilância Sanitária. **Higienização da mão em serviços de saúde**. Brasília, DF, 2007.

HARRIS, D. C. **Análise química quantitativa**. 6. ed. São Paulo: LTC, 2005.

INMETRO - INSTITUTO NACIONAL DE METROLOGIA, QUALIDADE E TECNOLOGIA. **Programa de monitoramento de BPL:** Inmetro e seus respectivos documentos orientativos, documentos normativos, formulários e modelos. Brasília, DF: [20--]. Disponível em: <http://www.inmetro.gov.br/monitoramento_BPL/>. Acesso em: 1 maio 2014.

SOUSA JUNIOR, M. A.; MELO, C. H.; LORDELO, F. S.; WENTZ, A. P. Gerenciamento de resíduos de serviços de saúde: uma questão da biossegurança no meio ambiente. **Diálogos & Ciência**, Rio de Janeiro, v. 14, p. 91-97, 2010. Disponível em: <http://www.scielo.br/scielo.php?pid=S0102-311X2004000300011&script=sci_abstract&tlng=pt>. Acesso em: 28 ago. 2017.

NEVES, W. B. et al. Mapa de risco em laboratório clínico: avaliação de riscos ambientais em laboratório de biologia molecular. **Biotecnologia Ciência & Desenvolvimento**, n. 36, p. 1045-1053, 2006.

OMS - ORGANIZAÇÃO MUNDIAL DA SAÚDE. **Manual de segurança biológica em laboratório**. 3. ed. Genebra, 2004.

PORTO ALEGRE. Secretaria Municipal de Saúde. Comissão Municipal de Controle de Infecção. **Controle e monitoramento de microrganismos multirresistentes**. Porto Alegre, maio, 2014. Disponível em: <http://lproweb.procempa.com.br/pmpa/prefpoa/cgvs/usu_doc/controle_e_monitoramento_de_microrganismos_multirresistentes.pdf>. Acesso em: 10 maio 2017.

SANTOS, M. S. T. et al. **Segurança e saúde no trabalho em perguntas e respostas**. São Paulo: IOB, 2013.

CAPÍTULO 3
PROCEDIMENTO OPERACIONAL PADRÃO (POP)

Karina Teixeira Pinheiro, Fernanda Matias

O Procedimento Operacional Padrão (POP) é o documento base que deve ser utilizado em trabalhos repetitivos a serem executados na busca de uma meta padrão. Dessa forma, o documento deve conter as instruções sequenciais da operação e a frequência de execução, especificando o responsável pela execução. Também deve listar equipamentos, peças e materiais utilizados na tarefa, e conter a descrição dos procedimentos, assim como o roteiro de inspeção periódica dos equipamentos. Os POP devem ser aprovados, assinados, datados e revisados anualmente ou conforme a necessidade.

O objetivo de um POP é padronizar e minimizar a ocorrência de desvios na execução de tarefas fundamentais para o funcionamento correto do processo. Um POP coerente assegura aos usuários que as ações tomadas para garantir a qualidade do laboratório sejam as mesmas de um turno para outro, ou de um dia para outro. Isso faz com que haja uma maior previsibilidade de resultados, minimizando as variações causadas por imperícia e adaptações aleatórias, mesmo quando o responsável pelo laboratório não se encontra disponível para acompanhar o procedimento.

3.1 COMO FAZER UM POP

Por mais cansativo que seja transcrever as tarefas rotineiras que cumprimos automaticamente, você deve passá-las para o papel para que todos sigam aqueles passos, padronizando todas as atividades do laboratório. Para que isso funcione, tome alguns cuidados:

1. Nunca copie procedimentos de livros ou de outras organizações, pois o seu laboratório possui particularidades e isso é facilmente percebido pelo responsável do laboratório.
2. A pessoa que executa a tarefa é quem deve colaborar com o desenvolvimento do procedimento; ele é o dono do processo.
3. O funcionário deve ser treinado, habilitado e qualificado para a execução da tarefa. Assim, escreva o que se faz e cumpra o que está escrito.

4. Faça constantes análises críticas (pelo menos duas vezes por ano) sobre a aplicabilidade dos procedimentos e verifique se os mesmos ainda estão sendo seguidos.
5. A linguagem utilizada no POP deverá estar de acordo com o grau de instrução das pessoas envolvidas nas tarefas; por isso dê preferência a uma linguagem simples e objetiva.
6. O conteúdo do POP, assim como a sua aplicação, deverá ser completamente compreendido e assimilado pelos usuários do laboratório, pois, direta ou indiretamente, eles serão os responsáveis pela qualidade final daquele procedimento. A ingerência de supervisores, coordenadores e diretores nesse quesito é uma das causas da ineficiência na implantação de um sistema de qualidade. Por isso, eles devem ser os responsáveis pela revisão e pela aprovação do POP.

3.2 PRINCIPAIS PASSOS PARA SE ELABORAR UM POP

1. Nome do POP
   - Rotina para limpeza, desinfecção e esterilização de materiais; rotina para limpeza e desinfecção de superfícies; protocolos mais utilizados; meios de cultivo mais utilizados.
2. Objetivo do POP
   - Qual a sua importância? Por que ele foi escrito?
3. Documentos de referência
   - Quais documentos poderão ser usados ou consultados quando alguém for usar ou seguir o POP? Podem ser manuais, outros POP, códigos, dissertações, teses, livros.
4. Local de aplicação
   - Onde o POP pode ser aplicado? Por exemplo, em um determinado modelo de autoclave, na sala de limpeza (se for um POP de rotina para limpeza, desinfecção e esterilização de materiais).
5. Siglas
   - Caso siglas sejam usadas no POP, explique seus significados antes do início do texto.
6. Descrição das etapas da tarefa.

7. Se existir um fluxograma relativo à tarefa ele pode ser agregado nessa etapa.
8. Informe o local em que se guarda o documento, assim como o responsável pela manutenção e atualização deste.
9. Informe a frequência de atualização
   - De 12 em 12 meses, de 6 em 6 meses, a cada dois anos.
10. Informe em quais meios ele será guardado
    - Eletrônico, papel, mais de uma forma. Em que pasta?
11. Gestor do POP
    - Quem o elaborou?
12. Nome do responsável pelo POP

3.3 EXEMPLO DE POP

Procedimento Operacional Padrão: Limpeza e esterilização de materiais		
Elaboração 01/2014 Karina P. Teixeira Aluna IC	Projeto	Aprovação

3.3.1 CONSIDERAÇÕES GERAIS

3.3.1.1 Desinfecção

É um processo físico ou químico que destrói ou inativa a maioria dos microrganismos patogênicos de objetos inanimados e superfícies, com exceção de esporos bacterianos.

CLASSIFICAÇÃO DA DESINFECÇÃO

- Nível baixo: destrói microrganismos na forma vegetativa, alguns vírus e fungos; não elimina o bacilo da tuberculose nem os microrganismos esporulados.
- Nível médio ou nível intermediário: destrói microrganismos na forma vegetativa, com exceção dos microrganismos esporulados; inativa o bacilo da tuberculose e da maioria dos vírus e fungos.
- Nível alto: destrói microrganismos na forma vegetativa e alguns esporulados; destrói ainda o bacilo da tuberculose, vírus e fungos. Faz-se necessário o enxágue do material com água estéril e a manipulação

com técnica asséptica. Havendo dificuldade com enxágue com água estéril, é recomendado o uso de filtro de 0,2 µm e imersão com álcool a 70% após o enxágue.

3.3.1.2 Esterilização

É um processo físico ou químico que destrói todas as formas de vida microbiana, ou seja, de bactérias nas formas vegetativas e esporuladas, fungos e vírus.

3.3.1.3 Limpeza

É um processo sistemático e contínuo para a manutenção do asseio ou, quando necessário, para a retirada de sujidade de uma superfície. Nesse processo, a orientação é que se utilize água com detergente ou produtos enzimáticos. É o processo que precede as ações de desinfecção e/ou esterilização. Poderá ser feita pelos métodos manual ou mecânico.

TIPOS DE LIMPEZA

- Manual: é realizada manualmente por meio de ação física, sendo utilizados água, sabão/detergente, escovas, panos, entre outros.
- Automática: é realizada por máquinas automatizadas específicas para limpeza. A remoção da sujeira ou da matéria orgânica ocorre pela ação combinada de energias mecânica (vibração sonora), térmica (temperatura entre 50 °C e 55 °C) e química (detergentes). A utilização de máquinas automatizadas para limpeza de artigos não dispensa a revisão manual dos mesmos, pois o critério visual pode detectar possíveis falhas na limpeza de equipamentos.

3.3.1.4 Saneante

É uma substância ou preparação destinada a higienização, desinfecção, esterilização ou desinfestação domiciliar, em ambientes coletivos, públicos e privados, em lugares de uso comum e no tratamento da água.

3.3.2 EQUIPAMENTOS E PRODUTOS

3.3.2.1 Equipamentos

AUTOCLAVE (Cristófoli Vitale 12)

É um equipamento que promove a esterilização de meios de cultura, soluções e materiais de laboratório de microbiologia, bem como sua descontaminação por meio de calor úmido sob pressão (vapor de água saturado).

IDENTIFICAÇÃO DOS COMPONENTES DA AUTOCLAVE

- Painel: está localizado na parte frontal da autoclave; fabricado em plástico ABS injetado, é nele que se encontra o teclado de controle da autoclave.
- Tampa: encontra-se atrás do painel; produzida em aço inox, é responsável por fechar a câmara da autoclave.
- Teclado de controle: localizado sobre o painel, contém as teclas de controle e os LEDs indicativos da autoclave.
- Manômetro: nele são visualizadas as informações relativas à pressão e à temperatura da autoclave. Localiza-se na parte direita do teclado de controle.
- Fecho: localizado na parte frontal da autoclave. É utilizado para abrir, fechar e travar a porta da autoclave (conjunto painel/tampa).
- Copo dosador: usado para dosar a quantidade de água destilada necessária para o processo de esterilização.

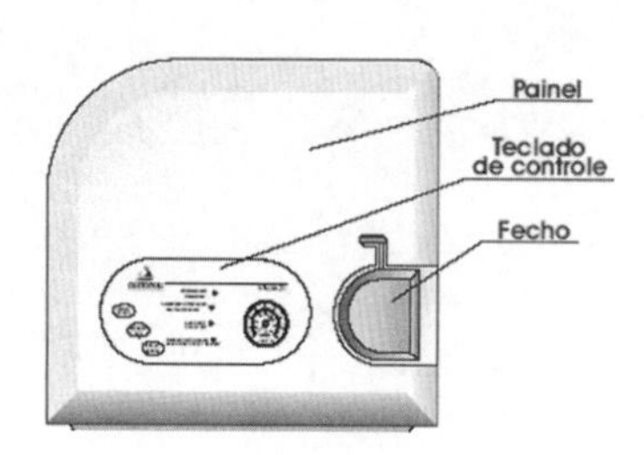

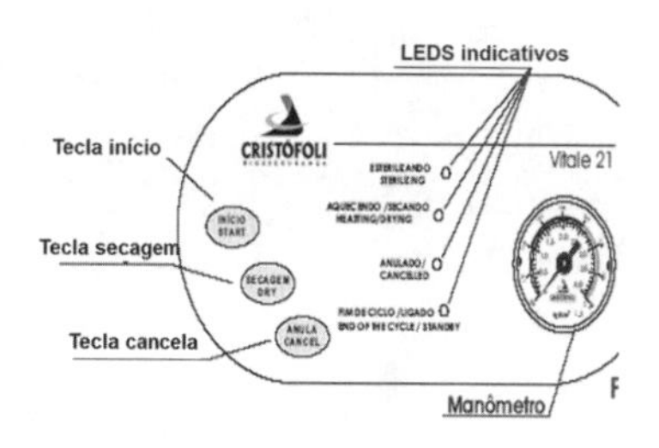

ESTUFA (De Leo): utilizada para secagem e esterilização

1. Capacidade para 81 L.
2. Voltagem: 110V.
3. Com controlador de temperatura de 30 °C a 120 °C.
4. Confeccionada em chapa de aço com tratamento anticorrosivo e pintada internamente com tinta alumínio resistente a altas temperaturas.
5. Pintura externa eletrostática.
6. Isolamento térmico em lã de vidro em todas as paredes, inclusive em portas e tetos.
7. Vedação da porta com gaxeta de silicone.
8. Chave liga/desliga, lâmpada piloto, suporte para termômetro e dispositivo superior para saída de ar quente.
9. Prateleira interna, móvel e removível em chapa de aço perfurada.

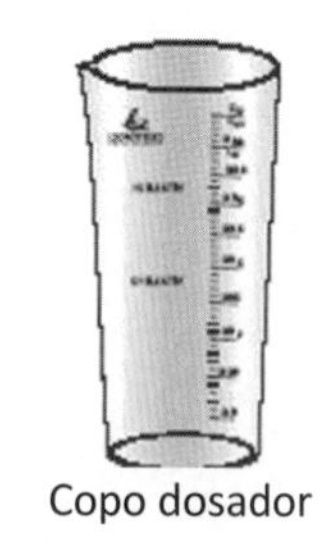

Copo dosador

3.3.2.2 Produtos

Saneantes

Como produtos saneantes, são utilizados o álcool 70%, hipoclorito (0,5%) e detergente neutro.

3.3.3 PROCEDIMENTO

3.3.3.1 Como usar a Autoclave Vitale

1. Abra a porta da autoclave e, usando o copo dosador, coloque a quantidade correta de água destilada diretamente na câmara antes de cada ciclo.
2. Quantidade de água destilada para cada ciclo = 150 mL.

Atenção!

- Utilize somente água destilada na esterilização. O não cumprimento dessa recomendação pode ocasionar a obstrução do sistema hidráulico da autoclave (tubulação e/ou válvulas), manchas no instrumental e perda da garantia.

3. Abasteça a autoclave com os materiais a serem esterilizados, tomando cuidado para não os encostar na câmara ou nos orifícios das saídas internas de vapor, pois isso ocasionará interferência no ciclo e danos aos materiais.

CUIDADOS E OBSERVAÇÕES DURANTE O USO

- Tenha por rotina assegurar-se de que o fecho da porta da autoclave esteja devidamente travado antes de usá-la. Ao soltar o fecho, a porta da autoclave deve abrir com facilidade. Certifique-se sempre da completa despressurização; o ponteiro do manômetro deverá estar na posição "0" (zero). Nunca force a porta da autoclave!
- É normal que saia algum vapor pela porta da autoclave ao abri-la no final da despressurização para a secagem do material esterilizado.
- Nunca toque na saída externa de vapor e/ou nas superfícies internas da autoclave (câmara, bandejas, material etc.) quando estiverem quentes, ou seja, durante ou logo após o ciclo de esterilização.
- Mesmo após aguardar o resfriamento dos materiais, é recomendável o uso de luvas adequadas em sua manipulação. A manipulação descuidada poderá resultar em queimaduras.
- Em caso de acionamento de um dos dispositivos de segurança (escape súbito de vapor), geralmente ocasionado por obstrução do orifício interno da saída de vapor ou por obstrução da válvula solenoide, aguarde a total despressurização para abrir a porta.

Importante!

- Certifique-se sempre de ter desligado a autoclave da tomada para realizar qualquer tipo de manutenção (limpeza diária ou até mesmo troca de fusível).

Preparando os artigos e carregando a autoclave

Atenção!

- Antes de iniciar os procedimentos para a esterilização, o operador deverá estar paramentado com luvas de látex grossas com o punho sobre o avental de mangas compridas, avental plástico sobre o convencional, máscara, óculos de proteção, gorro e sapato fechado.

- Obs: Antes de iniciar qualquer esterilização, certifique-se com o fabricante do material a ser esterilizado se ele é autoclavável (resistente à temperatura de 135 °C em presença de vapor e pressão).

REQUISITOS A SEREM OBSERVADOS NO PROCESSO DE ESTERILIZAÇÃO E SUAS ETAPAS

- **Cuidados:** ao operar a autoclave utilizando um *checklist* operacional, é possível reduzir erros humanos de operação e solucionar as dificuldades que possam surgir durante a operação.

A esterilização necessita de um preparo prévio e faz parte de todo um processo. Sugerimos que o profissional padronize o seu processo. Faça um roteiro por escrito, evitando assim que algum requisito seja esquecido. As etapas de preparo para a esterilização são as seguintes: imersão; limpeza; inspeção visual; enxágue; secagem; embalagem/empacotamento e acondicionamento; esterilização; armazenamento; monitoramento da esterilização e validade da esterilização.

IMERSÃO

Imediatamente após o uso de instrumentos/artigos, o ideal é imergi--los em uma cuba contendo detergente neutro e hipoclorito. Deixe-os em imersão por 20 min, seguindo sempre as recomendações de diluição e imersão do fabricante. Se os instrumentos estiverem grosseiramente contaminados com matéria orgânica, é recomendado enxaguá-los primeiramente para que os mesmos não inutilizem a solução. Retire-os da cuba e proceda então à limpeza manual.

- Não utilize detergentes comerciais ou de uso doméstico para banhos ou lavagem de instrumentos e artigos de laboratório, pois esses produtos podem danificá-los. Não misture metais diferentes no mesmo banho, pois poderá ocorrer corrosão eletrolítica.

LIMPEZA

A limpeza rigorosa de todo o material é um dos fatores básicos para o sucesso da esterilização. A presença de matéria orgânica (sangue, secreções, pus, gordura, óleo ou outro tipo de sujidade) protege os microrganismos, dificultando a esterilização. A limpeza feita de maneira inadequada ou com produtos incorretos pode danificar o instrumental causando manchas, escurecimento e corrosão.

Os materiais novos (recém-adquiridos em lojas) devem passar por um processo de limpeza antes da esterilização para remoção de sujidade e produtos químicos a fim de evitar que fiquem escurecidos, manchados ou amarelados.

Os detergentes enzimáticos são eficientes na remoção de matéria orgânica. A limpeza mecânica (manual) com escova deve ser feita sob imersão para evitar a produção de aerossóis que podem causar danos à saúde (isso acontece quando o procedimento é realizado sob água corrente, como a de uma torneira, por exemplo).

O operador deve tomar cuidado ao remover o material aderido aos instrumentos. Evite o uso de esponjas com abrasivos ou palha de aço, pois esses produtos podem danificá-los.

INSPEÇÃO VISUAL

Faça uma inspeção visual de todo o instrumental, verificando as áreas de maior dificuldade de acesso, como cremalheiras (engrenagens), peças dentadas, superfícies serrilhadas, reentrâncias, ranhuras etc., procedendo à remoção mecânica, se necessário.

ENXÁGUE

Enxágue abundantemente o instrumental. O uso de água filtrada para o enxágue é altamente recomendado. A remoção inadequada de desincrustante provoca manchas cinza-escuras no instrumental de maneira irreversível.

SECAGEM

Seque o instrumental com algodão ou outro tecido que não solte fiapos, como papel toalha. O instrumental pode ser seco em uma estufa especialmente regulada para esse fim (50 °C). Não deixe o instrumental secar naturalmente; além do risco operacional, isso pode causar manchas.

MATERIAIS, EMBALAGEM, EMPACOTAMENTO E ACONDICIONAMENTO

Recomendações sobre os tipos de embalagens e materiais a serem usados na autoclave:

- Gaze e algodão: devem ser embalados em porções individuais para cada paciente.
- Campos, capotes e tecidos em geral: devem ser embalados individualmente.
- Materiais pequenos e/ou leves: materiais como cânulas, limas e anéis de identificação de silicone devem ser obrigatoriamente embalados de forma adequada (envelopes de esterilização), pois podem ser sugados durante o processo, causando obstrução da válvula e da tubulação da autoclave.

- Brocas e limas: atualmente existem embalagens apropriadas para brocas e limas que as protegem no processo de esterilização. Outra opção são os envelopes de papel grau cirúrgico. Brocas de aço-carbono são impróprias para serem esterilizadas em autoclaves. Ao adquirir brocas novas, lembre-se de lavá-las antes de autoclavá-las.
- Caixas e bandejas: devem ser totalmente perfuradas de modo a permitir a circulação de vapor e facilitar a secagem. Podem ser embaladas em papel grau cirúrgico, papel crepado ou campos de algodão, conforme as especificações de empacotamento indicadas adiante. A utilização de caixas não é obrigatória, mas lembre-se de que elas protegem a integridade da embalagem e dos instrumentos, uma vez que muitos são perfurocortantes. Para esterilizar bandejas não perfuradas, coloque-as separadas dos instrumentos deixando um espaço entre elas para permitir a circulação de vapor.
- Pacotes: devem ser pequenos e compatíveis com os atendimentos (jogo clínico, jogo de periodontia etc.), evitando o reprocessamento desnecessário de materiais não utilizados. Devem também ser devidamente confeccionados e lacrados cuidadosamente para que não se rompam durante o processo de esterilização causando obstrução nas saídas de vapor, comprometendo a esterilização e causando danos ao equipamento. Retire o excesso de ar dos pacotes, pois isso dificulta a penetração do vapor.
- Pontas de instrumentos perfurocortantes: sondas exploradoras, sondas milimetradas, material de periodontia etc. deverão ser protegidas com gaze ou algodão para evitar que furem os pacotes, inutilizando-os.
    - Antes de colocar qualquer instrumento ou artigo de laboratório na autoclave, verifique as indicações do fabricante de cada um. Usualmente as embalagens trazem indicação de resistência até 135 °C, ou o símbolo de que são autoclaváveis.

TÉCNICA PARA EMPACOTAMENTO DE INSTRUMENTAL E OUTROS MATERIAIS

Há uma técnica para empacotamento de instrumental e/ou artigos para o processo de esterilização em autoclave, que poderá ser em campo de tecido duplo ou em papel crepado duplo. Deve-se obedecer a sequência na execução de suas dobras, conforme demonstra a ilustração a seguir. Ela facilita o desempacotamento na hora do uso dos instrumentos e evita contaminação durante a abertura do pacote.

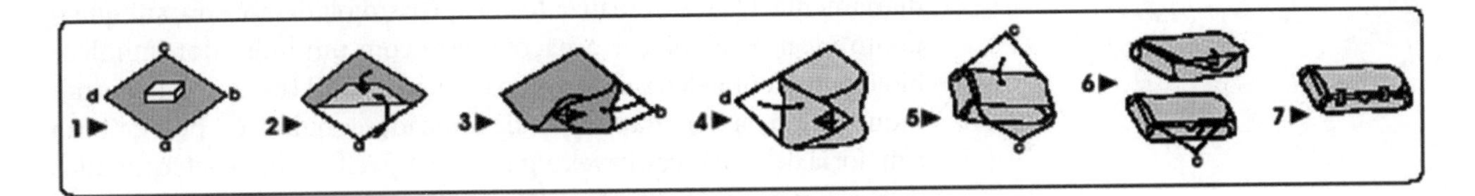

- Coloque o artigo no centro do invólucro, em posição diagonal.
- Faça a dobra "a" e uma pequena dobra na ponta do invólucro, cobrindo totalmente o material.
- Faça a dobra "b" e uma pequena dobra na ponta do invólucro.
- Repita o mesmo procedimento na ponta "d".
- Leve a ponta "c" do invólucro em direção ao operador.
- Pegue a ponta "c" do invólucro e a introduza sobre as dobras realizadas, deixando a ponta para fora do pacote para facilitar sua abertura e evitar contaminação na hora da abertura.
- Lacre o pacote com uma fita crepe própria para esterilização, para indicar o processo. Identifique o pacote, anotando os artigos ali contidos e o nome do responsável pela esterilização.

ARMAZENAMENTO DE MATERIAL ESTÉRIL

O ideal é que o armazenamento seja feito em armários revestidos de fórmica fechados com prateleiras aramadas e exclusivos para essa finalidade. Os armários devem ser de fácil limpeza (a ser realizada semanalmente) e devem ser instalados em local seco e arejado, livre de odores e umidade. Jamais devem ser estocados embaixo de pias perto de conexões da rede de água e/ou esgoto.

MONITORAMENTO DO PROCESSO DE ESTERILIZAÇÃO

O monitoramento nada mais é do que o controle da esterilização. Se todos os indicadores aprovam o ciclo é porque a autoclave foi corretamente manuseada. Para tanto, utilize parâmetros físicos, químicos e biológicos.

a) Físicos: tempo e pressão de acordo com o estabelecido por este manual; necessitam ser observados pelo operador e devidamente registrados para todos os ciclos.

b) Químicos: indicadores de processo de esterilização (fitas zebradas e indicadores de envelopes) podem ser utilizados em todos os pacotes. Eles não asseguram a esterilização, apenas evidenciam que aquele pacote passou pelo processo.

   Hoje, a indústria fornece uma variedade de indicadores multiparamétricos que avaliam mais de um fator de esterilização, como tempo e temperatura. Outros, mais sofisticados, integram tempo, temperatura e presença de vapor.

   Idealmente, devem ser utilizados em todos os ciclos, ou, pelo menos, diariamente. Os testes realizados pela Cristófoli demonstraram que o ponto ideal para colocar o pacote-teste com um indicador químico/biológico é a prateleira superior, na região frontal (próximo da porta). Fique atento na hora da compra de indicadores químicos, pois embora a maioria deles seja confiável, alguns são específicos para determinados ciclos. Em caso de dúvida, entre em contato com a consultoria em biossegurança da Cristófoli pelo e-mail blog@cristofoli.com ou pelo site www.cristofoli.com.

c) Biológicos: o Ministério da Saúde (BRASIL, 2000, 2006) recomenda o uso dos indicadores biológicos semanalmente, na instalação e na manutenção da autoclave e também em todas as cargas que contenham artigos implantáveis. Os indicadores biológicos para autoclaves a vapor são esporos de *Geobacillus stearothermophillus*, geralmente autocontidos, devendo o usuário seguir as indicações do fabricante do teste para assegurar a sua validade.

   Existem laboratórios de microbiologia, como o Instituto Adolfo Lutz, que prestam esse tipo de serviço. Para sua segurança, todos os testes devem ser documentados e arquivados. Os custos para as medidas de controle, tais como testes químicos e biológicos são de inteira responsabilidade do proprietário da autoclave. Veja como realizar o teste biológico acessando o site www.cristofoli.com.

VALIDADE DA ESTERILIZAÇÃO

A recomendação de validade de esterilização, tanto da Vigilância Sanitária do Estado de São Paulo (SÃO PAULO, 1995) quanto do Ministério da Saúde (BRASIL, 2000, 2006), para autoclaves a vapor é de 7 (sete) dias. Existe a possibilidade de validação para tempos maiores, mas devido aos custos e dificuldades do processo, são realizados apenas em centrais de esterilização de hospitais. A validação no local é também recomenda pela Anvisa, mas ainda é de difícil execução na prática quando se trata de serviços de saúde de menor porte como consultórios odontológicos e médicos.

Esse período de validade deve ser considerado desde que os pacotes tenham saído secos do processo de esterilização a vapor e armazenados em condições adequadas, isto é, em temperaturas de 18 °C a 22 °C e umidade relativa do ar de 35% a 50% para embalagens íntegras.

3.3.3.2 Como usar a Estufa De Leo

Ligue a estufa à rede elétrica, verificando antes se a chave geral está na posição "desliga" e o botão de ajuste de temperatura no mínimo. Acione a chave geral levando-a até a posição "liga", introduzindo um termômetro no orifício que se encontra na parte superior da estufa.

AJUSTE DA TEMPERATURA

Os pontos indicados no termostato são relativos e proporcionais à faixa de temperatura da estufa.

1. Gire o botão do termostato ligeiramente para a direita, até o ponto desejado.

2. A lâmpada de aquecimento acesa indica que a estufa está aquecendo; aguarde que a mesma se apague e acompanhe a temperatura do termômetro.
3. Se a temperatura indicada no termômetro não for a desejada, gire o botão do termostato para a direita para aumentá-la ou para a esquerda para diminuí-la.
4. A estabilidade da temperatura se dará quando a lâmpada de aquecimento estiver apagando e acendendo no ponto desejado.

Nota

- Verifique rotineiramente a temperatura com um termômetro de precisão.
- Não limpe seu equipamento com fluídos inflamáveis, pois estes podem causar incêndios.
- Para qualquer limpeza ou manutenção do equipamento, desconecte o plugue da tomada para evitar choques elétricos.

REFERÊNCIAS

BRASIL. Ministério da Saúde. **Manual de processamento de artigos e superfícies em estabelecimentos de saúde**. 2. ed. Brasília, DF, 1994.

BRASIL. Ministério da Saúde. **Controle de infecções e a prática odontológica em tempos de AIDS:** manual de condutas. Brasília, DF, 2000.

BRASIL. Ministério da Saúde. Secretaria de Políticas da Saúde. Coordenação Nacional de DST e AIDS. **Manual de condutas em exposição ocupacional a material biológico**. Brasília, DF, 2004.

BRASIL. Ministério da Saúde. Secretaria de Atenção à Saúde. Departamento de Ações Programáticas Estratégicas. **Exposição a materiais biológicos**. Brasília, DF, 2006.

CRISTÓFOLI. **Manual da autoclave Vitale 12**. Disponível em: <http://www.cristofoli.com/biosseguranca/wp-content/uploads/2015/09/Manual-Vitale-12-21-Portugu%C3%AAs-Rev.NV2-2015-MPR.01005.pdf>. Acesso em: 23 jan. 2011.

DE LEO. **Manual da estufa de secagem e esterilização**. Disponível em: <http://www.deleo.com.br/?page_id=2554>. Acesso em: 23 jan. 2011.

SÃO PAULO (ESTADO). Secretaria de Estado da Saúde. Coordenação dos Institutos de Pesquisa. Centro de Vigilância Sanitária. SUS Sistema Único de Saúde. Resolução SS-374, de 15 de dezembro de 95. Altera a Norma Técnica sobre a organização do Centro de Material e Noções de Esterilização. **Diário Oficial do Estado de São Paulo**, São Paulo, 16 dez. 1995. Seção I. Disponível em: <http://143.107.206.201/restauradora/etica/sanitaria/95re374/95re374.html>. Acesso em: 10 maio 2017.

SBALCHEIRO, C. C; SOUSA, N. R. Normas de elaboração de procedimentos operacionais padrão (POPs) para o laboratório de biologia molecular da Embrapa Amazônia Ocidental. **Documentos 90**, Manaus, p. 1-23, nov. 2011. Disponível em: <https://www.infoteca.cnptia.embrapa.br/bitstream/doc/931299/1/Doc90A5.pdf>. Acesso em: 10 maio 2017.

VERGANI, A. **Procedimento operacional padrão** (POP): orientações para elaboração. [S.l.: s.n., 20--]. Disponível em: <http://www.toledo.pr.gov.br/sites/default/files/POP%20-%20Procedimentos%20Operacionais%20Padr%C3%A3o.pdf>. Acesso em: 15 set. 2013.

PARTE II – DNA

A molécula de DNA, ou ácido desoxirribonucleico, foi isolada pela primeira vez por Friedrich Miescher em 1869, mas caracterizada como uma dupla hélice apenas em 1953 por James D. Watson e Francis Crick. O DNA é uma longa cadeia polimérica formada por nucleotídeos. Cada nucleotídeo tem uma base nitrogenada do tipo adenosina (A), guanina (G), timina (T) ou citosina (C), sendo as duas primeiras purinas e as duas últimas pirimidinas, respectivamente, um grupamento fosfato e um açúcar. A interação entre a dupla fita ocorre por pontes de hidrogênio que dão a forma de hélice à estrutura. Uma base purina sempre estará ligada a uma pirimidina na ordem: A=T e C≡G; por isso, sequências de DNA contendo alto conteúdo de C≡G são mais difíceis de trabalhar, uma vez que essa ligação possui três pontes de hidrogênio. Quando se trabalha com amplificação de genes contendo alto conteúdo de C≡G, deve-se aplicar uma temperatura maior para o desnovelamento do DNA previamente à reação de amplificação ou à de restrição. Em cada fita, os nucleotídeos conectam-se por meio de uma ligação covalente fosfodiéster, a qual será utilizada posteriormente em uma reação de restrição, na quebra de enzimas específicas. A direção de replicação do DNA, a qual será utilizada pela enzima DNA polimerase, é 5'-3'. É importante lembrar disso na hora de fazer uma reação de amplificação ou um desenho de iniciadores. Como as fitas duplas são complementares, deve-se lembrar também que enquanto uma fita terminará em 3' (finalizando em um grupo hidroxil), a fita complementar terminará em 5' (finalizando em um grupo fosfato).

CAPÍTULO 4
EXTRAÇÃO DE DNA

Fernanda Matias

Quando se fala em extração de DNA, deve-se considerar que:

1. Haverá lise celular e, para que isso ocorra, são necessárias enzimas específicas e detergentes de acordo com cada célula. Muitas células, como fungos, bactérias gram-positivas e tecido vegetal, vão precisar de uma ajuda extra na quebra das células, que pode ser o uso de vórtex, de sonicação, de pérolas de vidro ou mesmo de nitrogênio líquido. O uso de detergentes, como o SDS, fará a remoção de lipídios de membrana, enquanto as enzimas, como a lisozima, agirão nos açúcares de membrana.
2. Após a lise, haverá contaminação do material com proteínas celulares, as quais serão degradadas com a ajuda de uma proteinase, sendo a mais comum a proteinase K. A precipitação de proteínas poderá ser feita com a adição de sais tais como amônia ou acetato de sódio. E a limpeza será feita com a adição de solução fenol-sevag.
3. O DNA precipita com a adição de álcool ou isopropanol e sua eficiência será aumentada com a adição de sais e reagentes gelados. Quanto mais branco o DNA, mais sal há em sua solução; então, cuidado com a quantidade de sais.
4. Sempre lave o DNA com álcool 70 para diminuir a quantidade de contaminantes como fenol e sais.
5. Se o DNA for utilizado na reação de amplificação como amplificação em cadeia da polimerase (PCR), trate o seu DNA apenas com Tris-HCl (pH 7,5) ou água ultrapura. O uso da água pode ocasionar quebra do DNA a longo prazo.

4.1 TAMPÕES E REAGENTES - DNA

4.1.1 SOLUÇÃO FENOL-SEVAG

- Fenol: 25 mL
- Clorofórmio: 24 mL
- Álcool isoamílico: 1 mL

4.1.1.1 Atenção

O fenol pode causar queimaduras graves e danificar roupas. A manipulação do fenol deve ser realizada em uma câmara de exaustão química (capela) com a utilização de todo Equipamento de Proteção Individual (EPI) indicado: luvas, óculos e jaleco. Utilize um recipiente de vidro exclusivo para o depósito de resíduos de fenol e clorofórmio. Faça as soluções contendo fenol em frasco que possa ser reutilizado para esse mesmo fim, diminuindo o lixo ambiental. Para as misturas, utilize sempre tubos cônicos de plástico que possam ser descartados.

4.1.2 SOLUÇÃO SEVAG

- Clorofórmio: 24 mL
- Álcool isoamílico: 1 mL

4.1.3 TAMPÃO TE

- EDTA (ácido etilenodiamino tetra-acético) pH 8,0 1 mM
- Tris-HCl pH 8,0 10 mM

4.2 PROTOCOLOS DE EXTRAÇÃO DE DNA GENÔMICO

4.2.1 EQUIPAMENTOS NECESSÁRIOS

- Pipetas e ponteiras (10, 20, 100, 200 e 1000 mL)
- Tubos de microcentrífuga 1,5 mL ou falcons de 50 mL
- Centrífuga refrigerada
- Vórtex
- Luvas de laboratório

4.2.2 EXTRAÇÃO DE DNA GENÔMICO DE FUNGOS

4.2.2.1 Reagentes

- *Breaking buffer*
- Solução fenol-sevag
- Etanol 100% gelado
- Etanol 70% gelado
- Água ultrapura ou tampão TE preaquecido a 50 °C
- Solução de RNase

Breaking buffer – *preparação de 50 mL*

- Triton X100 (100%): 1 mL
- SDS (dodecil sulfato de sódio) (10%): 5 mL

- NaCl 5 M: 1 mL
- Tris-HCl pH 8,0 (1 M): 0,5 mL
- EDTA pH 8,0 (0,5 M): 0,1 mL
- Água bidestilada ou ultrapura: 42,4 mL

4.2.2.2 Procedimento

1. Pipete em um tubo de microcentrífuga 200 µL de solução *breaking buffer.*
2. Recolha os esporos de uma placa com uma espátula estéril. A quantidade de esporos deve ser a máxima que se possa recolher com uma única raspada.
3. Adicione os esporos ao tubo de microcentrífuga com tampão.
4. Adicione 150 mg de esferas de vidro de 0,4-0,6 mm.
5. Agite durante 30 s em aparelho do tipo "vórtex".
6. Incube por 30 min a 70 °C, agite a cada 10 min por 30 s em aparelho do tipo "vórtex".
7. Adicione 200 µL de fenol-sevag.
8. Agite em aparelho do tipo "vórtex" por 5 min.
9. Centrifugue em velocidade máxima por 5 min.
10. Recolha o sobrenadante (fase aquosa em que está o DNA) e passe-o para um tubo limpo.
11. Precipite com etanol 100% gelado.
12. Centrifugue em velocidade máxima por 5 min.
13. Lave com etanol 70% gelado.
14. Centrifugue em velocidade máxima por 5 min.
15. Verta o tubo em papel absorvente, sempre cuidando para que o sedimento não caia do fundo.
16. Ressuspenda o sedimento (DNA) em 100 µL de água ou TE contendo 1 µL de solução de RNase.
17. Incube a mistura a 37 °C por 60 min;
18. Guarde o material a –20 °C até seu uso.

4.2.3 EXTRAÇÃO DE DNA GENÔMICO DE BACTÉRIAS GRAM-NEGATIVAS

4.2.3.1 Reagentes

- 10 mL de cultura líquida da bactéria gram-negativa da qual se deseja obter o DNA genômico

- Tampão TE
- Solução de proteinase K: 20 mg/mL em tampão TE (melhores resultados serão obtidos se a solução for preparada na hora; no entanto, ela pode ser feita em um volume maior e congelada em alíquotas)
- Solução de lisozima: 1 mg/mL em tampão TE (melhores resultados serão obtidos se a solução for preparada na hora; no entanto, ela pode ser feita em um volume maior e congelada em alíquotas)
- Dodecil sulfato de sódio (SDS) a 10% (p/v) em água ultrapura
- Solução de CTAB (brometo de cetiltrimetilamônio) a 10% (p/v) e NaCl (0,7 M) em água ultrapura
- Solução sevag
- Solução fenol-sevag
- Solução de RNase

4.2.3.2 Procedimento

1. Centrifugue o cultivo em velocidade máxima a 4 °C por 10 min.
2. Descarte o sobrenadante.
3. Ressuspenda as células (sedimento) em tampão TE.
4. Centrifugue a mistura em velocidade máxima a 4 °C por 10 min.
5. Ressuspenda o sedimento em 3,780 mL de solução de lisozima.
6. Incube a mistura por 5 min à temperatura ambiente.
7. Adicione 200 μL de solução de SDS a 10%.
8. Agite a mistura devagar com a ajuda de uma pipeta.
9. Adicione 20 μL de solução de proteinase K.
10. Agite a mistura devagar com a ajuda de uma pipeta.
11. Incube a mistura por 1 h a 37 °C.
12. Adicione 530 μL de solução CTAB/NaCl.
13. Incube a mistura por 10 min a 65 °C.
14. Para eliminar as proteínas contaminantes, adicione 5,2 mL de solução sevag.
15. Agite o tubo por inversão várias vezes.
16. Centrifugue a mistura em velocidade máxima a 20 °C por 10 min.
17. Transfira a fase superior para outro tubo.
18. Adicione o mesmo volume do conteúdo do tubo em solução fenol-sevag.
19. Agite o tubo por inversão várias vezes.

20. Centrifugue a mistura em velocidade máxima a 20 °C por 10 min.
21. Repita essa etapa quantas vezes for necessário, até que não se observe a interface branca (anel branco entre as duas fases).
22. Transfira a fase superior para tubo novo.
23. Adicione 60% do volume total (em torno de 3 mL) de isopropanol gelado.
24. Centrifugue em velocidade máxima a 4 °C por 15 min.
25. Lave o sedimento com etanol 70% gelado.
26. Centrifugue em velocidade máxima a 4 °C por 15 min.
27. Verta o tubo em papel absorvente, sempre cuidando para que o sedimento não caia do fundo.
28. Ressuspenda o sedimento (DNA) em 1 mL de água ou tampão TE contendo 5 μL de solução de RNase.
29. Incube a mistura a 37 °C por 60 min.
30. Guarde o material a –20 °C até seu uso.

Dicas

- Para obter melhores resultados, aqueça a água a 50 °C antes de adicioná-la ao DNA.
- Deixe a solução água/DNA em banho aquecido a 50 °C durante 15 min.
- Esse protocolo pode ser usado para preparar um volume menor de cultura, como 1 ml, desde que se mantenham as proporções dos reagentes.
- Esse protocolo pode ser usado para preparações de até 50 mL, desde que sejam respeitadas as proporções.

4.2.4 EXTRAÇÃO DE DNA GENÔMICO DE BACTÉRIAS GRAM-POSITIVAS

4.2.4.1 Reagentes

- 10 mL de cultura líquida da bactéria da qual se deseja obter o DNA genômico
- Lisozima (50 mg/mL de água; prepare na hora ou mantenha alíquotas congeladas)
- Proteinase K (20 mg/mL de água; prepare na hora ou mantenha alíquotas congeladas)
- SDS (10% em água)
- NaCl 5 M
- Clorofórmio

- Isopropanol
- Etanol 70%

Tampão SET

- NaCl 75 mM
- EDTA (ácido etilenodiamino tetra-acético) pH 8,0 25 mM
- Tris-HCl pH 7,5 20 mM

4.2.4.2 Procedimento

1. Centrifugue a 4.000 rpm por 15 min o meio de cultura líquido.
2. Descarte o sobrenadante.
3. Ressuspenda as células em tampão TE.
4. Centrifugue em velocidade máxima por 15 min.
5. Repita os passos 3 e 4 mais duas vezes.
6. Ressuspenda as células em 5 mL de tampão SET.
7. Agite a mistura em equipamento do tipo "vórtex".
8. Adicione 100 μL de lisozima.
9. Incube a mistura por 45 min a 37 °C.
10. Adicione 140 μL de proteinase K.
11. Misture bem o conteúdo agitando o tubo em aparelho do tipo "vórtex".
12. Adicione 10% do volume de SDS (10%).
13. Incube a mistura por 2 h a 55 °C.
14. Espere a mistura esfriar.
15. Adicione 2 mL de NaCl 5 M.
16. Misture gentilmente, invertendo o tubo cinco vezes.
17. Adicione 5 mL de clorofórmio.
18. Misture gentilmente, invertendo o tubo cinco vezes.
19. Mantenha a mistura em temperatura ambiente por 30 min.
20. Centrifugue o material em velocidade máxima, durante 30 min, a 4 °C.
21. Transfira o sobrenadante para um tubo novo.
22. Adicione 0,6 volumes de isopropanol.
23. Misture gentilmente, por inversão do tubo.
24. Mantenha a mistura a 4 °C por 30 min.

25. Centrifugue em velocidade máxima durante 5 min a 7.500 rpm e 4 °C.
26. Descarte o sobrenadante.
27. Adicione 15 mL de etanol 70%.
28. Misture gentilmente por inversão do tubo.
29. Centrifugue em velocidade máxima por 5 min a 4 °C.
30. Descarte o sobrenadante.
31. Inverta o tubo contendo o DNA sobre um papel absorvente até a completa secagem do material (ou siga para a limpeza; ver capítulo 5).
32. Ressuspenda o material em água ultrapura estéril.

Dicas

- Se a bactéria gram-positiva tiver a parede muito espessa, siga os seguintes passos:
  - Entre os passos 6 e 7 do protocolo anterior, adicione 150 mg de esferas de vidro de 0,4-0,6 mm e agite a mistura em aparelho do tipo "vórtex". Se ainda assim seu rendimento for baixo ou negativo, agite a mistura de células e *glass beads* em sonicador a 90 watts (30%) por 10 s. Siga do passo 7 em diante.

4.2.5 PROTOCOLO RÁPIDO PARA EXTRAÇÃO DE DNA GENÔMICO DE BACTÉRIAS GRAM-POSITIVAS OU GRAM-NEGATIVAS

4.2.5.1 Reagentes

- 10 mL de cultura líquida da bactéria da qual se deseja obter o DNA genômico
- Tampão de extração I
- Uma massa de 10 g de carbonato de silício previamente tratada com uma solução de 50 mL de ácido clorídrico 10 M por 2 h à temperatura de 30 °C, seguido de lavagem contínua por 12 h com água destilada, e posteriormente autoclavada a 120 °C por 20 min e seca em estufa a 70 °C por 24 h.

Tampão de extração I

- Tris-HCl pH 7,5 20 mM
- EDTA (ácido etilenodiamino tetra-acético) pH 8,0 25 mM

- NaCl 75 mM
- SDS (dodecil sulfato de sódio) a 10%: 1/10 do volume

4.2.5.2 Procedimento

1. Centrifugue o cultivo a 4.000 rpm e 4 °C por 10 min.
2. Descarte o sobrenadante.
3. Ressuspenda o sedimento (células) em 1 mL de tampão de extração.
4. Transfira o volume obtido para um microtubo.
5. Acrescente 0,2 gramas de carbonato de silício.
6. Agite a mistura em aparelho tipo "vórtex" a 2.000 rpm por 2 min.
7. Incube a mistura a 50 °C por 30 min.
8. Acrescente 2/3 do volume de NaCl 5 M.
9. Incube a mistura a 4 °C por 30 min.
10. Centrifugue a 10.000-12.000 rpm por 10 min.
11. Transfira o sobrenadante para novos microtubos.
12. Adicione 1 volume de clorofórmio.
13. Misture vagarosamente por inversão dos microtubos.
14. Centrifugue a 10.000-12.000 rpm por 10 min.
15. Transfira a parte aquosa obtida para um novo microtubo.
16. Adicione um volume de isopropanol.
17. Incube a mistura à temperatura ambiente por 5 min.
18. Centrifugue a 10.000-12.000 rpm por 10 min.
19. Descarte o sobrenadante.
20. Inverta o tubo sobre papel absorvente e deixe o sedimento (DNA) secar à temperatura ambiente por cinco a 10 min.
21. Adicione 400 μL de água ou tampão TE contendo 2 μL de solução de RNase.
22. Incube a mistura a 37 °C por 60 min.
23. Guarde o material a −20 °C até seu uso.

4.2.6 PROTOCOLO PARA EXTRAÇÃO DE DNA GENÔMICO DE LEVEDURAS

4.2.6.1 Reagentes

- 10 mL de cultura líquida da levedura da qual se deseja obter o DNA genômico ou da cultura em meio sólido (6 clones por placa)
- Água Milli-Q estéril

- *Breaking buffer*
- Esferas de vidro (0,45-0,52 mm Ø) previamente tratadas com ácido nítrico concentrado durante 1 h, seguido de enxágue abundante em água deionizada, e secas em estufa a 70 °C por 24 h. OBS.: As esferas devem ser manipuladas com uma espátula previamente seca no forno. Deve-se, também, ter cuidado com as esferas retidas por eletricidade estática no topo dos tubos de *Eppendorf*, pois elas podem impedir que os tubos sejam fechados adequadamente
- RNase

Solução fenol-sevag (item 4.1.1)

- Acetato de amônio 4 M
- Tampão TE pH 7,5

Breaking buffer

- Triton X-100 2% (v/v)
- SDS 1% (p/v)
- NaCl 100 mM
- Tris/HCl pH 8,0 10 mM
- EDTA pH 8,0 1 mM

4.2.6.2 Procedimento

1. Utilize cerca de 10 mL de cultura celular em meio líquido saturado.
2. Centrifugue por 5 min a 3000 rpm e temperatura ambiente. Aspire ou verta o sobrenadante e ressuspenda as células em 0,5 mL de água

ou

3. Substitua os passos 1 e 2 por: cultive as células em meio sólido apropriado (6 clones por placa) durante 16 h. Ressuspenda a biomassa de cada clone em 0,5 mL de água Milli-Q estéril.
4. Transfira a suspensão celular para um *Eppendorf* de 1,5 mL e centrifugue durante 5 s à temperatura ambiente. Descarte o sobrenadante e misture brevemente no vórtex o *pellet* no líquido residual.
5. Adicione às células 200 µL do *Breaking buffer* 0,3 g (cerca de 200 µL em volume) de esferas de vidro e 200 µL de fenol-sevag e agite a mistura em um aparelho do tipo "vórtex" à velocidade máxima durante 3 min (no máximo três tubos de cada vez).
6. Adicione 200 µL de tampão TE e agite no "vórtex" brevemente.

7. Centrifugue em alta velocidade durante 5 min à temperatura ambiente.
8. Transfira a fase aquosa (superior) para um novo *Eppendorf*. (Fase superior: ácidos nucleicos; fase intermediária: proteínas; fase inferior: fenol e esferas de vidro).
9. Adicione 1 mL de etanol 100% gelado e misture por inversão.
10. Centrifugue em alta velocidade durante 3 min à temperatura ambiente.
11. Remova o sobrenadante e ressuspenda o *pellet* em 0,4 mL de tampão TE contendo RNase (10 µL/mL).
12. Incube por aproximadamente 20 min a 37 °C para permitir a atuação da RNase.
13. Adicione 10 µL de acetato de amónio 4 M e 1 mL de etanol 100% gelado. Misture por inversão.
14. Centrifugue em velocidade alta durante 3 min à temperatura ambiente.
15. Descarte o sobrenadante e inverta o tubo sobre papel absorvente. Deixe o sedimento (DNA) secar à temperatura ambiente por cinco a 10 min.
16. Ressuspenda o DNA em tampão TE. Conserve sob refrigeração.

OBS.: O rendimento esperado é de aproximadamente 20 µg de DNA.

4.2.7 EXTRAÇÃO DE DNA GENÔMICO FOLIAR

Diversos métodos de extração de DNA genômico de folhas foram testados pelos pesquisadores da Embrapa. O principal método utilizado e suas modificações será relatado a seguir.

4.2.7.1 Reagentes

- Tecido foliar fresco: 300 mg
- Nitrogênio líquido
- Tampão de extração foliar
- Solução fenol-sevag
- Solução sevag
- Isopropanol gelado (mantido a –20 °C)
- Etanol 70% gelado (mantido a –20 °C)
- Água ultrapura esterilizada ou tampão TE
- RNase: 10 mg/mL (manter a solução pronta congelada em freezer a 80 °C)

Tampão de extração de DNA genômico foliar

- CTAB (Brometo de cetiltrimetilamônio) a 2%
- NaCl 1,4 M

- 2-β-mercaptoetanol a 0,2%
- EDTA (ácido etilenodiamino tetra-acético) 20 mM
- Tris-HCl pH 8,0 100 mM
- PVP (Polivinilpirrolidona) 40 a 1%

4.2.7.2 Procedimento

1. Pulverize o tecido foliar em cadinhos de porcelana com nitrogênio líquido.
2. Transfira o pó fino obtido para tubos de microcentrífuga de 2 mL.
3. Adicione 900 μL de tampão de extração foliar pré-aquecido a 65 °C.
4. Incube as amostras a 65 °C por 60 min invertendo os tubos suavemente a cada 10 min.
5. Deixe esfriar à temperatura ambiente por 5 min.
6. Centrifugue em velocidade máxima por 10 min.
7. Transfira o sobrenadante para um novo tubo.
8. Adicione 500 μL de fenol-sevag.
9. Misture por inversão do tubo várias vezes.
10. Centrifugue em velocidade máxima por 10 min.
11. Transfira o sobrenadante para novo tubo.
12. Repita o procedimento (passos 8 a 11).
13. Adicione 450 μL de solução sevag.
14. Repita o procedimento (passos 9 a 11).
15. Adicione 600 μL de isopropanol gelado.
16. Mantenha os tubos a –20 °C por 30 min.
17. Centrifugue em velocidade máxima a 4 °C por 5 min.
18. Descarte o sobrenadante.
19. Adicione 600 μL etanol 70%.
20. Misture delicadamente por inversão do tubo.
21. Centrifugue em velocidade máxima a 4 °C por 5 min.
22. Descarte o sobrenadante.
23. Repita os passos 19 a 22.
24. Inverta o tubo sobre papel-filtro e deixe o material precipitado secar à temperatura ambiente (aproximadamente 60 min).
25. Ressuspenda em 100 μL de água ultrapura esterilizada ou tampão TE (neste passo, o DNA já pode ser congelado ou ter o RNA retirado, passo 26 em diante).

26. Adicione 6 µL de RNase (10 mg/mL).
27. Aqueça a solução a 37 °C por 30 min.
28. Armazene a solução de DNA genômico limpo a –20 °C.

Dica

- Para precipitar o DNA (passo 15), pode-se usar 20 µL de NaCl 5 M e 800 µL de etanol absoluto gelado ou ainda 200 µL de acetato de amônia 7,5 M e 800 µL de isopropanol gelado. Cada tipo de DNA reage de uma forma diferente, então é sempre bom testar as três técnicas para ver qual delas é mais eficiente.

4.2.8 EXTRAÇÃO DE DNA GENÔMICO DE LINHAGENS CELULARES HUMANAS

Esse método pode ser utilizado na extração de DNA genômico e RNA total, de acordo com os protocolos fornecidos pelo fabricante Roche Applied.[2]

4.2.8.1 Reagentes

- TriPure Isolation Reagent (Roche)
- Clorofórmio
- Isopropanol
- Etanol 75%
- Água tratada com DEPC (Dietilpirocarbonato)
- Tampão SE
- SDS 10%
- Tiras para medir pH
- NaOH 1 M
- Água esterilizada

Tampão SE

- NaCl 75 mM
- EDTA pH=8,0 25 mM

---

[2] Disponível em: <http://members.tripod.com/never_clone_alone/ap1/ap1.htm>. Acesso em: 11 maio 2014.

4.2.8.2 Procedimento

Lise celular

1. A cada amostra (± 10^6 células), adicione 1 mL de reagente "TriPure".
2. Lise as células por pipetagem repetida.
3. Transfira e divida o homogeneizado em dois tubos de microcentrífuga de 1,5 mL.

Separação de fases

1. Incube os homogeneizados à temperatura ambiente durante 5 min (isso vai assegurar a dissociação completa dos complexos núcleo-proteicos).
2. Adicione 100 mL de clorofórmio a cada amostra e agite vigorosamente durante 15 s.
3. Incube à temperatura ambiente durante 10 min.
4. Centrifugue as amostras a 12.000 *x* g durante 15 min a 4 °C.
5. Depois da centrifugação, use as diferentes fases da seguinte forma:
   a) Transfira a fase aquosa superior (incolor) para um novo tubo de microcentrífuga de 1,5 mL para isolar RNA. Tire o máximo possível da fase aquosa com a pipeta, mas sem contaminar com o material da fase intermediária!
   b) Guarde as fases intermediária (branca) e orgânica (vermelha) para isolar DNA.

Isolamento de DNA

1. A cada amostra, adicione 480 mL de tampão SE e 60 mL de SDS 10%.
2. Homogeneíze bem as amostras por pipetagem repetida.
3. Verifique o pH da solução. Se for inferior a 8,0, ajuste com NaOH 1 M (± 50 mL).
4. Centrifugue a 12000 *x* g por 10 min a 4 °C.
5. Transfira a fase aquosa superior para um novo tubo de microcentrífuga de 1,5 mL.
6. Precipite o DNA da solução aquosa com os seguintes passos:
   a) Adicione 500 mL de isopropanol a cada amostra.
   b) Inverta os tubos lentamente até observar a precipitação do DNA. Se não ocorrer precipitação, centrifugue a 12000 *x* g durante 10 min a 4 °C.

7. Usando a pipeta de 1 mL e com muito cuidado, reúna os dois sedimentos de DNA de cada amostra em um novo tubo de microcentrífuga.
8. Adicione 1 mL de etanol 75% a cada amostra e agite devagar.
9. Centrifugue as amostras a 7500 *x* g por 5 min a 4 °C.
10. Descarte o sobrenadante e repita a lavagem com etanol 75%.
11. Descarte o sobrenadante, centrifugue novamente o precipitado, de forma rápida, e remova, cuidadosamente, o resto de etanol com a pipeta.
12. Seque ao ar, durante 10 ou 15 min, o precipitado contendo o DNA.
13. Ressuspenda o DNA em 20 mL a 100 mL de água esterilizada.
14. Armazene as amostras a 4 °C até a dissolução do DNA ou congele-o em freezer (–20 °C).

Dicas

- O TriPure Isolation Reagent pode ser utilizado para extração de RNA; confira com o fabricante.
- Para armazenar o material a longo prazo, guarde-o a –70 °C.
- O TriPure Isolation Reagent contém fenol (altamente tóxico e abrasivo) e guanidina-tiocianato (dermo-irritante). Proteja a pele e não respire os vapores da mistura! Sempre abra o microtubo na câmara de gases para evitar que os vapores do TriPure fiquem no ar.

4.2.9 EXTRAÇÃO DE DNA GENÔMICO DE CÉLULAS ANIMAIS

4.2.9.1 Reagentes

- Tampão PBS
- Tampão de lise II
- Solução fenol-sevag
- Acetato de sódio 3 M pH 5,2
- Etanol 100% gelado
- Etanol 70% gelado
- Tampão TE

Tampão PBS

- $NaH_2PO_4H_2O$: 1,38 g
- K_2HPO_4: 6,96 g
- NaCl: 7,2 g
- Água destilada q.s.p.: 1.000 mL
- Cheque o pH (7,4 a 7,2) e guarde em geladeira

Tampão de lise II

- Tris-HCl 10 mM pH 7,4: 200 μL de uma solução a 1 M
- NaCl 10 mM: 200 μL de uma solução a 1 M
- EDTA 25 mM: 1 mL de uma solução a 0,5 M
- SDS 1%: 2 mL de uma solução a 10%
- Água q.s.p.: 20 mL

Dica

- Adicione proteinase K somente na hora de usar o tampão: 50 μg de proteinase K/mL de tampão de lise (estoque proteinase K a 2,5 μg/μL; em seguida, use 20 μL do referido estoque para cada 1 mL de tampão de lise).

4.2.9.2 Procedimento

1. Centrifugue a amostra a 1.500 rpm por 10 min e lave duas vezes em PBS gelado pH 7,2.
2. Homogeneíze o tecido com auxílio de um pistilo em tubo de microcentrífuga.
3. Suspenda o sedimento em tampão de lise (o volume do tampão deve ser 4 vezes maior que o volume do sedimento).
4. Incube 42 °C por pelo menos 1 h.
5. Adicione igual volume de solução fenol-sevag, misture com cuidado (batidas no tubo e inversão) por 10 min e centrifugue por 10 min a 14.000 *x* g e 4 °C.
6. Transfira a fase aquosa para um novo tubo e adicione o volume de 1/10 de uma solução de acetato de sódio e 2,5 vezes o volume total de etanol 100% gelado.
7. Incube em geladeira a 4 °C por 15 min.
8. Centrifugue por 30 min a 14.000 *x* g e 4 °C.
9. Descarte o sobrenadante e lave o sedimento duas vezes com 500 μL de etanol 70% gelado, centrifugando por 10 min a 14.000 *x* g e 4 °C.
10. Seque e inverta o tubo em temperatura ambiente por 10 min.
11. Suspenda o sedimento em 50 μL de Tampão TE.
12. Trate com 1 μL de RNase (estoque a 10 μg/mL) por 1 h a 37 °C.

4.2.10 EXTRAÇÃO PELO MÉTODO DE *SALTING OUT* – SANGUE

4.2.10.1 Reagentes

Tampão SLR: lise das hemácias, pH 7,5

- Tris-HCl 10 mM
- $MgCl_2$ 5 mM
- NaCl 10 mM

Tampão SLB: lise dos leucócitos, pH 7,5

- Tris-HCl 10 mM
- EDTA 10 mM
- NaCl 50 mM
- SDS 0,2%

4.2.10.2 Procedimento

1. Homogeneíze 300 µL da amostra de sangue em microtubo estéril de 1,5 mL.
2. Adicione 1,0 mL de SLR à solução e agite-a em vórtex. Essa fase de agitação em vórtex é essencial, sendo recomendado prolongar o tempo em torno de 10 s na potência máxima do aparelho, de modo que todo o líquido seja bem agitado a fim de que boa parte das hemácias sejam lisadas, resultando em um sedimento "limpo", ou seja, claro. É nesse sedimento que se encontram os leucócitos, onde o DNA do indivíduo se situa.
3. Centrifugue a 4.000 g por 3 min; a aba do tubo deve estar voltada para fora da centrífuga.
4. Adicione 500 µL de SLB + 7 µL de proteinase K; agite em vórtex levemente e deixe por 2 h, ou 24 h em banho-maria a 56 °C.
5. Adicione 200 µL de NaCl 6 M e agite em vórtex até obter espuma. Os íons Na^+ e Cl^- em solução diminuem a capacidade de solvatação das proteínas na água, o que causa a sua precipitação.
6. Centrifugue por 3 min a 12.000 g.
7. Transfira o sobrenadante para outro microtubo e despreze o sedimento, onde as proteínas estarão precipitadas.
8. Adicione 700 µL de isopropanol.
9. Agite por inversão.
10. Centrifugue por 5 min a 7.000 g.
11. Descarte o sobrenadante e lave com 700 µL de etanol 70%.
12. Descarte o etanol e deixe as amostras secando em banho seco a 80 °C.
13. Ressuspenda em 50 µL de água ultrapura e armazene a –20 °C.

4.2.11 EXTRAÇÃO DE DNA ANIMAL PELO MÉTODO ORGÂNICO EM MEMBRANA CONCENTRADORA

Esse método permite a extração de DNA dos mais diversos tipos de amostras, como suabes, fragmentos de tecido, ossos, músculo, pelos etc.

4.2.11.1 Reagentes

- Tampão SEB (*Stain Extraction Buffer*) pH 8,0
- SDS 2%
- NaCl 100 mM
- Tris-HCl
- EDTA 10 mM

4.2.11.2 Procedimento

1. Coloque a amostra em um microtubo de 2,0 mL.
2. Adicione 300 µL de SEB, 24 µL de proteinase K e 48 µL de DTT (ditiotreitol). Esse volume deve cobrir toda a amostra; se for necessário, dobre o volume dos reagentes. O DTT é uma substância detergente que lisa a membrana das células.
3. Deixe por 18 a 24 h em banho-maria a 56 °C. Para evitar que a água do banho-maria contamine as amostras, envolva a tampa dos tubos com microfilme e utilize canetas à prova d'água para identificá-los.
4. Antes de proceder com a extração, adicione mais 24 µL de proteinase K e aguarde por 2 h.
5. Adicione 700 µL de fenol-clorofórmio.
6. Centrifugue por 7 min a 9.700 g.
7. Retire a fase aquosa, repassando-a para a unidade concentradora Microcon® (filtro para concentração de DNA e proteínas). Somente a fase aquosa deve ser passada; a fase orgânica deve ser totalmente evitada. Para isso, ao pipetar, erga o tubo contra a luz para não tocar com a ponta da ponteira no limite entre as fases.
8. Centrifugue a unidade concentradora contendo a amostra a 700 g até que toda a fase aquosa tenha sido filtrada. Há amostras que não podem ser totalmente filtradas mesmo que tenham sido centrifugadas por um longo período, por isso restam películas de material viscoso na membrana. Esse material pode ser retirado e descartado cuidadosamente com uma ponteira.
9. Quando a amostra já estiver concentrada, adicione 400 µL de água ultrapura à membrana a fim de limpar o material genético concentrado. É possível optar por adicionar esse volume de água ultrapura em duas

vezes de 200 μL cada. Todo o líquido que passa pela membrana concentradora pode ser descartado.

10. Após completada a filtração, recupere a amostra adicionando 50 μL de água ultrapura à membrana concentradora. Tenha o cuidado de não a tocar com a ponta da ponteira; é recomendado fazer um "*pump*" com a pipeta para soltar o DNA da membrana, invertendo a membrana sobre o microtubo.
11. Centrifugue por 7 min a 9.700 g.
12. Descarte a cesta e armazene a amostra recuperada a –20 °C.

Dica

- Quando se tratar de uma amostra de osso, faça a lavagem da membrana em duas vezes de 500 μL. Geralmente, usa-se osso triturado em moinho mineralógico, mas há um outro modo que ajuda no manuseio mais adequado desse tipo de amostra: deixe a amostra em questão em solução de EDTA pH 8,0 por sete dias, ou até que o cálcio esteja quelado a ponto de deixar o osso com consistência mole. Isso ajuda na liberação do DNA da amostra e aumenta a possibilidade de amplificação.

4.3 EXTRAÇÃO DE DNA PARA PCR

4.3.1 FUNGOS

4.3.1.1 Reagentes

- Tampão de lise III
- NaOH 0,05 M
- SDS 0, 25% (p/v)

4.3.1.2 Procedimento

1. Transfira uma alçada de hifas para um tubo de microcentrífuga contendo 3 μL de tampão de lise III.
2. Misture em vórtex por 2 min em velocidade máxima.
3. Incube a mistura a 80 °C por 15 min.
4. Use o material ou guarde-o a –20 °C para uso posterior.

4.3.2 BACTÉRIAS

4.3.2.1 Procedimento

1. Centrifugue em tubo de microcentrífuga à velocidade máxima, por 5 min, 1 mL de meio de cultura líquido contendo a bactéria de interesse.
2. Descarte o sobrenadante.

3. Misture o sedimento com água ultrapura.
4. Ferva a mistura por 10 a 20 min (10 min em casos de bactérias gram--negativas; 15 a 20 min em casos de bactérias gram-positivas).
5. Use o material ou guarde-o a –20 °C para uso posterior.

Dica

- Bactérias gram-positivas podem ser lavadas com tampão SET (ver item "Extração de DNA genômico de bactérias gram-positivas") duas ou três vezes antes da fervura para evitar degradação do DNA.

REFERÊNCIAS

AUSUBEL, E. et al. **Short protocols in molecular biology**. 5. ed. New York: John Wiley, 2002.

BONATO, A. L. V. et al. **Extração de DNA genômico de *Stylosanthes spp***. Campo Grande: Embrapa, 2002. (Circular Técnica 78).

CHIARI, L.; VALLE, J. V. R.; RESENDE, R. M. S. **Comparação de três métodos de extração de DNA genômico para análises moleculares em *Stylosanthes guianensis***. Campo Grande: Embrapa, 2009. (Circular Técnica 36).

CHOMCZYNSKI, P. A reagent for the single-step simultaneous isolation of RNA, DNA and proteins from cell and tissue samples. **BioTechniques**, London, n. 15, p. 532-536, 1993.

CHOMCZYNSKI, P.; SACCHI N. Single-step method of RNA isolation by acid guanidinium thiocyanate-phenol-chloroform extraction. **Analytical Biochemistry**, Orlando, v. 162, p. 156-159, 1987.

KIESER, T. et al. **Practical streptomyces genetics**. Norwich: The John Innes Foundation, 2000.

HOFFMAN, C. S. Rapid isolation of yeast chromosomal DNA. In: AUSUBEL, F. M. et al. (Ed.). **Current protocols in molecular biology**. New York: John Wiley & Sons, Inc., 1997. p. 13.11.2-13.11.4.

MULLENBACH, R.; LAGODA, P. J.; WELTER, C. An efficient salt-chloroform extraction of DNA from blood and tissues. **Trends in genetics**, Cambridge, v. 5, p. 391, 1989.

RODRIGUES, M. F. A. **Estudo da biossíntese de polihidroxialcanoatos (PHAs) em *Burkholderia cepacia* linhagem IPT64**. 2000. Tese (Doutorado em Microbiologia) - Instituto de Ciências Biomédicas, Universidade de São Paulo, São Paulo, 2000.

ROSA, D. D. Método rápido de extração de DNA de bactérias. **Summa Phytopathologica**, Botucatu, v. 34, p. 259-261, 2008.

SAMBROOK, J.; RUSSELL, D. W. **Molecular cloning.** A laboratory manual. 3. ed. New York: Cold Spring Harbor Laboratory Press, 2001.

VITÓRIA, N. S.; BEZERRA, J. L.; GRAMACHO, K. P. A simplified DNA extraction method for PCR analysis of *Camarotella* spp. **Brazilian Archives of Biology and Technology**, Curitiba, v. 53, p. 249-252, 2010.

CAPÍTULO 5
LIMPEZA, ANÁLISE E MANIPULAÇÃO DE DNA

Fernanda Matias

Qualquer extração de DNA é baseada em três princípios: lise celular, precipitação e limpeza do material genético. Os protocolos apresentados neste livro contemplam as três fases de uma boa extração. No entanto, algumas impurezas podem permanecer no produto final, interferindo no resultado de algumas manipulações. Um bom exemplo disso é a restrição do DNA. Se o produto não estiver bem limpo, a reação de restrição pode ser inibida ou dar resultado aquém do esperado. Sempre verifique a qualidade de seu DNA em gel de agarose. Uma boa extração irá demonstrar uma banda limpa, sem arraste e sem sujeira abaixo dela. Se o DNA tiver arraste na mesma intensidade da banda, é possível que ele esteja degradado ou tenha sofrido quebras durante o processo de extração. Se o arraste for abaixo da banda, mais ou menos no meio do gel, e em intensidade mais fraca, é possível que o seu material esteja contaminado com proteínas. Para resolver isso, prossiga com a desproteinização. Uma banda mais abaixo da de interesse, entre 50-100 pb, indica que o material está contaminado com RNA. Nesse caso, faça a limpeza com RNase. O ideal é que você proceda com toda a limpeza novamente de acordo com os protocolos descritos a seguir.

5.1 LIMPEZA DE DNA – DESPROTEINIZAÇÃO

1. Para eliminar as proteínas contaminantes, adicione o mesmo volume do conteúdo do tubo em solução fenol-sevag (item 4.1.1).
2. Agite o tubo por inversão várias vezes.
3. Centrifugue em velocidade máxima a 20 °C por 10 min.
4. Repita essa etapa quantas vezes for necessário até que não se observe a interface branca.

5.2 PRECIPITAÇÃO DE DNA

A precipitação tem como objetivo eliminar os resíduos de fenol e clorofórmio, assim como concentrar o DNA no volume final.

5.2.1 PRECIPITAÇÃO COM CLORETO DE SÓDIO E ETANOL

5.2.1.1 Reagentes

- - NaCl 5 M
- - Etanol 100% gelado
- - Etanol 70% gelado

5.2.1.2 Procedimento

1. Adicione 2% do volume da solução de DNA de NaCl 5 M (para concentração final de 0,1 M) e 2,5 volumes de etanol 100% gelado.
2. Agite a mistura por inversão.
3. Deixe a solução no freezer por pelo menos 1 h.
4. Centrifugue em velocidade máxima por 10 min a 4 °C.
5. Lave o sedimento com etanol 70%.
6. Centrifugue em velocidade máxima por 10 min a 4 °C.
7. Inverta o tubo em papel absorvente e deixe o sedimento (DNA) secar em temperatura ambiente.
8. Após seco, ressuspenda o DNA em água ultrapura ou TE (item 4.1.3) pré-aquecido a 50 °C.

5.2.2 PRECIPITAÇÃO COM ACETATO DE AMÔNIA E ISOPROPANOL

5.2.2.1 Reagentes

- Acetato de amônia 7,5 M
- Isopropanol gelado
- Etanol 70% gelado

5.2.2.2 Procedimento

1. Adicione 20% do volume da solução de DNA de acetato de amônia 7,5 M e 2,5 volumes de isopropanol gelado.
2. Agite a mistura por inversão.
3. Deixe a solução no freezer por pelo menos 1 h.
4. Centrifugue em velocidade máxima por 10 min a 4 °C.
5. Lave o sedimento com etanol 70%.
6. Centrifugue em velocidade máxima por 10 min a 4 °C.

7. Inverta o tubo em papel absorvente e deixe o sedimento (DNA) secar em temperatura ambiente.
8. Após seco, ressuspenda o DNA em água ultrapura ou TE (item 4.1.3) pré-aquecido a 50 °C.

5.2.3 PRECIPITAÇÃO COM ACETATO DE SÓDIO E ETANOL

5.2.3.1 Reagentes

- Tampão de acetato de sódio 3 M pH 5,2
- Etanol 100% gelado
- Etanol 70% gelado

Tampão de acetato de sódio

- EDTA 125 mM: 2 mL
- Acetato de Sódio 3 M pH 5,2: 2 mL
- Etanol 100%: 50 mL

5.2.3.2 Procedimento

1. Adicionar 1/10 do volume da solução de DNA de tampão de acetato de sódio e 2 volumes de etanol gelado.
2. Agite a mistura por inversão.
3. Deixe a solução no freezer por pelo menos 1 h.
4. Centrifugue em velocidade máxima por 10 min a 4 °C.
5. Lave o sedimento com etanol 70%.
6. Centrifugue em velocidade máxima por 10 min a 4 °C.
7. Inverta o tubo em papel absorvente e deixe o sedimento (DNA) secar em temperatura ambiente.
8. Após seco, ressuspenda o DNA em água ultrapura ou TE (item 4.1.3) pré-aquecido a 50 °C.

Dica

- Na hora de secar o sedimento, antes de ressuspendê-lo em água, você pode usar um termociclador a 94 °C por 1 min ou uma estufa a 37 °C por 20 min, deixando o tubo de microcentrífuga aberto para que o etanol evapore.

5.3 LIMPEZA DE DNA COM RNASE

5.3.1 SOLUÇÃO DE RNASE

- Tris-HCl pH 5,0 10 mM
- NaCl 15 mM
- RNase A: 10 mg/mL

5.3.2 PROCEDIMENTO

1. Incube a solução de RNase por 15 min a 100 °C para eliminar DNA contaminante. Posteriormente, a solução poderá ficar guardada em freezer a −20 °C até o uso.
2. Adicione 1 µL de solução de RNase A a cada 20 µL de solução contendo DNA desproteinado.
3. Incube por 1 h e 30 min em estufa ou em banho-maria a 37 °C.
4. Congele o DNA limpo em freezer a −20 °C.

5.4 GEL DE AGAROSE PARA ANÁLISE DE DNA

5.4.1 CORANTE DE CORRIDA DE GEL DE AGAROSE

- Sacarose 50% (p/v)
- EDTA 1 mM
- Azul de bromofenol 0,1% (p/v)
- Ureia 7 M
- Água destilada q.s.p.: 100 mL

5.4.2 TAMPÃO TAE (50X) PH 8,0

- Tris base: 242 g
- Ácido acético glacial: 57,1 mL
- EDTA 0,5 M: 100 mL
- Água destilada q.s.p.: 1.000 mL

5.4.3 TAMPÃO TBE (10X)

- Tris-HCl: 108 g
- Ácido bórico: 55 g
- EDTA 0,5 M: 40 mL
- Água destilada q.s.p.: 1.000 mL

5.4.4 PROCEDIMENTO

1. Prepare uma solução de agarose a 1% a 2% em tampão TBE (1x) ou TAE (1x).
2. Aqueça até que a solução fique homogênea (um volume de 100 mL leva aproximadamente 1 min e 30 s em forno de micro-ondas).
3. Quando a solução estiver entre 40 °C e 30 °C (uma temperatura agradável ao toque), despeje o conteúdo em formas com os pentes específicos para gel de agarose.
4. Aguarde gelificar.
5. Retire os pentes.
6. Coloque o gel na cuba de eletroforese contendo o mesmo tampão utilizada para fazer o gel.
7. Aplique as amostras de DNA contendo 1/6 do volume de corante de corrida.

Dicas

- Se o seu laboratório utiliza brometo de etídio, adicione 5 μL do brometo de etídio a cada 100 mL de solução de gel de agarose depois que a fervura baixar
- Se o seu laboratório utiliza corantes fluorescentes, utilize-o como corante de corrida.
- A concentração do gel de agarose varia de acordo com a sua necessidade. Se você quer apenas verificar o DNA, faça um gel com 1% de agarose. Se você quer quantificar ou separar bandas muito próximas, utilize o gel com concentração de 2%. Não esqueça que quanto mais concentrado o gel, mais lentamente o DNA vai migrar; no entanto, a separação das bandas fica melhor.
- Nunca se esqueça de aplicar o padrão de peso molecular a cada corrida e verifique o padrão de peso molecular mais indicado para o tamanho esperado de suas amostras.
- A migração ocorre do polo negativo para o positivo (preto para o vermelho). Use uma corrida padrão de 80 W, 120 V, por 40 min. Caso você queira uma corrida mais lenta para separar o DNA genômico total digerido parcialmente, dê um pulso de aproximadamente 5 min, 80 W, 120 V (ou até o DNA migrar dos poços para o gel), baixe a corrente para 12 V e 8 W e deixe por até 8 h em gel pequeno. Se o gel for médio ou grande, você pode deixar a corrida até que o corante chegue ao final do gel.

REFERÊNCIAS

AUSUBEL, E. et al. **Short protocols in molecular biology**. 5. ed. New York: John Wiley, 2002.

GREEN, M. R.; SAMBROOK, J. **Molecular cloning**: a laboratory manual. 4. ed. New York: Cold Spring Harbor Laboratory Press, 2012.

CAPÍTULO 6
RESTRIÇÃO DO DNA

Fernanda Matias

As enzimas de restrição são proteínas que reconhecem e clivam o DNA em pontos específicos, geralmente em sequências de 4, 6 e 8 bases, formando palíndromos ou pontas cegas. A nomenclatura é baseada na bactéria de origem, na linhagem e na ordem da descoberta. Por exemplo: *Eco*RI – *E* (*Escherichia*) *co* (*coli*) R (RY13) I (primeira enzima a ser descoberta nessa bactéria). Essas enzimas são muito úteis em reconhecimentos de mapas gênicos ou de tendências gênicas ou ainda para uso em recombinação gênica com posterior ligação em vetores específicos que poderão ser utilizados como propagadores ou como vetores de expressão gênica.

6.1 RESTRIÇÃO SIMPLES

6.1.1 PROTOCOLO PADRÃO

Material necessário:

- Água ultrapura: 16,3 µL
- Tampão (10x): 2 µL
- BSA acetilada: 10 µg/µL a 0,2 µL
- DNA: entre 0,5 e 1,0 µg/µL – 1 µL
- Enzima: 10 U/µL a 0,5 µL
- Volume total: 20 µL

6.1.2 PROTOCOLO UTILIZADO PARA RESTRIÇÃO SIMPLES DE PRODUTO DE PCR

Material necessário:

- Água ultrapura: 2,5 µL
- Tampão (10x com BSA): 1,5 µL
- Produto de PCR: 10 µL
- Enzima de restrição: 1µL
- Volume total: 15 µL

6.1.3 PROTOCOLO UTILIZADO PARA RESTRIÇÃO SIMPLES DE PLASMÍDEO

Material necessário:

- Água ultrapura: 11,5 µL
- Tampão (10x com BSA): 1,5 µL
- Plasmídeo (4 ng/µL): 1 µL
- Enzima de restrição: 1 µL
- Volume total: 15 µL

6.2 RESTRIÇÃO DUPLA

6.2.1 PROTOCOLO PADRÃO

Material necessário:

- Água ultrapura: 15,8 µL
- Tampão (10x): 2 µL
- BSA acetilada: 10 µg/µL – 0,2 µL
- DNA: entre 0,5 e 1,0 µg/µL a 1 µL
- Enzima I: 10 U/µL a 0,5 µL
- Enzima II: 10 U/µL a 0,5 µL
- Volume total: 20 µL

6.2.2 PROTOCOLO UTILIZADO PARA RESTRIÇÃO DUPLA DE PRODUTO DE PCR

Material necessário:

- Água ultrapura: 1,5 µL
- Tampão (10x com BSA): 1,5 µL
- Produto de PCR: 10 µL
- Enzima de restrição I: 1 µL
- Enzima de restrição II: 1 µL
- Volume total: 15 µL

6.2.3 PROTOCOLO UTILIZADO PARA RESTRIÇÃO DUPLA DE PLASMÍDEO

Material necessário:

- Água ultrapura: 10,5 µL
- Tampão (10x com BSA): 1,5 µL
- Plasmídeo (4 ng/µL): 1 µL

- Enzima de restrição I: 1 μL
- Enzima de restrição II: 1 μL
- Volume total: 15 μL

6.3 PROCEDIMENTO

1. Incube a mistura em temperatura adequada à enzima, normalmente entre 30 °C e 37 °C.

Dicas

- Quando utilizar duas enzimas de restrição, verifique a compatibilidade de temperatura. Enzimas com temperaturas mais altas (por exemplo 37 °C) conseguem efetuar a digestão em temperaturas um pouco mais baixas (por exemplo, 30 °C), mas precisam de um tempo maior para a digestão total. O contrário não é permitido, uma vez que as enzimas degradam com maior rapidez em temperaturas mais altas que a recomendada, o que põe em risco o seu resultado.
- O tempo de digestão estará de acordo com o resultado que você espera. Se a enzima não for do tipo *fast*, 15 min a 1 h é tempo suficiente para uma restrição parcial. Outra maneira de se obter uma digestão parcial é diminuir um pouco a temperatura de digestão e manter o tempo que você já usou. Quando se faz esse tipo de experimento, é importante anotar todos os parâmetros utilizados para que seja possível repeti-los. Esses parâmetros devem ser colocados na metodologia de pesquisa de seu trabalho.
- Após 3 h, o DNA estará todo restrito se houver concordância entre quantidade de DNA e quantidade de enzima, mas não há problemas em deixar a mistura reagindo por até 16 h.
- Para brecar a restrição, veja o método adequado, que pode ser aquecimento (65 ou 80 °C por 20 min, adição de EDTA ou outro método descrito pelo fabricante).
- O uso de BSA (albumina sérica bovina) aumenta a eficiência da enzima de restrição.

6.4 LIGAÇÃO DE DNA

6.4.1 PROTOCOLO PADRÃO

Material necessário:

- Água ultrapura: 6,8 μL
- Tampão de reação à ligação (10x): 1 μL
- Vetor (0,5 a 2,0 μg/μL): 1 μL
- Inserto (3,0 a 5,0 μg/μL): 1 μL
- T4 DNA ligase (1U): 0,2 μL
- Volume total: 10 μL

6.4.2 PROTOCOLO ALTERNATIVO

Material necessário:

- Água ultrapura: 15,8 μL
- Tampão de reação à ligação (10x): 2 μL
- Vetor (20 ng/μL): 1 μL
- Inserto (60 ng/μL): 1 μL
- T4 DNA ligase (1U): 0,2 μL
- Volume total: 20 μL

6.4.3 PROCEDIMENTO

1. Incube a mistura por 20 min a 22 °C ou por 8 a 10 horas entre 14 °C e 16 °C. A segunda opção ainda é considerada a mais eficiente.

Dicas

- Sempre utilize uma fração de 1:3 – vetor:inserto.
- Sempre misture bem o tampão de ligação. Se houver uma floculação branca precipitada no fundo do microtubo, o tampão possui bastante ATP. Misture bem o tampão antes de utilizá-lo para que o ATP se disperse na solução. Nem sempre se observa a floculação.
- Se a reação não estiver funcionando, teste outro tampão. Muitas vezes o ATP se degrada ou se esgota, e a reação para de funcionar. Caso o problema persista, troque a enzima de ligação.
- Use todo o conteúdo de ligação na transformação!!!

6.5 RESTRIÇÃO COM ENZIMA COESIVA OU DE PONTAS CEGAS

O protocolo de restrição é o mesmo utilizado anteriormente. No entanto, antes de fazer a ligação é importante que você faça o embotamento ou o despontamento das fitas de inserto e vetor. O primeiro passo é fazer a limpeza da digestão. Depois, fazer o embotamento (despontamento) das pontas cegas e a desfosforilação do vetor. Para aumentar a eficiência da ligação, utilize PEG 8000 ou PEG 6000 entre 5% e 15% do volume final da ligação (v/v) e 5U de T4 DNA ligase.

6.5.1 LIMPEZA

Material necessário:

- Gel de agarose
- Lâmina para cortar o gel

- Espectrofotômetro
- Kit de limpeza de DNA em gel de agarose

6.5.1.1 Procedimento

1. Utilize um gel de agarose para separar os fragmentos digeridos.
2. Siga o procedimento de preparo do gel de agarose normalmente.
3. Recorte o fragmento de interesse do gel, utilizando para a limpeza um kit de limpeza de gel.
4. Quantifique o DNA resultante.
5. Se necessário, proceda com a precipitação e a concentração em um volume menor de água ultrapura.

6.5.2 EMBOTAMENTO COM DNA KLENOW

Material necessário:

- DNA digerido: 0,5 a 4 ng
- DNA Klenow: 1U
- dNTPs (20 μM): 2 μL da mistura de cada dNTP a 0,5 mM
- Água ultrapura q.s.p.: 30 a 50 μL

6.5.2.1 Procedimento

1. Incube a mistura a 37 °C por 10 min ou a 30 °C por 30 min.
2. Inative a enzima aquecendo a mistura a 75 °C por 10 min e/ou a EDTA a 10 mM.
3. Faça a limpeza usando um kit de limpeza em coluna.

6.5.3 EMBOTAMENTO COM T4 DNA POLIMERASE

Material necessário:

- DNA digerido: 0,5 ng a 4 ng
- T4 DNA polimerase: 1U
- dNTPs (100 uM): 10 μL da mistura de cada dNTP a 0,5 mM
- Água ultrapura q.s.p.: 30 a 50 μL

6.5.3.1 Procedimento

1. Incube a mistura a 12 °C por 20 min ou em temperatura ambiente por 5 min.

2. Inative a enzima aquecendo a mistura a 75 °C por 10 min e/ou a EDTA a 10 mM.
3. Faça a limpeza usando um kit de limpeza em coluna.

6.5.4 DESFOSFORILAÇÃO DO PLASMÍDEO

Material necessário:

- Vetor digerido, embotado ou não (não precisa limpar antes de fazer a desfosforilação)
- SAP (fosfatase alcalina de camarão): 1 U/µg de DNA
- Água q.s.p.: 30 µL

6.5.4.1 Procedimento

1. Aqueça a mistura a 37 °C por 15 min.
2. Inative a reação aquecendo a mistura a 65 °C por 15 min.
3. Limpe a mistura utilizando um kit de purificação de vetores (ver item 15.8) ou fenol-sevag (ver item 4.1.1).

Dica

- A SAP é ativa na maioria das reações de restrição e, portanto, você pode fazer a desfosforilação junto com a reação de restrição, evitando perda de material na limpeza.

REFERÊNCIAS

AUSUBEL, E. et al. **Short protocols in molecular biology**. 5. ed. New York: John Wiley, 2002.

GREEN, M. R.; SAMBROOK, J. **Molecular cloning**: a laboratory manual. 4. ed. New York: Cold Spring Harbor Laboratory Press, 2012.

III RNA

O RNA ou ribonucleotídeo é a molécula que "transforma" a informação contida no DNA em uma resposta. Seus representantes principais são três: o RNA mensageiro, o RNA transportador e o RNA ribossomal. O mais comumente encontrado na célula é o RNA mensageiro, o qual contém a informação necessária para a tradução fornecendo todas as proteínas envolvidas no funcionamento da célula. O RNA é transcrito a partir do DNA, sendo uma fita complementar à leitura deste. Essa característica é importante em anotações gênicas nas quais se observam flechas em vez da sequência. Essas flechas indicam a fase de leitura do RNA no DNA, uma vez que o DNA é uma fita dupla, uma complementar à outra, e o RNA é uma fita simples, complementar a uma das fitas do DNA. O RNA é diferente do DNA em dois aspectos: (1) a base timina do DNA é substituída pela base uracil no RNA; (2) os açúcares na molécula de RNA possuem uma hidroxila no carbono 2 (2'OH), sendo assim considerados riboses. A exposição da 2'OH faz com que o RNA, quando comparado ao DNA, seja mais instável e necessite de mais precauções ao ser manipulado.

CAPÍTULO 7
MANIPULAÇÃO DO RNA

Nélson Kretzmann Filho

Trabalhar com RNA não requer o desenvolvimento de uma área específica para quem trabalha com biologia molecular; porém, requer alguns cuidados. O RNA é quimicamente e estruturalmente diferente do DNA. Algumas rotinas simples devem ser implementadas no trabalho para garantir a qualidade e a integridade do RNA. Meio alcalino, altas temperaturas e íons metálicos devem ser evitados sempre que possível, assim como as ribonucleases. Este capítulo descreverá os passos para se trabalhar com o RNA e também algumas modificações de protocolos convencionais. Esses métodos são aplicáveis ao trabalho com qualquer tipo de RNA.

As ribonucleases (RNases) são enzimas muito estáveis e ativas que, geralmente, não requerem cofatores para funcionar. As RNases são difíceis de inativar e até mesmo pequenas quantidades são suficientes para destruir o RNA. Portanto, não utilize plásticos ou vidros sem primeiro eliminar uma possível contaminação por RNases. Grande cuidado deve ser tomado para evitar a introdução inadvertida de RNases na amostra de RNA durante ou após o procedimento de isolamento. A fim de criar e manter um ambiente livre de RNases, ao se trabalhar com RNA, certas precauções devem ser tomadas durante o pré-tratamento e a utilização de tubos descartáveis e não descartáveis e de soluções.

Como já mencionamos, existem quatro circunstâncias experimentais que devem ser evitadas ao se trabalhar com RNA: pH alcalino, temperaturas elevadas, íons metálicos e presença de RNases. O pH deve ser mantido neutro ou ligeiramente ácido; isso evita a ativação de riboses 2'OH para o ataque em ligações fosfodiéster, o que resultará em clivagem e degradação do RNA. As temperaturas elevadas, da mesma forma, promovem a degradação do RNA. Assim, o trabalho com o RNA deve ser realizado entre 0 °C e 4 °C sempre que possível. Os deletérios íons metálicos podem, em alguns casos, ser removidos a partir de soluções específicas, por tratamento com uma resina de permuta iónica (por exemplo, Chelex 100, da Sigma).

Em muitos casos, 0,1 mM de EDTA é incluído em soluções de trabalho para quelar determinados íons metálicos. Obviamente, em muitos tipos de experimento, é necessário fazer uma verificação das circunstâncias experimentais para satisfazer exigências, como a presença de proteínas de ligação ao RNA ou o desenvolvimento de um tratamento enzimático, e dos requisitos para manter o RNA em uma conformação nativa estrutural. Nesses casos, a incubação do RNA em situações não ótimas deve durar o menor período de tempo possível.

7.1 MANIPULAÇÃO GERAL

Os procedimentos técnicos de manipulação asséptica devem ser sempre utilizados quando se trabalha com RNA. Mãos e partículas de poeira podem transportar bactérias e fungos e são as fontes mais comuns de contaminação por RNases. Use sempre luvas de látex ou vinil ao manusear os reagentes e as amostras de RNA para evitar a contaminação por RNases a partir da superfície da pele ou dos equipamentos do laboratório com poeira. Mude de luvas com frequência e mantenha os tubos fechados sempre que possível. Mantenha o RNA isolado em gelo enquanto as alíquotas são pipetadas para suas aplicações.

Dica

- As luvas que tocaram geladeira, maçanetas de porta, ou pipetadores não estão mais livre de RNases.

7.2 PLÁSTICOS DESCARTÁVEIS E NÃO DESCARTÁVEIS

O uso de tubos de polipropileno estéreis descartáveis é recomendado durante todo o procedimento. Esses tubos estão geralmente livres de RNases e não requerem um pré-tratamento para inativá-las. Plásticos não descartáveis devem ser tratados antes de serem usados para garantir que fiquem livres de RNases. Os plásticos devem ser cuidadosamente lavados com NaOH 0,1 M e EDTA 1 mM, seguido de água livre de RNases. Alternativamente, plásticos resistentes a clorofórmio podem ser lavados com essa substância para inativar as RNases.

7.3 VIDRARIA

A vidraria deve ser tratada antes de ser usada para garantir que fique livre de RNases. Antes do trabalho com RNA, ela deve ser limpa com detergente neutro; depois, deve ser bem enxaguada e fornada a 240 °C por 4 h ou mais (*overnight*, se for mais conveniente) antes de ser utilizada. A autoclave por si só não será totalmente capaz de inativar muitas das RNases. Alternativamente, o vidro pode ser tratado com água DEPC (pirocarbonato etílico ou dietilpirocarbonato). Preencha o vidro com DEPC 0,1% (0,1% em água), deixe-o repousar durante a noite (*overnight*, 12 h) a 37 °C. Depois, autoclave ou submeta ao calor de 100 °C por 15 min para eliminar DEPC residual.

7.4 SOLUÇÕES

As soluções (água e outras soluções) devem ser tratadas com DEPC 0,1%. DEPC é um forte, mas não absoluto, inibidor de RNases. É comumente utilizado a uma concentração de 0,1% para inativar RNases em vidros ou plásticos e/ou para criar soluções livres de RNases e água. O DEPC inativa RNases por uma modificação covalente. O DEPC irá reagir com aminas primárias e não pode ser usado diretamente para tratar tampões Tris. Ele é altamente instável na presença de tampões Tris e se decompõe rapidamente em etanol e CO_2. Ao preparar tampões Tris, trate a água com DEPC primeiro e depois dissolva o Tris para fazer o tampão apropriado. Traços de DEPC irão modificar resíduos purinas em RNA por carboximetilação. RNAs carboximetilados são traduzidos com muito baixa eficiência fora do sistema celular. No entanto, sua capacidade de formar novas moléculas híbridas não é seriamente afetada, a menos que uma grande fração dos resíduos das purinas seja modificada.

7.4.1 REAGENTES

H_2O DEPC

- DEPC 0.1% (v/v)
- Água ultra pura

7.4.2 PROCEDIMENTO

1. Mantenha a mistura por 1 h a 37 °C ou *overnight* à temperatura ambiente.
2. Autoclave a mistura.

Dica

- As soluções de acetato de sódio e o brometo de etídio devem receber tratamento com DPEC. O tratamento de soluções com DEPC é realizado por meio da adição de 1 mL de DEPC (pronta) por litro de solução. Mantenha a solução por 1 h a 37 °C e, em seguida, utilize uma autoclave. O Tris possui aminas reativas, mas não pode ser tratado com DEPC, pois as aminas reagem diretamente com ele.

7.5 TRATAMENTO DE SOLUÇÕES COM DEPC

7.5.1 PROCEDIMENTO

1. Adicione 0,1 mL DEPC para 100 mL da solução a ser tratada.
2. Agite vigorosamente para solubilizar o DEPC.

3. Deixe a solução incubando por 12 h a 37 °C.
4. Autoclave por 15 min para eliminar qualquer vestígio de DEPC.

Dicas

- O DEPC residual deve sempre ser eliminado a partir de soluções ou recipientes em autoclave ou aquecimento a 100 °C por 15 min.
- O DEPC deve ser manuseado com cuidado. Você deve utilizar luvas e máscara e manipulá-lo em capela sempre que possível, pois ele é inflamável e mutagênico.

7.6 ELETROFORESE DE RNA EM GEL DE AGAROSE

7.6.1 CUBAS DE ELETROFORESE

Cubas de eletroforese devem ser limpas com uma solução detergente (por exemplo, SDS 0,5%), bem enxaguadas com água livre de RNases e depois lavadas com etanol, para só então serem deixadas para secar naturalmente.

7.6.2 TAMPÕES

7.6.2.1 Tampão de aplicação formaldeído 10x

- Glicerol: 50%
- EDTA pH 8,0: 10 mM
- Azul de bromofenol: 0,25%
- Xileno cianol: 0,25%

7.6.2.2 Tampão MOPS 10x (1 L)

- MOPS (0.2 M) em H_2O DEPC pH 7,0: 41,8 g
- NaOAC 1 M (tratado com DEPC) (concentração final 20 mM): 20 mL
- EDTA 0.5 M pH 8,0 (tratado com DEPC) (concentração final 10 mM): 20 mL
- H_2O DEPC: completar até 1 L.

Dicas

- Filtre para esterilizar.
- Não utilize o tampão MOPS se estiver com coloração amarelada.

7.6.2.3 Tampão de reação 1x (por amostra)

- Tampão MOPS 10x (concentração final 1x): 2 µL
- Formaldeído (concentração final 20%): 4 µL
- Formamida (concentração final 50%): 10 µL
- Brometo de etídio 0,2 mg/mL, tratado com DEPC (concentração final 10 µg/mL): 2 µL
- Agarose (agarose 1,5% em formaldeido gel a 2,2 M): 1,5 g
- H_2O: 72 mL

Procedimento

1. Dissolva no micro-ondas e resfrie a 55 °C.
2. Com a solução ainda quente, adicione:
    - Tampão MOPS 10x: 10 mL;
    - Formaldeído deionizado: 18 mL.
3. Monte a plataforma de polimerização.

7.7 APLICAÇÃO DE AMOSTRA

7.7.1 REAGENTES

- Amostra de RNA
- Padrões de corrida de RNA
- Tampão de reação 1x
- Tampão de aplicação formaldeído

7.7.2 PROCEDIMENTO

1. Adicione 2 µL RNA (no máximo 20 µg) em 18 µL de tampão de reação 1x.
2. Incube a 55 °C por 1 h ou a 85 °C por dez min.
3. Resfrie em gelo rapidamente e dê um rápido *spin*.
4. Adicione 2 µL de tampão de aplicação.
5. Aplique a solução no gel.
6. Utilize gel de agarose com formaldeído e tampão de corrida MOPS 1x
7. Lave (brevemente) a cuba com água DEPC antes de usá-la.
8. Aplique padrões de pesos moleculares para RNA.
9. Corra o gel de 4 a 5 V/cm por 4 h.

7.8 EXTRAÇÃO DE RNA

Os passos básicos da extração de RNA consistem em:

- Trituração dos tecidos por moagem em baixa temperatura (nitrogênio líquido).
- Liberação dos componentes celulares no tampão de moagem (extração) por lise das membranas com detergentes.
- Inativação das nucleases por agentes químicos e desnaturação das proteínas com fenol e clorofórmio.
- Remoção dos restos celulares e precipitação das proteínas desnaturadas por centrifugação. Recuperação dos ácidos nucleicos por precipitação com etanol.
- Fracionamento do DNA e do RNA por solubilização diferencial em alta concentração de sal.
- Vários métodos empregam a precipitação seletiva usando cloreto de lítio (LiCl).

7.8.1 EXTRAÇÃO DE RNA UTILIZANDO O TRIZOL

O TRIZOL consiste em uma solução monofásica de fenol e guanidina isotiocianato. Durante a homogeneização ou lise da amostra, o TRIZOL mantém a integridade do RNA enquanto rompe as células e dissolve os componentes celulares. A adição do clorofórmio, seguida de centrifugação, separa a solução em fases aquosa e orgânica. O RNA permanece exclusivamente na fase aquosa. Depois da transferência da fase aquosa para um novo tubo, o RNA total é recuperado por precipitação com isopropanol.

7.8.1.1 Reagentes

- Clorofórmio
- Isopropanol
- Etanol 75% em água tratada com DEPC
- Água livre de RNases

7.8.1.2 Procedimento

1. Adicione 1 mL de tiocianato de guanidina para cada 100 mg de tecido (macere o tecido previamente com nitrogênio).
2. Incube por 10 min, à temperatura ambiente, para permitir a completa dissociação dos complexos de nucleoproteínas.
3. Adicione 200 μL de clorofórmio.

4. Agite vigorosamente por 15 s.
5. Incube por 5 min à temperatura ambiente.
6. Centrifugue a 14.000 rpm por 15 min a 4 °C. A mistura se separa em três fases: inferior orgânica (avermelhada contendo fenol), interfase e superior aquosa e mais clara.
7. Transfira a fase aquosa (mais clara ou incolor) para um novo tubo, evitando tocar na interface. A fase aquosa (até 60% do volume original de TRIZOL) e o RNA total será então precipitado com isopropanol.
8. Adicione 500 µL de álcool isopropílico.
9. Agite gentilmente por inversão.
10. Incube por 10 min e centrifugue a 14.000 rpm por 10 min a 4 °C.
11. Atenção à localização do sedimento, que pode ser observada pela posição dos tubos na centrífuga.
12. Despreze com cuidado o sobrenadante. Caso reste algum líquido no topo do tubo, remova-o com uma pipeta.
13. Adicione 1 mL de álcool etílico 75%.
14. Agite vigorosamente.
15. Centrifugue a 14.000 rpm 15 min a 4 °C.
16. Remova o sobrenadante e deixe o sedimento secar à temperatura ambiente por até 20 min.
17. Ressuspenda o RNA em 30 µL de água livre de RNases e armazene.

7.9 ARMAZENAMENTO DO RNA

O RNA purificado pode ser armazenado a –20 °C ou –80 °C em água. Sob essas condições, não há degradação do RNA detectável até um ano de armazenamento. O RNA também pode ser armazenado utilizando-se formamida.

7.10 QUANTIFICAÇÃO DO RNA

A concentração de RNA deve ser determinada por meio da medição de absorbância a 260 nm (A260) em um espectrofotômetro. Para garantir significância, as leituras devem ser maiores do que 0,15. Uma absorbância de 1 unidade a 260 nm corresponde a 40 microgramas de RNA por mL (A260= 1(ABS)= 40mg/mL). Essa relação só é válida para as medições em água como solvente (diluente). Portanto, é necessário diluir a amostra de RNA em água. A relação entre os valores da absorbância a 260 e 280 nm dá uma estimativa da pureza do RNA. Ao medir amostras de RNA, leve em conta que as cubetas devem estar livres de RNases, o que pode ser feito com uma lavagem adequada.

Um exemplo de quantificação é mostrado a seguir:

Volume de amostra de RNA = 100 μL
Diluição = 10 μL de RNA + 490 μL água destilada (1/50).

Faça a leitura da amostra em uma cubeta de quartzo de 1 mL:

$$A260 = 0.23$$

Concentração de RNA= 40 × *A260* × fator de diluição

$$[\ ]\ \textbf{RNA} = 40 \times \mathbf{0.23} \times 50 = \mathbf{460\ \mu g/mL}$$

7.10.1 LAVAGEM DAS CUBETAS DE QUARTZO

7.10.1.1 Reagentes

- NaOH 0,1 M
- EDTA 1 mM
- Água livre de RNases

7.10.1.2 Procedimento

1. Lave as cubetas com NaOH.
2. Lave também com o EDTA.
3. Enxágue-as com água livre de RNases.

Dica

- Use o tampão no qual o RNA foi diluído para zerar o espectrofotômetro.

7.11 PUREZA DO RNA

A relação entre as leituras a 260 nm e 280 nm (A260/A280) fornece uma estimativa da pureza do RNA no que diz respeito aos contaminantes que absorvem luz UV, como a proteína. No entanto, a relação A260/A280 é influenciada consideravelmente pelo pH.

Como a água não é tamponada, o pH e a relação A260/A280 resultante pode variar bastante. Baixos pHs podem levar a baixas relações A260/A280, e, assim, reduzir a sensibilidade à contaminação por proteínas. Para valores precisos, recomendamos a medição da absorbância em Tris-HCl 10 mM pH 7,5.

O RNA puro tem uma razão A260/A280 de 1,9 abs a 2,1 abs em Tris-HCl 10 mM, pH 7,5. Certifique-se sempre de que espectrofotômetro esteja calibrado com a mesma solução da diluição.

Para determinar a concentração de RNA, no entanto, recomendamos que você dilua a amostra em água, desde que a relação entre absorbância e concentração (A260 leitura de 1(ABS) = 40 mg/mL RNA) seja baseada em um coeficiente de extinção calculado para RNA em água.

7.12 CONTAMINAÇÃO POR DNA

Nenhum método de purificação atualmente disponível pode garantir que o RNA extraído esteja completamente livre de DNA, mesmo quando este não está visível em gel de agarose. Em eucariotos, para evitar interferências do DNA nas reações, principalmente nas de PCR em tempo real, recomenda-se desenhar iniciadores que hibridizem em junções de *splicing* (junção entre os éxons) para que o DNA genômico não seja amplificado. Como alternativa, a contaminação do DNA pode ser detectada em gel de agarose após o PCR em tempo real, por meio de experimentos de controle em que nenhuma enzima de transcriptase reversa é adicionada antes da etapa de PCR ou usando iniciadores com sequências de íntrons. Para aplicações sensíveis, tais como expressão diferencial, ou se não é factível a utilização dos iniciadores nas junções de *splicing*, a digestão do RNA purificado com DNases livres de RNases é recomendada.

7.13 INTEGRIDADE DO RNA

A integridade e a distribuição do tamanho do RNA total purificado podem ser verificadas por eletroforese em gel de agarose desnaturante e por coloração com brometo de etídio. As respectivas bandas ribossomais devem aparecer no gel corado.

7.14 PRECIPITAÇÃO DO RNA

Precipitar o RNA com álcool (etanol ou isopropanol) exige uma concentração mínima de cátions monovalentes. Ajustada a concentração de sal, o RNA pode ser precipitado pela adição de 2,5 volumes de etanol ou um volume de isopropanol, que devem ser bem misturados. Em seguida, refrigere durante pelo menos 15 min a –20 °C. A precipitação do RNA é mais rápida e mais completa com concentrações mais elevadas de RNA. Geralmente, concentrações de RNA de 10 µg/mL precipitam após várias horas, como durante a noite (*overnight*), sem nenhuma dificuldade, mas em concentrações mais baixas, o glicogênio deve ser adicionado para facilitar a precipitação e maximizar a recuperação.

7.14.1 MATERIAIS

- Acetato de sódio pH 5,2 - 3 M
- Água livre de RNase
- Etanol absoluto P. A.
- Etanol 75%

Dica

- As soluções devem ser preparadas com água livre de RNases (tratadas previamente com DEPC e autoclavadas).

7.14.2 PROCEDIMENTO

1. Se necessário, o RNA pode ser concentrado pela adição de 1/10 de volume de acetato de sódio 3 M pH 5,2, e 2,5 volumes de etanol.
2. Misture por inversão.
3. Coloque em gelo por no mínimo 20 min.
4. Centrifugue por 15 min à velocidade máxima e à temperatura ambiente.
5. Remova completamente o sobrenadante.
6. Lave com 300 μL de etanol 75%.
7. Centrifugue por 5 min à velocidade máxima e à temperatura ambiente.
8. Dissolva o RNA precipitado em um volume adequado de água livre de RNase (em torno de 30 μL).
9. Determine a concentração de RNA.
10. Armazene o RNA a –80 °C.

REFERÊNCIAS

AUSUBEL, E. et al. **Short protocols in molecular biology**. 5. ed. New York: John Wiley, 2002.

CHOMCZYNSKI, P. Solubilization in formamide protects RNA from degradation. **Nucleic Acids Research**, London, v. 20, p. 3791-3792, 1992.

CHOMCZYNSKI, P; SACCHI, N. Single-step method of RNA isolation by acid guanidinium thiocyanate-phenol-chloroform extraction. **Analytical Biochemistry**, Orlando, v. 162, p. 156-159, 1987.

POL – PROTOCOL ONLINE. **RNA quality control**. Disponível em: <http://www.protocol-online.org/forums/index.php?app=core&module=attach§ion=attach&attach_id=2741>. Acesso em: 3 jul. 2017.

WALLACE, D. M. Precipitation of nucleic acids. **Methods of Enzymology**, New York, v. 152, p. 41-46, 1987.

WILFINGER, W. W.; MACKEY, M.; CHOMCZYNSKI, P. Effect of pH and ionic strength on the spectrophotometric assessment of nucleic acid purity. **BioTechniques**, London, v. 22, p. 474, 1997.

PARTE IV – AMPLIFICAÇÃO GÊNICA

Em 1985, o pesquisador Kary Banks Mullis, juntamente com um grupo de cientistas da Cetus Corporation, desenvolveu um método revolucionário na Biologia Molecular, que resultou no prêmio Nobel de 1993: a reação em cadeia da polimerase (*Polymerase Chain Reaction* – PCR), técnica *in vitro* que permite a amplificação de uma região de interesse, "purificando" o DNA em relação ao restante do genoma. Os elementos envolvidos nessa reação são basicamente os mesmos componentes do processo de replicação que ocorre nas células vivas.

A técnica de PCR impõe a necessidade de se conhecer a sequência das regiões que delimitam o segmento de DNA a ser amplificado (figura a seguir). A extensão ocorre a partir de dois oligonucleotídeos (*primers* ou iniciadores) que hibridação com as fitas complementares de uma sequência-molde (*template* ou alvo), em ambas as extremidades (5' e 3'), de modo a permitir a atuação da DNA polimerase durante a síntese da fita complementar sem a necessidade de uma purificação prévia da amostra íntegra original. A alta sensibilidade, a especificidade, a facilidade de execução e a análise de um grande número de amostras simultaneamente fazem dessa técnica uma opção bastante atrativa para estudos genético-moleculares.

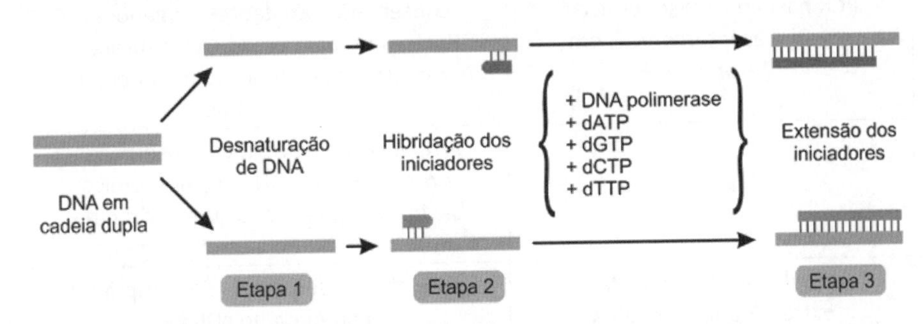

Reação em cadeia da polimerase.

Atualmente, há uma variedade de procedimentos (Quadro 8.1) que exploram o princípio da PCR, sendo esta imprescindível para a Biologia Molecular. O método é utilizado para decodificação e comparação de sequências, mapeamento genético, síntese de RNA *in vitro*, clonagem, genética forense, diagnóstico pré-natal (particularmente nas doenças herdadas), diagnóstico de doenças infecciosas (causadas por bactérias, fungos, protozoários e vírus), tipagem para transplante de órgãos e suscetibilidade para doenças autoimunes específicas.

Quadro 8.1 Variações da técnica convencional de PCR

Sigla	Designação inglesa	Designação portuguesa	Caracterização
MPCR	PCR *multiplex*	PCR múltiplo	Utiliza mais de um *primer* para detectar múltiplas sequências-alvo em uma mesma amostra.
N-PCR	*nested* PCR	PCR aninhada	Utiliza uma segunda etapa de amplificação para aumentar a sensibilidade e a especificidade do método.
qPCR/ RTQ-PCR	PCR *in real time*	PCR em tempo real	A amplificação, a detecção e a quantificação do DNA são feitas de maneira simultânea.
RT-PCR	*Reverse transcriptase polymerase chain reaction*	PCR por transcriptase reversa	Amplificação de cDNA obtido da transcrição reversa do RNA.
PCRSQ	*Semi-quantitative* PCR	PCR semiquantitativo	Infere o número de moléculas amplificadas, baseando-se na intensidade do produto final.
RAPD-PCR	*Random amplified polymorphic* DNA	Reação de amplificação aleatória de DNA polimórfico	Amplificação randômica baseada na análise do polimorfismo dos fragmentos de DNA amplificados aleatoriamente.
REP-PCR	*Repetitive extragenic palindromic*	Sequências palindrômicas extragênicas repetitivas	Uso de *primers* de DNA complementares àqueles de ocorrência natural, altamente conservado, com sequências repetitivas de DNA, presente em múltiplas cópias do genoma.
ERIC-PCR	*Enterobacterial repetitive intergenic consensus*	PCR baseada em sequências repetitivas intergênicas em enterobactérias	Amplificação de sequências repetitivas conservadas existentes no genoma bacteriano para estudo, classificação e caracterização genética de amostras microbianas.
BOX-PCR	BOX-PCR	-	Amplificação de regiões conservadas e repetitivas do DNA cromossômico bacteriano que produz um padrão de bandas semelhante a um *fingerprinting*.
RACE-PCR	*Rapid amplification of* cDNA *end*	Amplificação rápida das extremidades do cDNA	Permite obter a sequência de comprimento completa do cDNA.
AS-PCR	*Allele specific* PCR	PCR alelo específica	Permite a distinção entre alelos que diferem em um único nucleotídeo, isto é, a detecção de mutações pontuais específicas associadas a doenças.
iPCR	*Inverse* PCR	PCR inverso	Permite a clonagem de sequências de DNA adjacentes a uma sequência conhecida a partir de um molde circularizado.
PCR screen	PCR *screening*	PCR de rastreio	Indica a presença ou não de uma modificação genética.

(continua)

Quadro 8.1 Variações da técnica convencional de PCR (continuação)

Sigla	Designação inglesa	Designação portuguesa	Caracterização
LM-PCR	*Ligation medianted* PCR	PCR mediada por ligação	Utiliza pequenos oligonucleotídeos de DNA (ligantes ou adaptadores) que serão emparelhados com o *primer*, garantindo uma amplificação linear.
AFLP-PCR	*Amplified fragment-length polymorphism* PCR	Análise de polimorfismo de comprimento de fragmentos amplificados	O DNA genômico é tratado com enzimas de restrição, e os fragmentos são ligados a adaptadores em suas extremidades coesivas.
RFLP-PCR	*Restriction fragment length polymorfism* PCR	Polimorfismo no comprimento de fragmentos de restrição	Fragmentação do DNA por meio do uso de enzimas de restrição e da observação por hibridização desses fragmentos com sequências homólogas de DNA marcadas com radioatividade ou luminescência.
DOP-PCR	*Degenerate oligonucleotide primed* PCR	PCR com *primers* degenerados	Utiliza sequências degeneradas de um protocolo de PCR com duas diferentes temperaturas de anelamento.
Anchored PCR	*Anchored* PCR	PCR ancorado	Utiliza apenas um *primer*.

CAPÍTULO 8
DESENHO DE INICIADORES

Fernanda Matias, Mateus Schreiner Garcez Lopes, Lizandra de Souza Cordeiro

Os iniciadores ou *primers* são pequenas sequências de DNA-molde utilizados para iniciar a amplificação do DNA. Esses iniciadores são complementares à fita de DNA-alvo. Nos dias de hoje, diversos programas são utilizados para o desenho dos iniciadores, os quais serão indicados a seguir.

Quando se faz o desenho dos iniciadores, é importante levar em consideração a temperatura de desnaturação do iniciador ou de *melting* (T_m) e a capacidade do iniciador de formar dímeros ou grampos entre si. No caso de grampos, em que um iniciador se dobra, há inibição da reação de anelamento ao DNA-molde. E quando eles formam dímeros, os iniciadores do par ligam-se um com o outro, impedindo que o anelamento ocorra nas duas vias de amplificação.

8.1 REGRAS BÁSICAS PARA DESENHAR OS *PRIMERS*

Para desenhar os iniciadores, é necessário:

1. Ter um pouco de conhecimento da sequência a ser trabalhada.
2. Gerar grande especificidade e sensibilidade.
3. Permitir amplificação de quantidade limitada de material.

Além disso, existe uma série de regras às quais você precisa ficar atento para desenhar o iniciador, como: composição de G-C, tamanho do iniciador, tamanho do fragmento a ser amplificado, temperatura de anelamento, formação de dímeros, estruturas secundárias e outras, que serão exploradas a seguir.

8.1.1 TAMANHO DOS INICIADORES

Os iniciadores devem ter de 10 a 30 pares de base (pb), sendo que o ideal é que tenham de 18 a 22 pb. Esse comprimento é grande o bastante para se adequar à especificidade da ligação iniciador-DNA e pequeno o suficiente para que os iniciadores se liguem facilmente ao DNA-molde durante a temperatura de anelamento.

8.1.2 TEMPERATURA DE DESNATURAÇÃO DO *PRIMER*

É a temperatura na qual ao menos metade do DNA dupla fita estará dissociada, formando uma fita simples e deixando as regiões de ligação dos iniciadores expostos. Essa temperatura indica a estabilidade da fita dupla. Os iniciadores devem ter uma temperatura de fusão entre 55 °C e 80 °C, sendo que o ideal é que tenham entre 52 °C e 60 °C. Iniciadores com T_m acima de 65 °C tendem à formação de anelamentos secundários. A quantidade de CG do DNA-molde poderá indicar a melhor T_m.

Dica

- A T_m entre os pares não pode ser muito diferente, pois isso pode acarretar a diminuição de produto amplificado ou a não amplificação do produto. O ideal é uma diferença de T_m abaixo de 5 °C para a máxima amplificação.

8.1.2.1 Cálculo básico

Os cálculos básicos consideram apenas a composição do iniciador, ou seja, apenas a quantidade de cada base que compõe o iniciador. A seguir são apresentadas duas fórmulas básicas para cálculo da T_m.

De acordo com Marmur e Doty (1962),

$$T_m = 64.9 + 41.0 \text{ x } (|G| + |C| - 16.4) / (|A| + |T| + |G| + |C|).$$

De acordo com Wallace e colaboradores (1979),

$$T_m = 2 \text{ x } (|A| + |T|) + 4 \text{ x } (|C| + |G|).$$

Sendo:

A = Adenina

C = Citosina

T = Timina

G = Guanina

As duas equações consideram que o pareamento ocorre em condições padrão de 50 nM de concentração de iniciadores, 50 mM de concentração de sal (Na^+) e pH próximo de 7,0.

8.1.2.2 Cálculo dependente de sal

Equações em que o sal do tampão é considerado como um fator de interferência na T_m das reações de PCR.

De acordo com Howley e colaboradores (1979),

$$T_m = 100.5 + 41.0 \times (|G| + |C| - 16.4) / (|A| + |T| + |G| + |C|) - (820.0) / (|A| + |T| + |G| + |C|) + 16.6 \times \log([Na^+])$$

Em que $16.6 \times \log([Na^+])$ ajusta a T_m com relação às mudanças na concentração de sal.

8.1.2.3 Cálculo baseado em termodinâmica

A temperatura de desnaturação segue a regra da termodinâmica de acordo com a equação de Van't Hoff, que relaciona a mudança na temperatura com a variação na constante de equilíbrio dado pela diferença de entalpia.

Para calcular a Tm:

$$Tm(K)=\{\Delta H/\Delta S + R.\ln(C)\}$$

ou

$$Tm(°C)=\{\Delta H/\Delta S + R.\ln(C)\} -273,15$$

em que:

K = temperatura em Kelvin;

°C = temperatura em graus Celsius;

R = constante dos gases;

C (mol) = concentração de iniciadores na solução;

ΔH (Kcal/mol) - variação da entalpia, sendo a entalpia a quantidade de calor que as substâncias possuem. Nesse caso, a variação da entalpia é obtida pela soma de todos os valores de entalpia dos pares dinucleotídeos (para cada par de iniciadores);

ΔS (Kcal/mol) - variação da entropia ou variação da quantidade de desordem que o sistema apresenta. A variação de entropia é obtida pela soma de todos os valores de entropia dos pares dinucleotídeos (para cada par de iniciadores).

Uma correção adicional deverá ser feita porque os estudos de desnaturação do DNA são conduzidos em tampão salino (Na^+) a 1 M, e esta é uma "condição por defeito" (*default*) usada em todos os cálculos:

$$\Delta S \text{ (correção pelo sal): } \Delta S \text{ (1M NaCl} + 0.368 \times N \times \text{In ([Na+]),}$$

em que:

N é o número de pares de nucleotídeos no *primer* (comprimento do *primer* -1) e [Na+] é o equivalente de sal em mM.

Cálculo da [Na+]: [Na+] = concentração do íon monovalente + 4 × Mg_2^+ livre

8.1.3 TEMPERATURA DE ANELAMENTO DO INICIADOR (TA)

É a temperatura na qual os iniciadores se ligam ao DNA-molde. Temperaturas muito altas não produzirão uma ligação suficientemente forte entre o iniciador e as fitas-molde, gerando uma baixa quantidade do produto de interesse. Por outro lado, temperaturas muito baixas levarão a pareamentos inespecíficos entre os iniciadores e as fitas-molde, gerando um grande número de produtos inespecíficos. A tolerância à inespecificidade (erro) é o que tem maior influência na especificidade da reação de amplificação. Para pareamento dos *primers*, a T_a é calculada de acordo com a fórmula:

$$T_a = 0,3 \text{ x } T_m\text{(iniciador)} + 0,7 \text{ x } T_m\text{(produto)} - 14,9$$

Sendo que a temperatura ótima (T_a opt), na qual há um número mínimo de falsos positivos, segue a fórmula:

$$T_a \text{ opt} = 0,3 \times T_m\text{(iniciador)} + 0,7 \times T_m\text{(produto)} - 25$$

8.1.4 CONTEÚDO DE G-C

A composição não deve ter mais que 50% ou 60% de conteúdo G+C. Os iniciadores devem ter a extremidade 3' finalizada em C ou G, CG ou GC: isso previne quebras do final e melhora a eficiência do iniciador.

As extremidades 3' dos iniciadores não devem ser complementares (por exemplo, pares de bases); caso contrário, dímeros de iniciadores serão preferencialmente sintetizados.

1. Iniciadores autocomplementares (capacidade para formar estruturas secundárias, como grampos) devem ser evitados.

2. Três ou mais Cs ou Gs nas extremidades 3' do iniciador podem promover perda de iniciadores em sequências ricas em G ou C (por causa da estabilidade do anelamento), e devem ser evitados.

Não fazer: 5' ATTAGCTACTAT**CGGCG** 3'

8.1.4.1 Repetições e *runs*

Evite a repetição de um di-nucleotídeo ou de uma única base (*run*), pois isso pode provocar erros. O número máximo aceitável de repetições é 4.

Não fazer: **ATATATATAT**CG (repetição) ou ATCG**CCCCC**GTC**GGGGG** (duas sequências de *run*).

8.1.5 GRAMPO DE GC (*CLAMP* DE GC)

A assiduidade de G ou C entre as últimas bases da extremidade 3' do primer (GC *clamp*) auxilia o processo de ligação específica na terminação 3', isso ocorre devido à forte ligação entre as bases G e C.

Repetições de Gs ou Cs superiores a três vezes devem ser evitadas nas últimas cinco bases na terminação 3′do *primer*.

Não fazer: 5'-GCTATTACATGACT**GGGGCC**-3'

8.1.6 ESTRUTURAS SECUNDÁRIAS DOS *PRIMERS*

Estruturas secundárias presentes, produzidas por interações intramoleculares ou intermoleculares, podem levar à não amplificação ou a um pequeno sinal do produto.

Essas estruturas secundárias afetam o anelamento do *primer* ao DNA-molde. Isso ocorre porque diminuem substancialmente a disponibilidade de *primers* para a reação, o que compromete a amplificação do produto.

8.1.6.1 Grampos (*hairpins*)

Constituído por interações intramoleculares no *primer*. O que é admitido habitualmente:

- Grampo 3' final: ΔG –2 kcal/mol
- Grampo interno: ΔG –3 kcal/mol

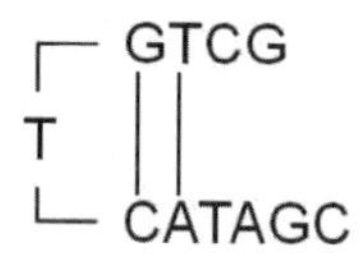

ΔG: energia necessária para quebrar a estrutura secundária. Valores muito negativos de ΔG significam grampos estáveis e indesejados. O aparecimento de grampos na extremidade 3' é o que mais afeta a reação.

$$(\Delta G = \Delta H - T\Delta S)$$

8.1.6.2 Dímero de *primers* senso (*self dimer*)

Um dímero de *primers* senso é formado quando há interações intermoleculares entre dois *primers* com a mesma sequência (mesmo sentindo), onde o *primer* é homólogo a si mesmo. O que é admitido habitualmente:

- Dímero de *primers* senso 3'final: ΔG –5 kcal/mol
- Dímero interno de *primers* senso: ΔG –6 kcal/mol

8.1.6.3 Dímero de *primers* antissenso (*cross dimer*)

Um dímero de *primers* antissenso é formado quando há interações intermoleculares entre o *primer* senso e o *primer* antissenso, onde houver homologia. O que é admitido habitualmente:

- Dímero de *primers* antissenso 3'final: ΔG –5 kcal/mol
- Dímero interno de *primers* antissenso: ΔG –6 kcal/mol

8.1.6.4 Evite estruturas secundárias no molde (*template* do DNA)

A sequência de ácidos nucleicos em fita simples é extremamente instável e dobra-se em conformações, que são as estruturas secundárias.

No *template*, as estruturas secundárias têm sua estabilidade fortemente relacionada com sua própria energia livre e da T_m. Portanto, considerar a estrutura secundária do *template* é imprescindível ao desenhar *primers*, principalmente em qPCR.

Se o desenho do iniciador for uma estrutura secundária, que mesmo acima da temperatura de anelamento é estável, o produto do PCR ficará expressivamente prejudicado. Isso ocorre devido à impossibilidade de os iniciadores se ligarem ao molde.

Portanto, é interessante fazer o desenho dos *primers* em regiões do *tem plate* que não configurem estruturas secundárias durante a reação de PCR.

8.1.6.5 Evite homologia cruzada

Visando otimizar a especificidade dos *primers*, evite regiões de homologia.

Quando iniciadores são desenhados para determinada sequência, eles não devem amplificar outros genes durante a reação.

Ordinariamente, os iniciadores são desenhados e testados quanto à sua especificidade no BLAST (*Basic Local Alignment Search Tool - Blast*).

Vale ressaltar que a síntese de oligonucleotídeos ou iniciadores é cerca de 98% eficaz, e quanto maior for o número de base, menor será a quantidade de oligonucleotídeos completos e eficientes para a amplificação (Quadro 8.2). Terão menos problemas de eficiência os oligonucleotídeos curtos; uma vez que uma base é adicionada, 98% deles a receberão. É recomendado, dependendo do caso, que se faça uma purificação por PAGE ou por cromatografia líquida de alta eficiência.

Quadro 8.2 Número de moléculas viáveis de acordo com o número de bases.

Comprimento dos iniciadores	Porcentagem contendo a sequência correta
10 bases	$(0,98)^{10}$+81,7%
20 bases	$(0,98)^{20}$+66,7%
30 bases	$(0,98)^{30}$+54,6%
40 bases	$(0,98)^{40}$+44,6%

8.2 INICIADORES DEGENERADOS

A construção desse tipo de iniciadores se baseia no fato de o código genético ser degenerado, ou seja, de um aminoácido ter a capacidade de ser formado por mais de um arranjo de três nucleotídeos. Diante disso, é inserido em lugares específicos da sequência de iniciadores um grupo de oligonucleotídeos degenerados.

Além disso, confere-se a sequência de aminoácidos pertencente à sequência de DNA desejada, constatando as possibilidades de nucleotídeos de cada aminoácido, ou ainda as possibilidades de sequência de DNA e de proteínas para cada caso. Cada organismo é portador de possibilidades mais comuns.

A tradução reversa da sequência de DNA pode ser feita no site <http://www.ebi.ac.uk/Tools/st/emboss_transeq/>, ou ainda por meio do programa BioEdit.

8.2.1 EXEMPLO DE *PRIMER* DEGENERADO E USO DE INOSINA

Definição padrão de nucleotídeos degenerados:

R – A, G	H – A, C, T
Y – C, T	B – C, G, T
M – A, C	V – A, G, C
K – G, T	D – A, G, T
S – C, G	N – A, C, G, T
W – A, T	

8.3 DESENHANDO OS INICIADORES

O desenho do *primer* requer bastante atenção e cuidado, pois qualquer falha somente será percebida tempos depois. O êxito de um projeto depende dessa etapa. Assim, efetue essa tarefa com muita cautela, tendo em vista todos os desafios do projeto, como subclonagens e transferência para outros vetores. O primeiro passo é obter a sequência de interesse no GenBank, por exemplo, para o gene codificador da enzima xilose isomerase de *Escherichia coli*. Realize uma busca e escolha a opção "*Gene*" na ferramenta "*Search*", escrevendo "*xylose isomerase Escherichia coli*" (Figura 8.1).

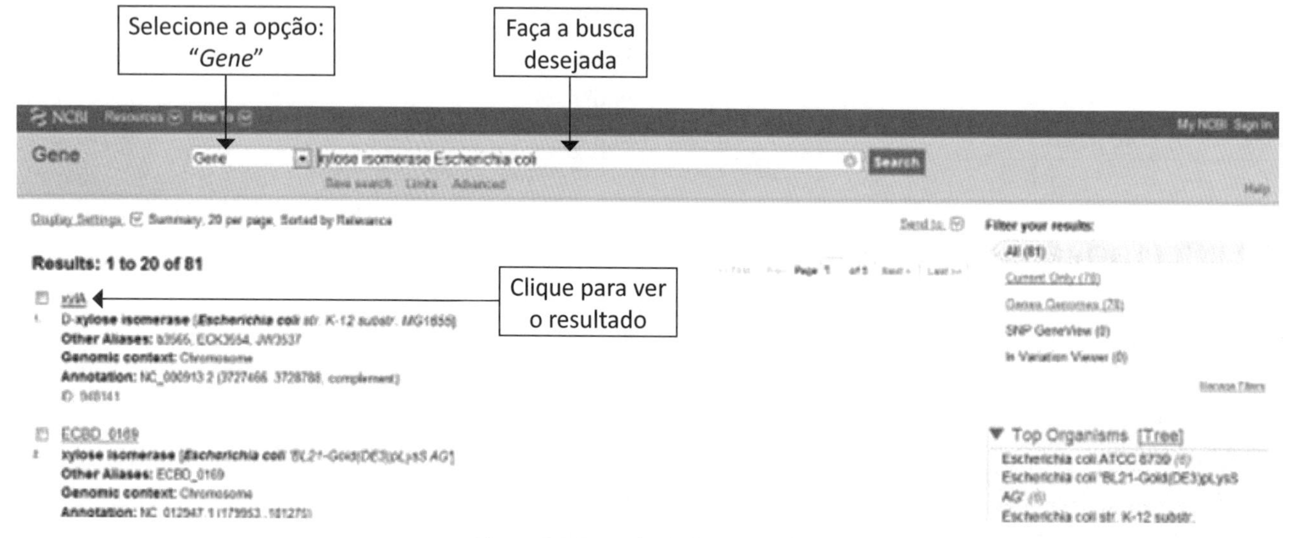

Figura 8.1 Exemplo de busca no NCBI.

Use as informações contidas no NCBI, que são muito ricas, para estudar o gene. Analise a organização do *operon* e procure mais informações em artigos sobre sua regulação.

Feito isso, sugerimos que você salve a sequência do gene e cerca de duzentos pares de bases em volta dele em um documento do Word, pois, para desenhar os iniciadores visando amplificar o gene inteiro, você precisará utilizar as regiões em volta do gene.

Busque informações e leia artigos sobre o gene, encontre o *start* códon, o *stop* códon, o promotor etc. E decida a sua estratégia de amplificação.

8.3.1 DESENHO DE *PRIMERS* DEGENERADOS

Um dos melhores programas para desenhar iniciadores degenerados é o CODEHOP. Ele não é um programa tão amigável quanto o FastPCR, mas gera uma coleção de iniciadores degenerados que podem ser testados posteriormente *in silico*. O programa é online e já mudou de endereço várias vezes. O atual é <http://blocks.fhcrc.org/codehop.html>, mas caso não o encontre, procure-o em <http://www.geneinfinity.org/sp/sp_oligo.html#tools>, que oferece uma variedade de outros programas online para o desenho de iniciadores, incluindo o Primer-BLAST e o Primer3web.

O primeiro passo para criar iniciadores é buscar sequências de DNA. Isso é feito pelo endereço <http://www.ncbi.nlm.nih.gov/nuccore>. Para proteínas, que é o caso do CODEHOP, usa-se o endereço <http://www.ncbi.nlm.nih.gov/protein>.

No campo de busca, coloque o nome do gene, do *operon* ou da proteína (em inglês) de que deseja obter as sequências. Nesse caso, foi utilizado o DmdA. Cada uma das sequências terá abaixo da descrição o "FASTA". Você deve clicar para abrir a sequência. Selecione e copie a sequência. Para colar, utilize o BioEdit, que, apesar de ser antigo e não passar por atualizações, é gratuito, tem interface amigável e serve muito bem aos propósitos de alinhamento e arquivamento de arquivos **.fas**, além de abrir cromatogramas de sequenciamento. O Bioedit pode ser obtido no endereço <http://www.mbio.ncsu.edu/bioedit/page2.html>.

8.3.1.1 Usando os programas

1. Para colar a sequência no BioEdit, abra um novo alinhamento no ícone com a folha em branco, ao lado da pasta de abrir arquivos.
2. Clique em "*File*" e "*Import from Clipboard*". Esse passo deverá ser repetido para cada uma das sequências selecionadas (Figura 8.2a).
3. Clique em "*World Wide Web*" e depois em "CODEHOP PCR *primer prediction from protein alignments*", você abrirá a página da web com o programa CODEHOP (Figura 8.2b).

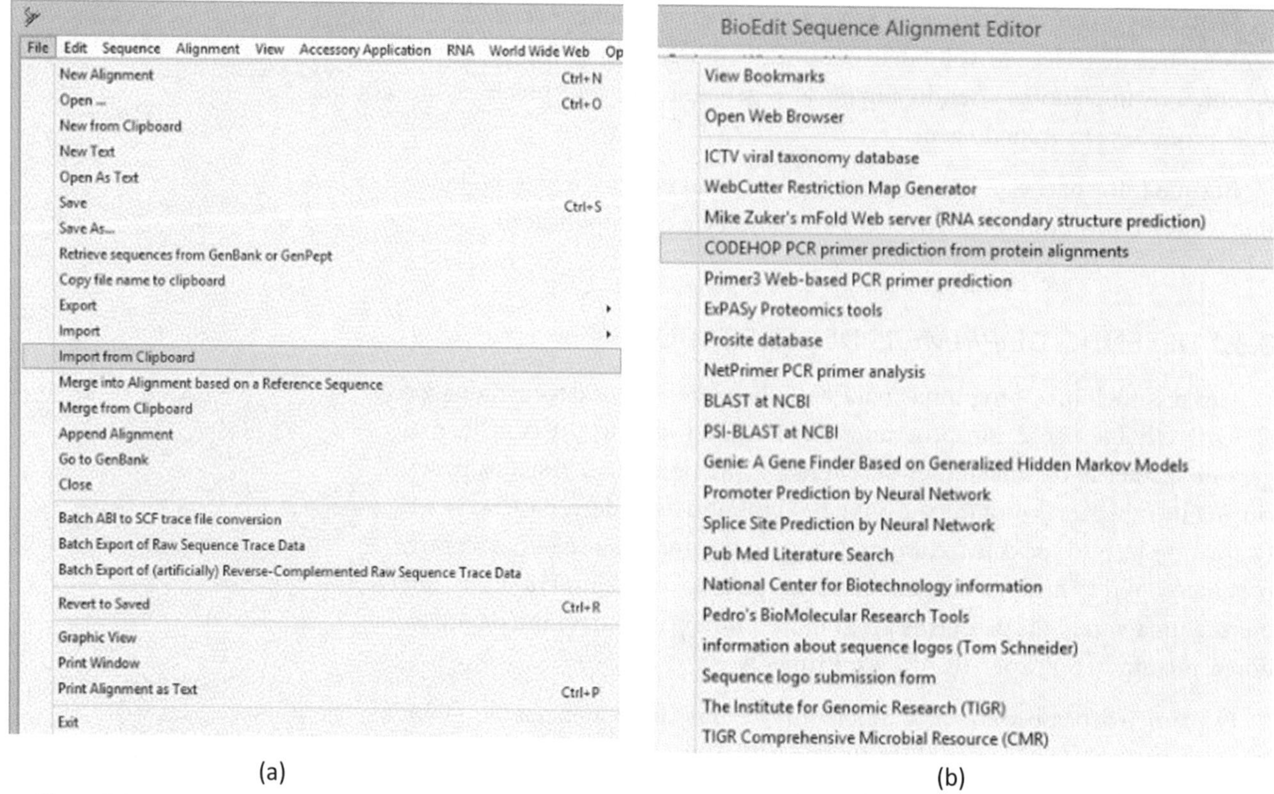

Figura 8.2 Primeiros passos para desenhar *primers* degenerados a partir do programa BioEdit (a) para o programa CODEHOP (b).

BLOCKS from MOTIF

```
               **BLOCKS from MOTIF**
>dmdaxxx__ Ruegeria pomeroyi DSS-3  family
16 sequences are included in 2 blocks

               dmdaxxx__A, width = 43
               AAV95190   155 DCAHLKEHVQVWDVACERQVSIQGPDALRLMKLISPRDMDRMA
               CBV41552   155 EYRALVNDVTLWNVAVERPIRVKGPEAEAFCNYVCTRDVTRVP
               EDP61345   247 PLLIVAEDVEGEALATLVVNKLRGGLKVAAVKAPGFGDRRKAM
               ENZ93420   155 DYHHLKRHVQVWDVACERQVELRGPDAGRLMQMLTPRDLRGMM
                 Q4FP21   155 SYKHLKEHVQIWDVAAERQVEISGKDSAELVQLMTCRDLSKSK
                 Q5LS57   155 DCAHLKEHVQVWDVACERQVSIQGPDALRLMKLISPRDMDRMA
           YP_001533657   155 DYHHLKQKVQVWDVSCERQVELRGPDAGKLMQLLTPRDLRGML
           YP_003896737   155 EYRALVNDVTLWNVAVERPIRVKGPEAEAFCNYVCTRDVTRVP
              YP_167148   155 DCAHLKEHVQVWDVACERQVSIQGPDALRLMKLISPRDMDRMA
              YP_265671   155 SYKHLKEHVQIWDVAAERQVEISGKDSAELVQLMTCRDLSKSK
              YP_510321   155 DYAHLKSAVQLWDVSVERQVEVRGPDAGRLVQMLTPRDLRGML
              YP_613439   155 DYHHLKRHVQVWDVACERQVELRGPDAGRLMQMLTPRDLRGMM
              YP_682557   155 DYRHLKEHVQVWDVSVERQVELRGPDAARLMQMLTPRDLRGML
            ZP_02191922   247 PLLIVAEDVEGEALATLVVNKLRGGLKVAAVKAPGFGDRRKAM
            ZP_08860680   155 DAAHLKKHVQVWDVSCERQVLIKGPDALRLMKMLSPRDMDKMQ
            ZP_10756337   155 DYWHLCESVQVWDVSCQRQVEITGPDTQKLVQLMTPRDLSQAE

               dmdaxxx__B, width = 44
               AAV95190  (   4)   202 QCYYVPTVDHRGGMLNDPVAVKLAADHYWLSLADGDLLQFGLGI
               CBV41552  (   4)   202 MGRYVVLCDEHGRVLNDPVMLRVAEDEFWFTISDSDLAYWFRGV
               EDP61345  ( 191)   481 DAQSGSYVDMVKAGIIDPAKVVRLALQGAASIAGLLITTEAMVA
               ENZ93420  (   4)   202 QCYYVPIVDETGGMLNDPVAVKLAEDRWRISIADSDLLYWVKGI
                 Q4FP21  (   4)   202 RCYYCPIIDENGNLVNDPVVLKLDENKWWISIADSDVIFFAKGL
                 Q5LS57  (   4)   202 QCYYVPTVDHRGGMLNDPVAVKLAADHYWLSLADGDLLQFGLGI
           YP_001533657  (   4)   202 QCLYVPMVDETGGMLNDPVALKLSEDRFWISIADSDLLLWVKAL
           YP_003896737  (   4)   202 MGRYVVLCDEHGRVLNDPVMLRVAEDEFWFTISDSDLAYWFRGV
              YP_167148  (   4)   202 QCYYVPTVDHRGGMLNDPVAVKLAADHYWLSLADGDLLQFGLGI
              YP_265671  (   4)   202 RCYYCPIIDENGNLVNDPVVLKLDENKWWISIADSDVIFFAKGL
              YP_510321  (   4)   202 QCYYMPVVDETGGMLNDPVVLKLAEDRWWISIADSDLLLWVKGV
              YP_613439  (   4)   202 QCYYVPIVDETGGMLNDPVAVKLAEDRWWISIADSDLLYWVKGI
              YP_682557  (   4)   202 RCFYVPIVDETGGMLNDPVAVKLAEDRWWISIADSDLLLWVKGI
            ZP_02191922  ( 191)   481 DAQSGSYVDMVKAGIIDPAKVVRLALQGAASIAGLLITTEAMVA
            ZP_08860680  (   4)   202 QCYYVPIVDQNGGMLNDPVAIKLADDHYWLSVADGDLWQFALGI
            ZP_10756337  (   4)   202 QCFYAPLCDETGGMINDPILIKHSNNHWWLSIADSDVMLWAKGL
```

Figura 8.3 Formação de blocos a partir do programa CODEHOP para o programa *Block Maker*.

4. Para que o programa consiga entender as sequências, faça primeiro "blocos" com as sequências. O CODEHOP indica o *Block Maker* que, apesar de estar desatualizado, funciona. Caso você não encontre ícone do programa, que está na primeira linha de explicação dele, acesse: <http://blocks.fhcrc.org/blocks/make_blocks.html>.
5. Insira o arquivo **.fas** no *Block Maker* e preencha com o nome desejado. Clique em "*Make Blocker*" (Figura 8.3).
6. Após os dados serem gerados, clique em CODEHOP para que os blocos sejam direcionados para o programa (Figura 8.4).

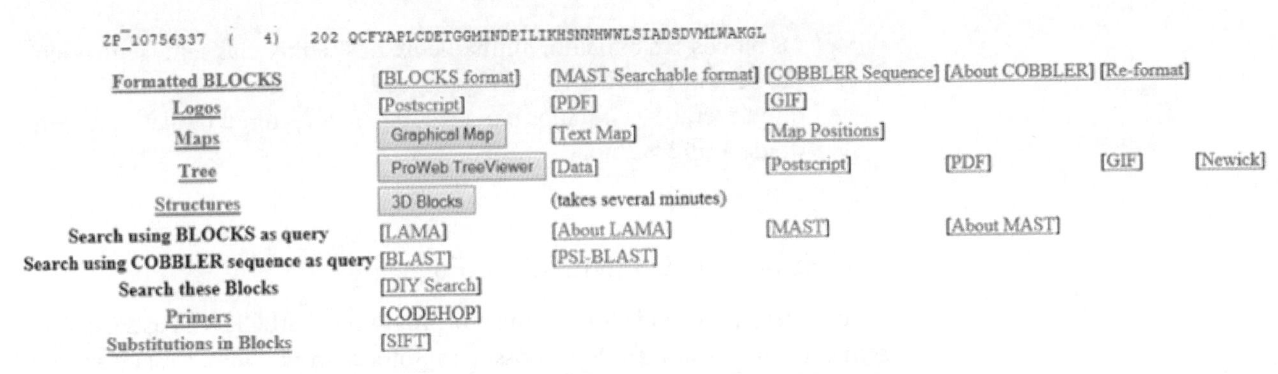

Figura 8.4 Redirecionando os blocos do *Block Maker* para o CODEHOP.

7. Selecione os parâmetros para o desenho dos iniciadores e clique em "*Look for primers*". Seus iniciadores degenerados, "bloco a bloco", serão desenhados. O primeiro resultado é do *forward*, e o "*complement*" é o *reverse* (Figura 8.5).

```
Block dmdaxxx__A
Oligos
S R R L R R T P F S S G V E A C G V K A Y T V Y N H M L L P T V F E S K K K K K V E A D Y W H L K E H V Q V
          AGCTTACACCGTTTACAACCATatgytnytncc -3'  Core: degen=64 len=11  Clamp: score=76, len=22 temp= 60.5
       GCGTAAAAGCTTACACCGTTTACaaymrnatgyt -3'  Core: degen=64 len=11  Clamp: score=72, len=23 temp= 62.6
      GGCGTAAAAGCTTACACCGTTtayaaymrnatg -3'  Core: degen=64 len=12  Clamp: score=69, len=21 temp= 61.6
      GGCGTAAAAGCTTACACCGTTtayaaymrnat -3'  Core: degen=64 len=11  Clamp: score=69, len=21 temp= 61.6

Complement of Block dmdaxxx__A
Oligos
S R R L R R T P F S S G V E A C G V K A Y T V Y N H M L L P T V F E S K K K K K V E A D Y W H L K E H V Q V
          atrttrkymtaCGATGATGGGTGTCATAAGCTTAG -5'  Core: degen=64 len=11  Clamp: score=72, len=24 temp= 60.9
            ttrkymtacraTGATGGGTGTCATAAGCTTAGGAAG -5'  Core: degen=64 len=11  Clamp: score=65, len=25 temp= 60.9
                tacranranggGTGTCATAAGCTTAGGAAGC -5'  Core: degen=64 len=11  Clamp: score=60, len=20 temp= 62.9

Block dmdaxxx__B
Oligos
M M T P R D M R K M M P G X X Q C Y Y C P I V D E T G G M I N D P V A V K L A E D H W W I S I A D S D L W Q W
          AGACCGGCGGTATGCTAaaygayccnrt -3'  Core: degen=32 len=11  Clamp: score=68, len=17 temp= 60.6
        ACCAGACCGGCGGTATGntnaaygaycc -3'  Core: degen=64 len=11  Clamp: score=72, len=17 temp= 60.5

Complement of Block dmdaxxx__B
Oligos
M M T P R D M R K M M P G X X Q C Y Y C P I V D E T G G M I N D P V A V K L A E D H W W I S I A D S D L W Q W
          anttrctrggnyAACGTCATTTCGAGCGGC -5'  Core: degen=128 len=12  Clamp: score=65, len=18 temp= 61.2
           ttrctrggnyaACGTCATTTCGAGCGGC -5'  Core: degen=32 len=11  Clamp: score=60, len=17 temp= 61.2
```

Figura 8.5 Exemplo de *primers* degenerados gerados pelo programa CODEHOP.

Dicas

- Sempre cole a primeira sequência uma vez e novamente abaixo, pois a primeira sempre abre com menos bases do que realmente possui. Depois é só deletar a primeira sequência. Primeiro clique em cima do nome da sequência para selecioná-la, depois vá em "*Edit*" e em "*Delete sequence(s)*".
- Verifique se há mais de um bloco no *Block Maker* e processe os dois no CODEHOP para obter diferentes *primers* de acordo com as sequências selecionadas no banco de dados.

- Os blocos são o melhor alinhamento das sequências sem lacunas, então serão formados vários blocos, cada um deles com os iniciadores que deverão ser testados par a par, de acordo com o tamanho esperado de amplificação.

8.4 TESTANDO OS INICIADORES

Para testar os iniciadores, utilize o programa FastPCR. O FastPCR é um *software* online e amigável que possui um tutorial muito bom, e está disponível em <http://www.primerdigital.com/fastpcr.html>. No YouTube é possível encontrar uma série de vídeos muito bons a respeito de várias ferramentas desse programa: <http://www.youtube.com/results?search_query=FastPCR&aq=f>.

As versões antigas são gratuitas e podem ser instaladas no computador (http://primerdigital.com/fastpcr/history.html).

1. Abra o arquivo **.fas** no BioEdit, selecione todas as sequências, copie (crtl + A) e cole no FastPCR (Figura 8.6).

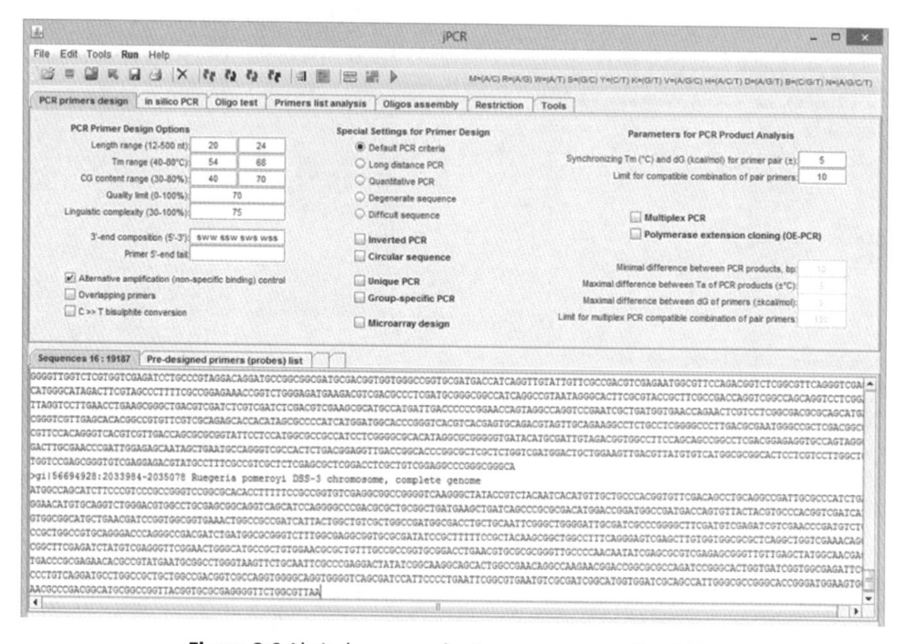

Figura 8.6 Abrindo as sequências no programa FastPCR.

2. Copie as sequências do CODEHOP no Word ou no bloco de notas. Nomeie cada uma com F e R, e organize F em cima e R embaixo. Mantenha a denominação 5'-3' e exclua o resto. No caso dos complementos, o oligo vem depois da sequência; ele começa onde está escrito "oligo" (Figura 8.7a).

3. Copie as sequências organizadas no Word e cole-as no FastPCR, no campo "*pre-designed primer*". Depois clique no "*play*" (seta verde). Nesse caso, apenas o bloco D foi usado (Figura 8.7b).

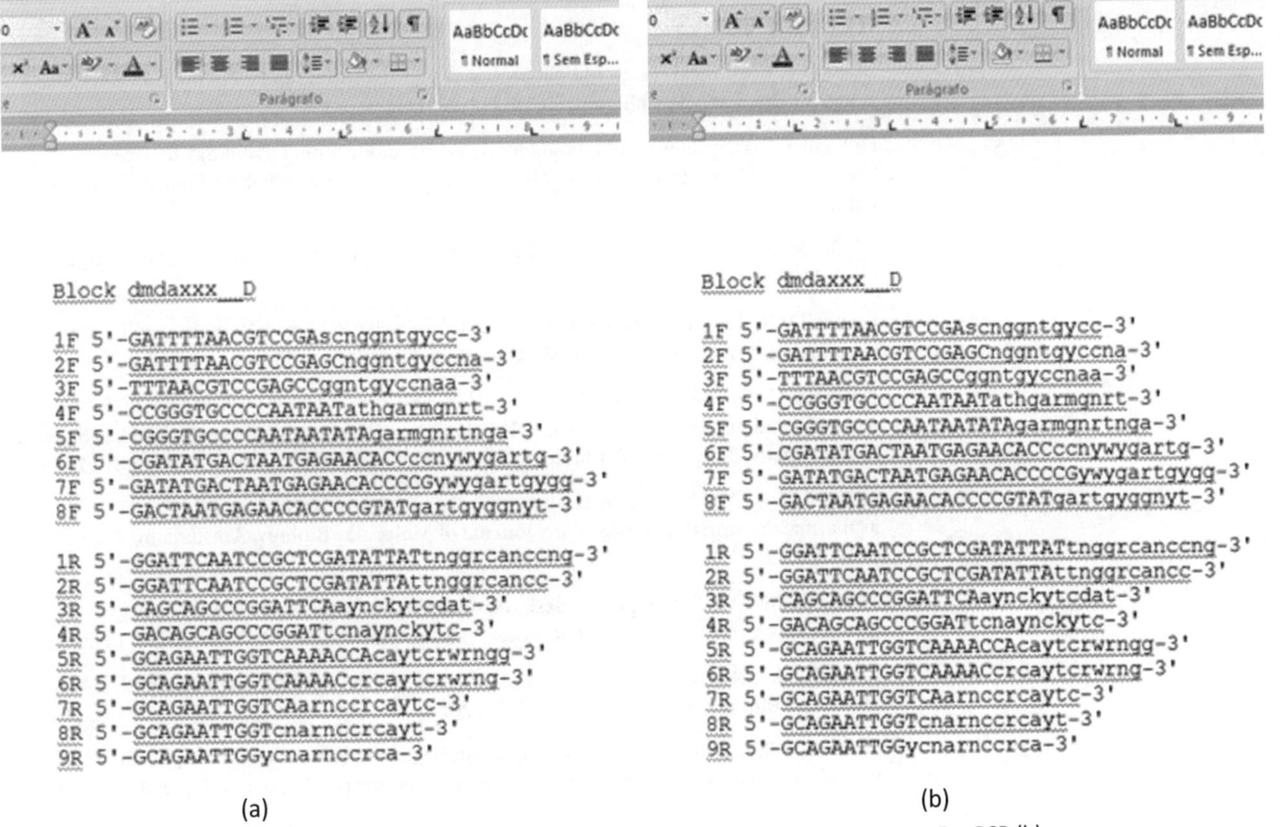

Figura 8.7 Montando as sequências de *primers* no word (a) para passar para o FastPCR (b).

4. Clique no ícone "*In Silico* PCR" e verifique o resultado na aba com o mesmo nome. Ali será mostrado o melhor par para cada sequência ou grupo de sequências mais parecidas.

Os iniciadores ainda podem ser analisados quanto à formação de dímeros ou testados (um a um) quanto à qualidade. Outra utilidade do programa é que ele permite desenhar *primers* específicos, sem degeneração, colando as sequências e abrindo a aba de cima "PCR *primers design*". Nessa aba é possível mexer nos parâmetros e avaliar, inclusive, PCR Multiplex.

Dicas

- Para abrir o FastPCR, atualize o Java e diminua o nível de proteção para médio. Se a proteção do Java estiver alta, o programa não abrirá!
- Escolha iniciadores que amplifiquem apenas a sua região de interesse.

REFERÊNCIAS

BURPO, F. J. A critical review of PCR primer design algorithms and cross hybridization case study. **Biochemistry**,Washington, DC, v. 218, 2001. 11 p.

HOWLEY, P. M. et al. A rapid method for detecting and mapping homology between heterologous DNAs. Evaluation of polyomavirus genomes. **Journal of Biological Chemistry**, Baltimore, v. 254, p. 4876-4883, 1979.

INNIS, M. A. et al. **PCR protocols:** a guide to methods and applications. San Diego: Academic Press, 1990.

KALENDAR, R.; LEE, D.; SCHULMAN, A. H. Java web tools for PCR, *in silico* PCR, and oligonucleotide assembly and analysis. **Genomics**, San Diego, v. 98, p. 137-144, 2011.

KALENDAR, R.; LEE, D.; SCHULMAN, A. H. FastPCR software for PCR, *in silico* PCR, and oligonucleotide assembly and analysis. DNA cloning and assembly methods. In: VALLA, S.; LALE, R. (Ed.). **Methods in molecular biology**, Totowa, Humana Press, v. 1116, p. 271-302, 2014.

MARMUR, J.; DOTY, P. Determination of the base composition of deoxyribonucleic acid from its thermal denaturation temperature. **Journal of Molecular Biology**, Amsterdam, v. 5, p. 109-118, 1962.

PREMIER BIOSOFT. **PCR primer design guidelines.** Disponível em: <http://www.premierbiosoft.com/tech_notes/PCR_Primer_Design.html>. 1994-2017. Acesso em: 10 fev. 2014.

STAHELI, J. P. et al. CODEHOP PCR and CODEHOP PCR primer design. **Methods in Molecular Biology**, Totowa, v. 687, p. 57-73, 2011.

WALLACE R. B. et al. Hybridization of synthetic oligodeoxyribonucleotides to phi chi 174 DNA: the effect of single base pair mismatch. **Nucleic Acids Research**, London, v. 6, p. 3543-3557, 1979.

CAPÍTULO 9
REAÇÃO EM CADEIA DA POLIMERASE – PCR

Laura Trevisan Corrêa, Camila Míryan de Oliveira Ferreira, Fernanda Matias

9.1 MATERIAL NECESSÁRIO

- Água esterilizada para os reagentes
- DNA-molde previamente extraído
- Cloreto de magnésio – $MgCl_2$ (0,5 mM a 3 mM)
- Tampão da reação (observar se o mesmo já contém $MgCl_2$)

OBSERVAÇÕES

- Se o tampão possuir $MgCl_2$, acrescente somente o volume necessário para obter a concentração final desejada.
- A grande maioria dos protocolos de PCR sugere que a concentração ideal de $MgCl_2$ é de 1,5 mM para um volume final de 100 µL. Por isso, tampões de reação que contêm $MgCl_2$ devem ser preparados de forma que a concentração final seja de 1,5 mM na proporção 1:10 de diluição. Porém, no caso de protocolos em que a concentração ótima seja diferente de 1,5 mM, é recomendável utilizar um tampão que não contenha cloreto de magnésio e adicioná-lo separadamente na concentração desejada.
- Iniciadores ou *primers* (observar a Tmc)

OBSERVAÇÃO

- A Tm – do inglês *melting temperature* – do iniciador, é definida como a temperatura na qual se obtém o equilíbrio entre a formação e dissociação dos híbridos gerados pelo estabelecimento de pontes de hidrogênio entre os nucleotídeos complementares. As fórmulas específicas para o cálculo da Tm variam com o tamanho e a composição de bases do iniciador:

1. Para iniciadores de até 18 bases de tamanho:

$$Tm = 2(A+T) + 4(G+C)$$

2. Para iniciadores maiores que 18 bases:

$$\mathrm{Tm} = 81{,}5 + 16{,}6\log[\mathrm{Na}] + 0{,}41\%(\mathrm{GC}) - \left(\frac{675}{\text{n° de bases}}\right) - 0{,}65\%[\text{fomamida}] - (\%\ \text{não pareado})$$

- A formamida é um agente desnaturante que é empregado para maximizar a especificidade da reação.
- dNTPs livres em mistura na concentração de 10 mM

OBSERVAÇÃO

- Os deoxinucleotídeos trifosfato (dNTPs) podem vir na forma de um mix, em uma concentração de 10 mM cada. Este estoque deve ser mantido no freezer. Os estoques para uso diário podem ser preparados em volumes de 800 µL. Para preparar este estoque de uso, pipeta-se 100 µL de dNTP 10 mM e adiciona-se 700 µL de água. Manter as alíquotas no freezer, usar conforme necessidade e, remover sempre estes estoques. Os dNTPs podem ainda, vir separadamente, em concentrações por exemplo, de 100 mM. Para preparar o mix, misturar partes iguais de tal forma a reduzir a concentração de cada nucleotídeo para 10 mM.
- Enzima Taq polimerase
- Master mix comercial

OBSERVAÇÃO

- O Master Mix é uma pré-mistura, pronta para o uso, contendo Taq DNA polimerase, dNTPs, $MgCl_2$ e tampões de reação em concentrações ótimas para amplificação eficiente de moldes de DNA por PCR.
- Óleo mineral (para evitar evaporação durante a reação)
- Isopor com gelo ou *cooler*
- Ponteiras diversas (10, 100 e 1000 µL)
- Microtubos (0,2 e 1,5 mL)
- Caneta para identificação dos microtubos
- Microcentrífuga (*spin*)
- Termociclador

9.2 DILUIÇÃO DOS INICIADORES (PRIMERS)

Geralmente, os iniciadores encomendados vêm na forma liofilizada. Dessa forma, para utilizá-los você deve diluí-los em água deionizada ou em tampão TE. O tampão TE em alta concentração pode funcionar como inibidor da PCR, sendo preferível utilizar água deionizada para preparar a solução concentrada e de uso dos iniciadores. Antes de abrir o tubo com o iniciador liofilizado, recomendamos que seja executada uma centrifugação por aproximadamente 5 min ou um *spin* em uma minicentrífuga por no mínimo 10 s; desse modo, o conteúdo irá se concentrar ao fundo, evitando que você perca frações ao abri-lo.

Com base no número de mols específico para cada iniciador, calcula-se o volume de água deionizada ou tampão TE que se deve adicionar:

$$V = \frac{\text{nmol} \times 1000}{\text{Cf}}$$

em que:

V = volume (em µL) que deverá ser adicionado no tubo de iniciador liofilizado;

nmol = quantidade de iniciadores na escala em nmol;

Cf = concentração final desejada para o iniciador.

Essa solução preparada é a solução estoque. A solução de trabalho é aquela cuja concentração é específica do protocolo de PCR, geralmente de 10 µM, obtida a partir da solução estoque (geralmente de 100 µM) por meio da regra geral de diluição:

$$C_1V_1 = C_2V_2$$

em que:

C_1 = concentração da solução estoque;

V_1 = volume a ser pipetado da solução estoque;

C2 = concentração desejada da solução de trabalho (10 µM);

V_2 = volume desejado da solução de trabalho.

9.3 ESCOLHA DA POLIMERASE

Nas primeiras iniciativas para amplificar fragmentos de DNA, utilizava-se a enzima DNA polimerase proveniente de *Escherichia coli*, a qual possui atividade máxima em 37 °C. A etapa de desnaturação (~95 °C) inativava essa enzima, que tinha que ser adicionada a cada ciclo. Um grande avanço ocorreu com a descoberta da Taq DNA polimerase oriunda da bactéria *Thermus aquaticus*, que possui atividade ótima em torno de 72 °C, permanecendo termoestável à temperatura de desnaturação da PCR.

Entretanto, a Taq polimerase é conhecida por inserir erros (substituições) na sequência de DNA amplificada, uma vez que esta não apresenta atividade de *proofreading* 3'-5' e exonuclease. A habilidade de *proofreading* refere-se à capacidade da enzima em discriminar se o resíduo 3-OH de uma fita de DNA está corretamente ligado à fita complementar. Por essa razão, enzimas com maior precisão se tornam adequadas para amplificação de fragmentos grandes (devido a problemas com a processividade) e onde seja necessária uma grande fidelidade à sequência-alvo (tabelas 9.1 e 9.2). A tabela a seguir (9.1) mostra as principais polimerases isoladas e descritas.

Tabela 9.1 Polimerases mais comuns utilizadas para PCR.

	Taq DNA polimerase	Tth DNA polimerase	Fragmentos Stoffel ou KlenTaq	Pfu DNA polimerase	Kod DNA polimerase	Vent ou Tli DNA polimerase
Organismo	*Thermus aquaticus* YT1	*Thermus thermophilus* HBB	*Thermus aquaticus* YT1	*Pyrococcus furiosus*	*Thermococcus Kodakaraensis*	*Thermococcus litoralis*
Peso molecular	94 kDa	94 kDa	61 kDa	90 kDa	91 kDa	89 kDa
Aminoácidos	832	832	544	775	~783	1072
Cadeia polipeptídica	única	única	única	única	única	única
Taxa de extensão	2-4 kb/min	2-4 kb/min	2-4 kb/min	1-2 kb/min	6-8 kb/min	1-2 kb/min
Atividade transcriptase reversa	mínima/baixa	sim, dependente de Mn^{+2}	mínima/baixa	não	não	não
Meia-vida a 95 °C	40 min	20 min	80 min	>4 h	2 h	6,7 h
Processividade	50-60 bases	30-40 bases	5-10 bases	15-20 bases	>300 bases	10.000 bases
Atividade 5'-3' exonuclease	Sim	Sim	Não	Não	Não	Não
Atividade 3'-5' exonuclease	Não	Não	Não	Sim	Sim	Sim
Incorpora dUTP	Sim	Sim	Sim	Sim	Sim	Não
Adiciona A* extras	Sim	Sim	Sim	Não	Não	Não

* Adenosina, cauda poli-A.

Tabela 9.2 Fidelidade das enzimas.

Características das enzimas	Tipos de enzimas					
	KOD (%)	Taq Platinum (%)	HF expandida (%)	Fast Start HF (%)	Polimerase longa (Sequal Prep) (%)	*Pfu* ultra HF (%)
Taxa geral de erro	0,21	0,34	0,25	0,23	0,29	0,23
Inserções	0,1	0,14	0,11	0,11	0,11	0,12
Deleções	0,06	0,08	0,07	0,05	0,06	0,05
Substituições	0,01	0,07	0,04	0,03	0,07	0,01
Dot ou Dots*	0,04	0,05	0,04	0,04	0,05	0,05

* Três fluxos negativos durante o sequenciamento

Entretanto, o problema de fidelidade da polimerase somente é de grande importância quando os objetivos são a clonagem, o sequenciamento e a expressão de genes (Tabela 9.3). Além disso, esse problema somente é observado em 1.000 a 10.000 nucleotídeos, ou seja, depende do tamanho do fragmento a ser amplificado.

Tabela 9.3 Relação de uma amplificação usando *Pfu*, comparando as ações de Hot Start (HS) e High Fidelity (HF)

	Tipos de enzimas			
Características das enzimas	HS	HF	Fast HS	Fast HF
Final 3'A ou cego	cego	cego	cego	cego
Comprimento do alvo	≤ 20 kb	≤ 16/20 kb	≤ 7,5/20 kb	≤ 16/20 kb
Hot Start	sim	não	sim	sim
Tempo de extensão recomendado	15-30 s/kb	15-30 s/ kb	10-15 s/ kb	15 s/kb
Fidelidade com relação à *Taq*	25 x	52 x	2 x	25 x
Tolerância a dUTP	sim	não	não	não

9.4 METODOLOGIA DA PCR

Inicialmente é necessária a construção, por síntese química, de dois oligonucleotídeos de DNA (iniciadores) complementares às extremidades de cada fita de DNA (direto e reverso), flanqueando a região de interesse. Procedimentos de desenho de iniciadores foram descritos no capítulo anterior. Esses oligonucleotídeos servirão como iniciadores da síntese de DNA *in vitro,* que é catalisada pela DNA polimerase devido ao iniciador fornecer uma extremidade de hidroxila livre onde a DNA polimerase catalisará a reação desse composto com o grupo fosfato de um nucleotídeo correspondente à base nitrogenada da fita-molde.

Um ciclo de PCR envolve três etapas: desnaturação, anelamento e extensão. A fita dupla do DNA-alvo é desnaturada por meio da elevação da temperatura, entre 92 °C e 95 °C. Na etapa de anelamento, a temperatura é rapidamente reduzida, sendo que a temperatura ideal depende essencialmente do tamanho e da sequência do iniciador utilizado. Essa redução da temperatura permite a hibridização DNA-DNA de cada iniciador com as sequências complementares que flanqueiam a região alvo. Em seguida, a temperatura é elevada para 72 °C para que a enzima DNA polimerase realize a extensão a partir de cada terminal 3' dos iniciadores. Essa extensão envolve a adição de nucleotídeos utilizando como molde a sequência-alvo, de maneira que uma cópia dessa sequência é feita no processo. Esse ciclo é repetido por algumas dezenas de vezes (Figura 9.1). Uma vez que a quantidade de DNA da sequência-alvo dobra a cada ciclo, a amplificação segue uma progressão geométrica de maneira que, depois de apenas vinte ciclos, é produzida mais de um milhão de vezes a quantidade inicial de sequência-alvo.

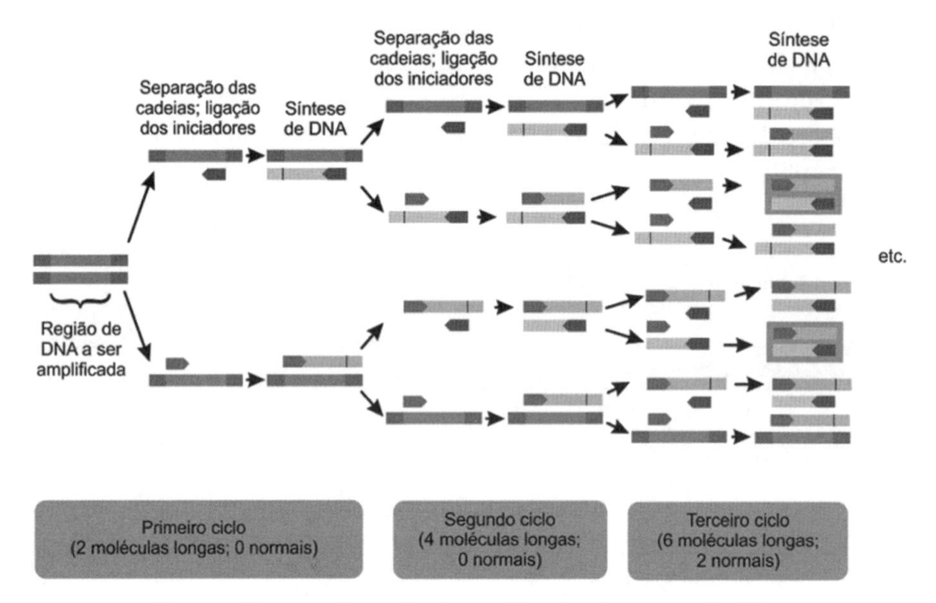

Figura 9.1 Resumo da reação de amplificação gênica em três ciclos.

9.4.1 PROTOCOLO BÁSICO PARA O PREPARO DA "MISTURA DE PCR"

9.4.1.1 Reagentes

- Tampão de PCR (10x - fornecido com a enzima): 5 µL
- dNTPs 2mM: 5 µL
- *Primer* 1 (10 pmol/µL): 1 µL
- *Primer* 2 (10 pmol/µL): 1 µL
- DNA-molde: entre 30 e 100 ng
- Taq DNA polimerase: entre 1 e 3 unidades
- Água: até 50 µL.

9.4.1.2 Procedimento

1. Adicione os componentes a um microtubo de 0,5 mL.
2. Misture os reagentes por centrifugação em uma microcentrífuga durante 1 s.
3. Se o termociclador não possuir tampa aquecida, adicione 50 μL de óleo mineral para evitar a evaporação durante os ciclos térmicos.
4. Coloque o tubo no termociclador e programe-o para seguir um regime de temperatura:
   a) 94 °C de 1 min a 5 min (para desnaturar o DNA-molde).
   b) 94 °C de 0,5 min a 1 min.
   c) 55 °C de 15 s a 60 s.
   d) 72 °C de 15 s a 60 s.
   e) 72 °C de 1 min a 2 min.
   f) 10 °C até a retirada dos tubos do equipamento.
5. Programe a repetição dos passos (b), (c) e (d) de 20 a 40 vezes.
6. Remova o tubo do termociclador. Se as amostras estiverem cobertas com óleo mineral, insira cuidadosamente a ponta de pipeta sob a camada de óleo mineral e remova cerca de 45 μL da reação tomando cuidado para não remover o óleo mineral.
7. Limpe o exterior da ponta da pipeta com tecido ou papel para remover o óleo mineral que estiver aderido à ponta. Em seguida, transfira a solução para um tubo limpo.
8. Analise 5 a 15 μL da amostra em um gel de agarose utilizando marcadores de tamanho molecular adequados ao tamanho esperado do fragmento amplificado (*amplicon*).

Dicas

- Prepare e mantenha as soluções de reação em gelo.
- Assegure-se de que ponteiras limpas e novas, livres de DNA e de RNA, sejam usadas para cada componente, trocando as ponteiras a cada reagente a ser adicionado. Para evitar o desperdício de ponteiras, faça o cálculo de quantas reações serão feitas, adicione o volume total dos reagentes, excluindo o DNA, em um tubo, distribua o mix pronto em todos os tubos e adicione o DNA correspondente a cada reação por último.
- Sempre faça um controle negativo de sua reação para se certificar de que não houve contaminação com DNA exógeno. Use a mesma mistura feita para aquele experimento sem adicionar DNA.

- Quando houver contaminação, teste a mistura fazendo um tubo sem DNA e outro sem iniciadores para verificar onde está a contaminação.
- A concentração de magnésio afeta o anelamento dos iniciadores, a temperatura de desnaturação do molde e dos produtos amplificados, a especificidade da reação, a formação de dímeros dos iniciadores e a atividade e a fidelidade da enzima. Use a concentração de 1,5 mM para iniciar seus experimentos; se não houver uma boa amplificação, mude a concentração. Você pode utilizar de 0,5 mM a 5 mM de Mg2+ na reação.
- A concentração preferencial de DNA-molde é de 30 a 100 ng, mas alguns autores aceitam até 250 ng. Considere que 1 μg de DNA genômico tem 3×10^5 moléculas de um gene único. O mesmo número de moléculas está presente em:
  - 10 ng de DNA genômico de levedura
  - 1 ng de DNA genômico de *E. coli.*
  - 1 a 2 pg de plasmídeo
  - 2 pg de bacteriofago l
- A desnaturação do DNA-molde ocorre entre 90 °C e 98 °C. Sendo assim, a primeira desnaturação não deve ultrapassar os 5 min, e a desnaturação dos ciclos de amplificação não deve ser maior que 1 min. O tempo de desnaturação do molde é maior que o tempo de desnaturação da ciclagem.
- Quando não houver amplificação, um dos primeiros parâmetros a ser modificado é o tempo de desnaturação do molde. Faça um teste com o tempo máximo.
- O tempo de desnaturação da ciclagem muito longo reduz a meia-vida da enzima e pode causar depurinação do DNA.
- A temperatura de anelamento ótima está entre 57 °C e 65 °C, sendo que a ideal gira em torno de 60 °C.
- Quanto maior a temperatura de anelamento, maior a especificidade. Temperaturas muito próximas da temperatura de extensão diminuem o tempo de hibridação do iniciador. Portanto, não ultrapasse os 69 °C.
- Quanto mais baixa a temperatura de anelamento, maior a inespecificidade de hibridação dos iniciadores. Nunca a deixe abaixo dos 50 °C.
- 1 min de tempo de extensão é suficiente para amplificar um fragmento de até 2 kb. Para fragmentos de até 1 kb, diminua o tempo para 30 s; para fragmentos de até 500 pb, 15 s.
- Sempre avalie o tempo de acordo com a enzima com a qual você estiver trabalhando, pois cada uma tem um tempo de extensão diferente (ver

tabelas 9.1 e 9.3). A 72 °C, temperatura de extensão, há incorporação de 35 a 100 nucleotídeos por segundo, dependendo da enzima, do tampão, do pH, da concentração de sal e da natureza do DNA-molde.

- Sempre finalize a PCR com um ciclo de extensão com um tempo maior que aquele usado na temperatura de extensão da ciclagem (repetição de ciclos). Isso garantirá que todas as moléculas sejam completamente sintetizadas e que as fitas simples se agrupem em fitas duplas.
- Não é aconselhável deixar as amostras a 4 °C por períodos prolongados sem necessidade, isso poderá reduzir o tempo de vida do bloco térmico do termociclador.

9.5 CONTAMINAÇÃO

A principal fonte de contaminação encontrada em laboratórios de PCR é o DNA obtido como um produto de procedimentos prévios de PCR originado de aerossóis gerados durante a pipetagem e a manipulação de amostras de PCR.

A alta sensibilidade da PCR pode constituir-se em um grave problema caso não sejam tomadas algumas medidas de segurança e feitos procedimentos especiais com o objetivo de evitar contaminações. Você deverá:

1. Preparar a reação em um laboratório separado ou, pelo menos, em uma área especialmente designada do laboratório para o preparo da PCR.
2. Manter equipamentos e reagentes para o uso na PCR separados dos demais equipamentos e, principalmente, dos reagentes usados para a análise de produtos de PCR.
3. Manter esterilizados todos os reagentes que podem ser autoclavados e dividir as soluções estoque em alíquotas para armazenamento em quantidades reduzidas.
4. Preparar uma pré-mistura contendo todos os componentes da reação com exceção da DNA polimerase e do DNA-molde (que devem ser adicionados por último).
5. As ponteiras devem ter filtro protetor, o que evita a contaminação por formação de aerossol.
6. Usar luvas descartáveis durante o preparo da PCR.
7. Incluir controles negativos para verificar possíveis contaminações e controles positivos com amostras utilizadas previamente para confirmar a funcionalidade da mistura de reação previamente preparada.
8. Lavar bem a cubas de eletroforese, bandejas e pentes com HCl a 1 M para evitar contaminação na fase de eletroforese.

9.6 APERFEIÇOAMENTO

Muitas vezes não se consegue obter nas condições normais do PCR uma banda intensa e única de amplificação. A ausência de amplificação ou a ocorrência de inúmeras bandas ao se verificar o gel de agarose indica que algo deve ser alterado na reação a fim de se obter melhores resultados. A maior parte das modificações visa o aumento na sensibilidade do PCR ou a redução da contaminação.

O desenho de iniciadores, a concentração de íons e da DNA polimerase, o número e a duração dos ciclos, o controle de temperatura e o uso de aditivos são medidas que visam à otimização desse processo.

Além de levar em consideração esses fatores, algumas técnicas também foram desenvolvidas para aperfeiçoar o método de PCR, tais como:

9.6.1 *HOT START*

A reação de PCR é ativada quando a temperatura atinge 95 °C. Esse procedimento aumenta a especificidade da PCR, pois a DNA polimerase possui em sua estrutura um composto (anticorpo, oligonucleotídios ou até uma polimerase modificada) que inibe a sua ação. Esse inibidor desnatura quando atinge a temperatura de 95 °C e ativa a enzima polimerase. DNA polimerases que não possuem esse inibidor podem amplificar produtos indesejados (inespecíficos) em temperatura ambiente.

9.6.2 PCR *BOOSTER*

Nessa técnica, durante os primeiros ciclos, adiciona-se os iniciadores em uma baixa concentração a fim de se obter uma relação ideal com as moléculas do molde, permitindo que os iniciadores anelem de forma mais específica.

9.6.3 PCR *TOUCHDOWN*

Nessa técnica, a temperatura de anelamento deve ser maior que a T_m dos iniciadores nos primeiros ciclos da PCR, sendo gradativamente reduzida.

9.7 INIBIDORES

Inibidores são compostos orgânicos ou inorgânicos que alteram o resultado de uma reação de PCR (Tabela 9.4). Eles podem inibir a reação em diversos níveis, levando a diferentes graus de atenuação ou até mesmo à inibição completa da reação. Esses problemas causados pelos inibidores podem resultar em erros na interpretação dos resultados. Esses inibidores agem ligando-se diretamente ao DNA, afetando a DNA polimerase ou ainda reduzindo a disponibilidade de íons Mg^{2+}. Como o magnésio é um cofator crítico da DNA polimerase, os agentes que reduzem a disponibilidade de Mg^{2+} ou interferem na ligação de Mg^{2+} com DNA polimerase podem inibir a PCR.

A origem desses produtos é diversa: eles podem ser provenientes do próprio material coletado para a amplificação ou de produtos usados na etapa de purificação do DNA. Tipos de amostras comuns conhecidas por conter inibidores incluem sangue, tecidos e solo. Outras fontes importantes de inibidores são os materiais e reagentes que entram em contato com as amostras durante o processamento ou a purificação de DNA. Estes incluem o excesso de KCl, NaCl e outros sais, detergentes iônicos, tais como o desoxicolato de sódio, sarcosil e SDS, etanol, isopropanol, fenol e outros (Tabela 9.4).

Tabela 9.4 Inibidores mais comuns da reação de PCR e seu mecanismo de ação.

Inibidores	Mecanismo de ação
Polifenóis e polissacarídeos	Coprecipitação com ácido nucleico e redução da capacidade de ressuspender o RNA precipitado
Células bacterianas, detritos celulares, detergentes, aditivos de PCR, proteínas, polissacarídeos, sais e solventes	Degradação/sequestro de ácidos nucleicos
Polifenóis, polissacarídeos, ácido húmico, colágeno e melanina	Ligação cruzada com ácidos nucleicos e mudança nas propriedades químicas dos ácidos nucleicos
Hematina e indigo	Incompleta separação das fitas de DNA
Ácido húmico e matéria húmica	Ligação/absorção de ácidos nucleicos e enzimas
Íons metálicos	Redução na especificidade dos iniciadores
Detergentes, proteases e ureia	Degradação da polimerase
Cálcio, colágeno, hematina, metabólitos de ervas, imunoglobulinas, melanina, mioglobina, polissacarídeos, sódio e ácido tânico.	Inibição da DNA polimerase e atividade de transcriptase reversa
Polifenóis e ácido tânico	Quelante de íons metálicos
EDTA	Quelante de íons metálicos, inclusive Mg^{2+}
Íons de cálcio	Competição com os cofatores da polimerase
Substâncias antivirais (ex.: aciclovir)	Competição com nucleotídeos e inibição do alongamento do DNA
DNA exógeno	Competição com o DNA-molde

Uma das abordagens mais fáceis utilizadas para ultrapassar a inibição envolve diluir a amostra de DNA-molde e reamplificá-la. Isso dilui o inibidor, permitindo uma amplificação bem-sucedida. Além disso, o aumento no número de ciclos do PCR pode ser indicado.

9.8 ADITIVOS

Aditivos, ativadores ou potencializadores são moléculas que aumentam a eficiência, o rendimento, a especificidade e a consistência da reação de PCR. Muitos produtos de potencialização estão disponíveis no mercado, os quais podem atuar por meio de uma série de diferentes mecanismos. O efeito benéfico desses aditivos será específico para cada reação e, portanto, eles devem ser testados para cada combinação de molde e iniciadores. Alguns dos agentes ativadores mais comuns são discutidos a seguir.

A adição de betaína, DMSO e de formamida pode ser útil quando se deseja amplificar modelos ricos em GC e modelos que formam estruturas secundárias fortes, que podem causar a parada da DNA polimerase. Modelos ricos em GC apresentam problemas devido à separação ineficiente das duas fitas de DNA ou à tendência pela complementaridade, pois iniciadores ricos em GC formam estruturas secundárias intermoleculares, que irão competir com o iniciador de anelamento do modelo. A betaína reduz a quantidade de energia necessária para separar as cadeias de moldes de DNA. De modo semelhante, o DMSO e a formamida são utilizados para ajudar na amplificação, ao interferir com a formação de ligações de hidrogênio entre as duas cadeias de DNA.

Algumas reações com baixa taxa de amplificação na ausência de promotores terá um rendimento mais elevado de produto de PCR quando a betaína (1 M), o DMSO (1-10%) ou a formamida (1-5%) forem adicionados. As concentrações de DMSO superiores a 1 % e as de formamida maiores que 5% podem inibir a ação das DNA polimerases.

Em alguns casos, os agentes estabilizantes gerais, tais como o BSA (0,1 mg), a gelatina (0,1-1,0%) e os detergentes não iônicos (0-0,5%), podem superar a falha de amplificação. Esses aditivos podem aumentar a estabilidade da DNA polimerase e reduzir a perda de reagentes por meio de adsorção às paredes do tubo. O BSA também é útil para superar os efeitos inibidores de melanina em RT-PCR. Detergentes não iônicos, tais como Tween®-20, NP-40 e Triton® X-100, têm a vantagem adicional de superar os efeitos inibidores de quantidades vestigiais de fortes detergentes iônicos, tais como do SDS a 0,01%. Íons de amônio podem tornar uma reação de amplificação mais tolerante em condições não ótimas. Por essa razão, alguns reagentes de PCR incluem 10-20 mM $(NH_4)_2SO_4$.

A atividade das DNA polimerases termoestáveis depende da existência na solução de cátions bivalentes livres, normalmente Mg^{2+}, sendo o $MgCl_2$ um cofator essencial na reação. O magnésio desempenha ainda um papel de auxílio na ligação do iniciador ao DNA-molde. Tipicamente, a concentração molar do íon pode variar entre 1,5 mM e 4,0 mM, dependendo da concentração molar de grupos fosfatos, do kit utilizado e do nível de degradação do DNA. Outros intensificadores de PCR incluem glicerol (5-20%), polietileno-glicol (5-15%) e cloreto de tetrametilamônio (60 mM).

9.9 PCR DE COLÔNIA

Mediante essa técnica, colônias de bactérias de *E. coli* podem ser rapidamente examinadas para a construção de vetores viáveis de DNA. Esse é um método comumente utilizado para plasmídeos que contêm uma inserção de DNA desejada diretamente de colônias bacterianas, pois elimina a neces sidade de cultura de colônias individuais e o preparo DNA de plasmídeo antes da análise.

9.9.1 PROTOCOLO BÁSICO DE PCR DE COLÔNIA

9.9.1.1 Reagentes

- Gelo

Recomendação inicial (reações de 15 µL):

- H_2O (ultrapura e estéril): 11.4 µL
- *Primer* FW (25 µM): 0.3 µL
- *Primer* RV (25 µM): 0.3 µL
- Tampão da polimerase (10x): 1.5 µL
- 4 dNTPs (10 mM): 0.3 µL
- $MgCl_2$ (25 mM): 1.0 µL
- Taq polymerase (5 U/µL): 0.2 µL (adicione por último!)

Total: 15 µL

9.9.1.2 Procedimento

1. Toque cada colônia em placa com um palito novo esterilizado ou com uma ponteira esterilizada; depois, toque o fundo de um tubo de PCR, deixando no tubo uma quantidade de amostra tal que quase não seja visível a olho nu.
2. Quando todos os tubos contiverem colônias, retire os tubos do gelo e transfira-os para um rack, deixando-os abertos e levando-os ao micro--ondas por 2 vezes por 45 s (botão 10 cL).
3. Feche os tubos e recoloque-os imediatamente em gelo.
4. Deite as soluções de reação já prontas nos respectivos tubos. Misture batendo com o dedo nos tubos.
5. Leve as soluções ao termociclador quando a temperatura dele já estiver em 95 °C, evitando assim reações indesejadas (por exemplo, degradação da polimerase por proteases das células).

REFERÊNCIAS

ALBERTS, B. et al. **Biologia molecular da célula**. 5. ed. Porto Alegre: Artmed, 2010.

BARKER, K. **Na bancada**: manual de iniciação científica em laboratórios de pesquisas biomédicas. Porto Alegre: Artmed, 2002.

BARRA, G. B. et al. Diagnóstico molecular: passado, presente e futuro. **Revista Brasileira de Análises Clínicas**, Rio de Janeiro, v. 43, p. 254-60, 2011.

CHAKRABARTI, R.; SCHUTT, C. E. The enhancement of PCR amplification by low molecular-weight sulfones. **Gene**, Amsterdam, v. 274, p. 293-298, 2001.

CHEN, B-Y.; JANES, H. W. **PCR cloning protocols**. 2. ed. New Jersey: Humana Press, 2002.

DORAK, M. T. **Real-time PCR**. New York: Taylor & Francis, 2006.

FORE JR., J.; WIECHERS, I. R; COOK-DEEGAN, R. The effects of business practices, licensing, and intellectual property on development and dissemination of the polymerase chain reaction: case study. **Journal of Biomedical Discovery and Collaboration**, London, v. 1, p. 7-17, 2006.

FRACKMAN, S. et al. Betaine and DMSO: enhancing agents for PCR. **Promega Notes**, Madison, n. 65, p. 27, 1998.

GELFAND, D. H. Taq DNA polymerase. In ERLICH, H. A. (ed.). **PCR Technology**. New York: Stockton Press, 1988. p. 17.

JOBIM, L. F.; COSTA, L. R. S.; SILVA, M. **Identificação humana:** identificação pelo DNA; identificação médico-legal; perícias odontológicas. Campinas: Millennium, 2005. (Tratado de perícias criminalísticas, v. 2.)

KONG, H.; KUCERA, R. B.; JACK, W. E. Characterization of a DNA polymerase from the hyperthermophile archaea *Thermococcus litoralis*. Vent DNA polymerase, steady state kinetics, thermal stability, processivity, strand displacement, and exonuclease activities. **Journal of Biological Chemistry**, Baltimore, v. 268, p. 1965-1975, 1993.

MICHAEL, A. et al. DMSO and betaine greatly improve amplification of GC-rich constructs in *De Novo* synthesis. **PLOS One**, San Francisco, v. 5, p. 1-5, 2010.

PELT-VERKUIL, E.; VAN BELKUM, A.; HAYS, J. P. **Principles and technical aspects of PCR amplification**. Netherlands: Springer (online), 2008.

SCHRADER, C. et al. PCR inhibitors: occurrence, properties and removal. **Journal of Applied Microbiology**, Oxford, v. 113, p. 1014-1026, 2012.

CAPÍTULO 10
PCR EM TEMPO REAL

Nélson Kretzmann Filho, Fernanda Matias

O PCR é nos dias atuais uma ferramenta muito utilizada e de grande importância para as atividades de pesquisa e diagnóstico clínico. O monitoramento da expressão de mRNAs fornece dados relevantes para os estudos de mecanismos celulares. Além dessa utilização, podemos salientar as monitorizações de microrganismos (vírus e bactérias). O PCR em tempo real, também chamado de PCR quantitativo ou qPCR, pode proporcionar um método simples e elegante para a determinação da quantidade de um gene ou sequência alvo, que esteja presente em uma amostra. Sua simplicidade, às vezes, pode levar a problemas envolvendo alguns dos fatores críticos de seu funcionamento.

A PCR é uma técnica de amplificação de DNA. Sendo assim, para avaliar as moléculas de RNA é necessário transformar esse RNA em uma cópia em DNA (capítulo 7 "Manipulação do RNA"). Há duas razões pelas quais pode-se querer amplificar o DNA. Em primeiro lugar, pode-se querer simplesmente criar várias cópias de uma molécula rara de DNA. Por exemplo, um cientista forense pode querer ampliar um pequeno pedaço de DNA a partir de uma cena de crime. Mais comumente, contudo, pode-se querer comparar duas amostras diferentes de DNA ou RNA (cDNA) para ver qual é a mais abundante. Como o DNA é microscópico não é possível ver se a amostra X contém a maior parte de DNA. No entanto, ao se amplificar as duas amostras na mesma taxa de amplificação (levando em conta a eficiência da reação), pode-se calcular qual era o maior conteúdo no início de cada reação para estabelecer qual era maior antes da amplificação.

Na biologia molecular, a PCR em tempo real quantitativa (*real time* PCR ou qPCR) é uma técnica laboratorial baseada na PCR para amplificar ácidos nucleicos. A qPCR combina a metodologia de PCR convencional com um mecanismo de detecção e quantificação por meio da emissão de fluorescência (Tabela 10.1), permitindo o monitoramento da reação em tempo real. Dessa forma, a cada ciclo de amplificação são gerados dados os quais podem ser analisados em tempo real, ao contrário do que ocorre com a PCR convencional, em que a análise é realizada somente ao final da reação, geralmente por eletroforese em gel de agarose.

Tabela 10.1 Informações sobre o espectro dos fluoróforos repórteres e atenuadores mais usados.

Corante	Máximo de excitação (nm)	Máximo de emissão (nm)	Espectro de cor
Biosearch® Blue	352	447	Azul
FAM	494	518	Verde
TET	521	538	
JOE	520	548	Amarelo
CAL Fluor® Gold 540	522	540	
VIC	538	552	Laranja
HEX	535	553	
NED	546	575	
CAL Fluor® Orange 560	538	559	
Cy® 3	552	570	
Quasar® 570	548	566	
TAMRA	560	582	Vermelho
CAL Fluor® Red 590	569	591	
ROX	587	607	
Texas Red® dye	596	615	
CAL Fluor® Red 610	590	610	
Cy® 5	643	667	
Quasar® 670	647	667	

O uso da PCR convencional traz algumas limitações, como: baixa precisão, baixa sensibilidade, curto alcance dinâmico (< 2 logs), e baixa resolução. Além disso, ela não é automatizada e se baseia apenas no tamanho para discriminação de resultados, que não são expressos em números. Apresenta coloração com brometo de etídio, não é muito quantitativa (semiquantitativa) e mostra um mesmo ponto final (platô) de resultados com valor inicial diferente.

Por outro lado, a qPCR permite que os processos de amplificação, detecção e quantificação de DNA sejam realizados em uma única etapa, agilizando a obtenção de resultados, diminuindo o risco de contaminação da amostra e garantindo maior precisão (Figura 10.1). Avaliações de expressão de RNAs e testes diagnósticos para identificação de microrganismos que envolvem métodos moleculares de amplificação geralmente compreendem as etapas de extração dos ácidos nucleicos de amostras biológicas, seguido da amplificação de um segmento específico e da detecção do fragmento amplificado (*amplicon*).

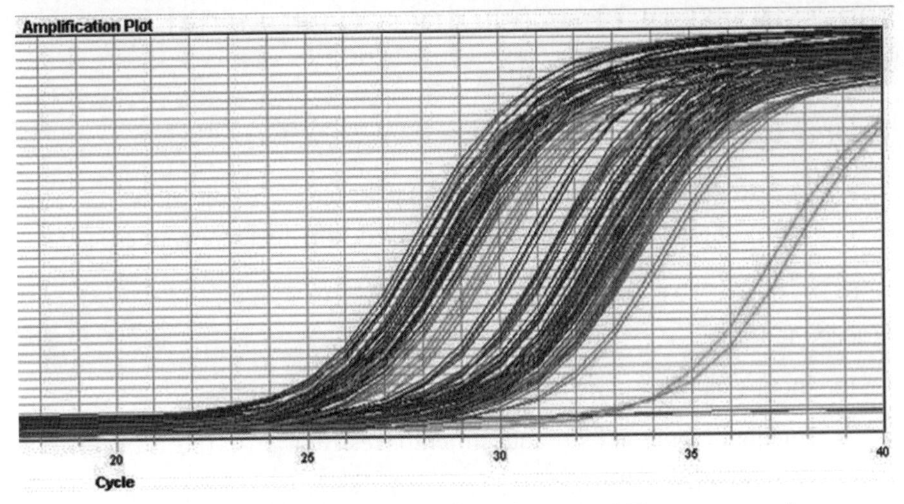

Figura 10.1 Gráfico de amplificação de ácidos nucleicos por PCR em tempo real, em que se observa as fases da reação. A fase exponencial (próxima dos 25 ciclos) é na qual há o início da quantificação do qPCR. Cada curva indica uma amostra ou concentração diferente, mostrando que a concentração do material genético influencia diretamente em sua quantificação e no número de ciclos necessários para que se inicie a fase exponencial.

10.1 SÍNTESE DE CDNA

Neste capítulo será dada ênfase à expressão de mRNAs. Para tanto, deve-se seguir um determinado fluxo de trabalho: seleção da amostra (tecidos, células e/ou fluidos biológicos), extração do RNA (tiocianato de guanidina, sílica) e síntese de cDNA. No momento do desenho dos iniciadores, deve-se selecionar uma região de junção de éxons para que não seja amplificado algum material de DNA genômico presente na amostra. Quando isso não for possível, realize a seguinte reação:

10.1.1 ELIMINAÇÃO DE DNA (PROTOCOLO PROMEGA)

Volume total: 10 μL

- RNA total (3 μg): X μL
- Enzima DNAse I: 1 μL
- Tampão da enzima: 1 μL
- RNAse OUT (recomendado): 0,5 μL
- Água livre de DNA/RNAses: ajuste para 10 μL de reação – X μL

Dicas

- Para a síntese de cDNA, leve em conta a amostra que estiver utilizando. Para trabalhar com mRNA normalmente utiliza-se oligos de timina (oligos dT), pois o mRNA possui uma cauda poli-A. Para determinados transcritos e/ou microrganismos, deve-se utilizar iniciadores randômicos ou até mesmo iniciadores específicos para o gene em estudo.

10.1.2 SÍNTESE DE CDNA (PROTOCOLO PROMEGA)

10.1.2.1 Desnaturação do RNA

Volume total: 11 μL

- RNA total (tratado com DNAse): 10 μL
- *Primer* oligo dT: 1 μL (0,5 μg ou 20 pmol de um iniciador gene específico)

Procedimento:

1. Incube os RNAs com os oligos dT a 70 °C por 5 min.
2. Imediatamente após o aquecimento, resfrie a 4 °C (ou no gelo) por pelo menos 5 min.

Dicas

- O RNAm, por ser fita simples, pode se autoanelar e formar estruturas de ácidos nucleicos que não possibilitem a transcrição reversa. Por isso será necessário realizar o protocolo de desnaturação do RNA.
- O resfriamento da reação é feito para quebrar as estruturas secundárias de autocomplementação.

10.1.2.2 Mix para transcrição reversa

Volume total: 20 μL

- Tampão de enzima (5x): 4 μL
- $MgCl_2$ (25 mM): 2,4 μL (3 mM)
- dNTPs (10 mM): 1 μL (0,5 mM)
- RNAse OUT (recomendado): 0,5 μL
- Enzima IMPROM II reverse: 1 μL
- Água livre de DNA/RNAses: ajustar para 20 μL de reação – X μL

- Essa mistura será adicionada à mistura de desnaturação do RNA (item 10.1.2.1) contendo 11 μL.

10.1.2.3 Programa de síntese de cDNA (um ciclo de cada passo)

1. Anelamento: 25 °C, 5 min.
2. Extensão: 42 °C, 60 min.
3. Inativar a enzima por calor: 70 °C, 15 min.

- No final desse passo, estará pronta a primeira fita de cDNA de todos os mRNAs presentes na amostra de RNA total que foram selecionados a partir da cauda poli-A (utilização de oligos dTs para a síntese de cDNA). Essa fita de cDNA será utilizada para a qPCR.

10.2 PCR EM TEMPO REAL: PROCEDIMENTO

Em um protocolo de PCR em tempo real, uma molécula repórter fluorescente é usada para monitorar a PCR à medida que a reação progride. A fluorescência é emitida pela molécula repórter como o produto de PCR acumulado em cada ciclo de amplificação. Com base na molécula utilizada para a detecção, as técnicas de PCR em tempo real podem ser categoricamente resumidas em dois pontos:

1. Detecção não específica de corantes de ligação ao DNA.
2. Sondas de detecção específicas e alvo-específicas.

10.3 DETECÇÃO NÃO ESPECÍFICA DE CORANTES DE LIGAÇÃO AO DNA

Na qPCR, os corantes de ligação ao DNA são utilizados como repórteres fluorescentes que monitoram a reação de PCR em tempo real. A fluorescência do corante repórter aumenta à medida que o produto se acumula a cada ciclo sucessivo de amplificação. Ao fazer a leitura da quantidade de emissão de fluorescência em cada ciclo, é possível controlar a reação de qPCR durante a fase exponencial. Se um gráfico for desenhado entre o logaritmo da quantidade de partida de molde e o correspondente aumento da fluorescência do corante repórter durante a qPCR, uma relação linear será observada.

Os sistemas de detecção fluorescente em qPCR se dividem em três tipos (Tabel a 10.2; Figura 10.2):

1. Agentes de ligação ao DNA: SYBR® Green, Brometo de etídio.
2. Iniciadores fluorescentes: LUX®.
3. Sondas fluorescentes: TaqMan®, Scorpions, Molecular Beacons, Sunrise®.

Tabela 10.2 Características de detecção química dos sistemas de detecção em qPCR.

Nome comercial	Detecção química	Especificidade	Capacidade Multiplex	Iniciador específico necessário	Discriminação alélica	Custo
SYBR® Green	Corante de ligação ao DNA	Dois iniciadores	Não*	Não	Não*	Baixo
TaqMan®	Sondas de hidrólise	Dois iniciadores; uma sonda específica	Sim	Sim	Sim	Elevado
	Sondas de hibridação; métodos de quatro iniciadores	Dois iniciadores; duas sondas específicas	Sim	Sim	Sim	Elevado
	Sondas de hibridação; métodos de três iniciadores	Dois iniciadores; uma sonda específica	Sim	Sim	Sim	Elevado
Molecular Beacons	Sonda de hibridação em grampo com atenuador e repórter	Dois iniciadores; uma sonda específica	Sim	Sim	Sim	Elevado
Scorpions	Sonda de hibridação em grampo com atenuador e repórter	Dois iniciadores; uma sonda específica ou um iniciador específico	Sim	Sim	Sim	Elevado
Sunrise®	Sonda de hibridação em grampo com atenuador e repórter	Dois iniciadores	Sim	Sim	Sim	Elevado
LUX®	Iniciador fluorescente em grampo	Dois iniciadores	Sim	Sim	Não	Médio

* Um técnico experiente consegue fazer a diferenciação a partir da curva de *melting*.

O SYBR Green® é o corante específico de fita dupla de DNA para PCR em tempo real mais amplamente utilizado. O SYBR® Green se liga ao sulco menor de dupla hélice do DNA. Na solução, o corante não ligado exibe fluorescência muito baixa. Essa fluorescência é substancialmente aumentada quando o corante está ligado ao DNA de fita dupla. O SYBR Green® é estável sob condições de qPCR, e o filtro óptico do termociclador pode ser fixado para captar os comprimentos de onda de excitação e de emissão. O brometo de etídio também pode ser utilizado na detecção, mas sua natureza cancerígena torna seu uso restrito.

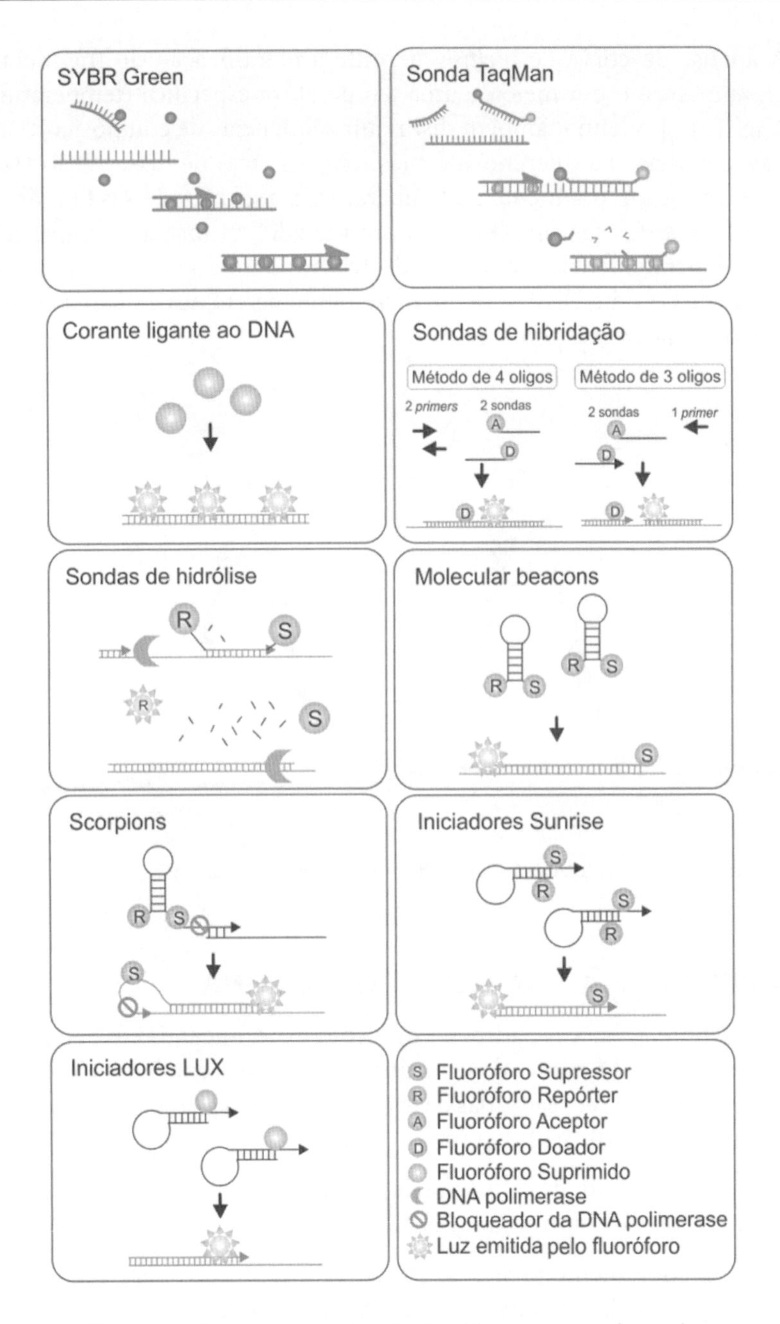

Figura 10.2 Métodos de hibridação e detecção dos diferentes tipos de sondas e corantes. Fonte: modificado de MAHER (2006) e WONG e MEDRANO (2005).

Embora esses corantes de ligação em fita dupla de DNA ofereçam a opção mais simples e mais barata para qPCR, o inconveniente principal de uma detecção por corantes intercalantes na PCR é que ambos os produtos específicos e inespecíficos podem gerar sinal. Sendo assim, para todas as reações utilizando esse sistema de detecção, realize a análise da curva de *melting* como controle de especificidade para o fragmento amplificado de acordo com o tamanho do fragmento.

A análise da curva de *melting* permite a identificação do fragmento da qPCR amplificado por meio de uma temperatura específica (temperatura de *melting*, Tm), podendo também distinguir sequências de composições semelhantes com base na diferença de suas temperaturas de dissociação (Figura 10.3). A Tm de um fragmento é a temperatura à qual metade das fitas de DNA está na forma de fitas simples e a outra metade, na forma de dupla hélice. A Tm é dependente da composição do DNA, de modo que um aumento do conteúdo de G+C no DNA gera um incremento na Tm ocasionado pelo maior número de ligações de ponte de H.

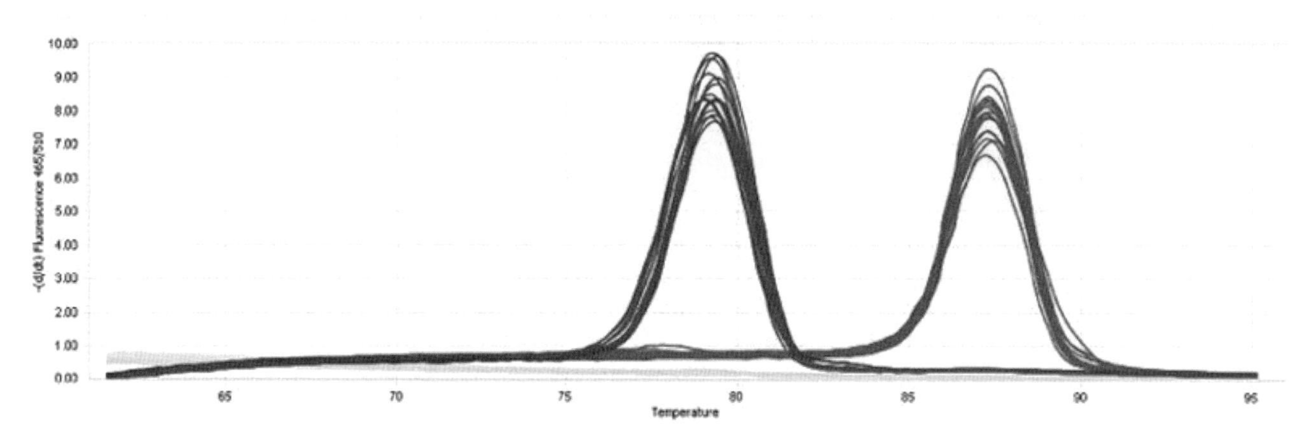

Figura 10.3 Curva de *melting*. Fragmentos de tamanhos distintos e Tm distintas.

10.4 PREPARAÇÃO DA AMOSTRA DE CDNA

1. Elabore as curvas padrões e diluições experimentais em água livre de nucleases. As curvas devem conter no mínimo cinco pontos. As diluições devem ser realizadas de acordo com cada grupo de amostras (por exemplo: 1:10, 1:50, 1:100).
2. Adicione 10 µL de cDNA (ou água para reações como controle negativo) aos poços apropriados da placa de reação.
3. Cuidadosamente pipete 40 µL do mix da reação para cada poço de reação da placa contendo o cDNA (Tabela 10.3).

Tabela 10.3 Reação de qPCR GoTaq® qPCR Master Mix (Promega).

Componente	Volume para uma reação de 50 µL	Concentração final
GoTaq® qPCR Master Mix	25 µL (2X)	1 X
Iniciadores senso e antissenso	X µL	0,2 µM ou 0,05–0,9 µM
Nuclease-Free Water	Para um volume final de 40 µL	X µL

1. Sele a placa e centrifugue em baixa velocidade durante 1 min. O procedimento faz com que todo o conteúdo se junte na parte inferior do poço. Esse passo é importante para uma leitura homogênea da fluorescência de cada poço.
2. Programe o termociclador com as condições de ciclos desejadas e de acordo com as instruções do fabricante. Não se esqueça de selecionar a coleta dos dados de acordo com cada fluoróforo. Assim, o Syber Green precisa de filtro verde e a referência passiva (ROX ou CRX) é feita em filtro vermelho.
3. Coloque a placa no termociclador e inicie a qPCR.

Dica

- Essa reação pode ser otimizada para um volume menor (por exemplo, 25 μL de volume final).

10.5 SONDAS DE DETECÇÃO ESPECÍFICAS E ALVO-ESPECÍFICAS

A detecção da amplificação na qPCR pode estar baseada no uso de sondas fluorescentes específicas para a região da molécula que está sendo amplificada. Essa detecção específica da qPCR é realizada com algumas sondas de oligonucleotídeos marcadas tanto com um corante fluorescente repórter quanto com um corante atenuador, tais como:

a) TaqMan® Probes

b) Molecular Beacons

c) FRET Hybridization Probes

d) Scorpion® Primers

Alguns fluoróforos atenuadores amplamente utilizados podem gerar uma sobreposição com o fluoróforo repórter, o que leva à perda do sinal pelo equipamento e, consequentemente, à baixa qualidade nas análises. Para resolver esse problema, foram desenvolvidos os *Black Hole Quenchers* (BHQ®) (Tabela 10.4), que:

1. Não possuem fluorescência nativa, o que reduz a fluorescência de fundo.
2. Aumentam a relação sinal-ruído, promovendo maior sensibilidade.
3. Aumentam a possibilidade do uso de diferentes repórteres em *multiplex* qPCR.
4. Maximizam a sobreposição espectral, aumentando a eficiência do atenuador.
5. Acessam o espectro visível próximo ao infravermelho para emitir sinal (480-730).

Tabela 10.4 Características de fluorescência dos atenuadores BHQ®.

Atenuador	Absorbância máxima (nm)	Variação do atenuador (nm)	Fluoróforos repórteres sugeridos	Espectro de cor
BHQ® 0	493	430-520	Biosearch Blue®	Vermelho-laranja
BHQ® 1	534	480-580	FAM, TET, JOE, HEX, Oregon Green®	Rosa
BHQ® 2	579	550-650	TAMRA, ROX, Cy® 3 CAL Red®, Red 640	Violeta
BHQ® 3	672	620-730	Cy® 5	Azul

10.5.1 SONDAS TAQMAN (TAQMAN® PROBES)

As sondas TaqMan® são sondas de hidrólise duplamente marcadas registradas pela Roche Molecular Systems, Inc., e são as mais utilizadas para detecções específicas. As sondas TaqMan® utilizam a atividade 5' exonuclease da enzima Taq polimerase para a emissão de sinal da quantidade de sequências-alvo nas amostras amplificadas na qPCR. As sondas TaqMan® consistem em sondas de oligonucleotídeos (18-22 pb), que são marcadas com um fluoróforo repórter na extremidade 5' e um fluoróforo *quencher* (atenuador) na extremidade 3'.

10.5.1.1 Funcionamento da sonda TaqMan®

Para a realização de um ensaio, a TaqMan® utiliza uma sonda fluorogênica complementar à sequência-alvo adicionada ao mix de reação da qPCR. Até que a sonda não seja hidrolisada, o *quencher* (atenuador) e o fluoróforo repórter permanecem próximos um do outro, separados apenas pelo comprimento da sonda. Essa proximidade, no entanto, não é completamente capaz de extinguir a fluorescência do repórter, e um fundo de fluorescência é observado. Durante a qPCR, a sonda hibridiza especificamente entre o iniciador (*primer*) senso e o antissenso em uma região interna do produto de qPCR. A enzima polimerase, em seguida, realiza a extensão do iniciador e replica o molde ao qual a sonda TaqMan® está ou será ligada. A atividade 5' exonuclease da polimerase cliva a sonda, liberando a molécula repórter para longe do vizinho imediato, o *quencher*. A intensidade da fluorescência do corante repórter aumenta tal como os valores dos resultados. Esse processo se repete em cada ciclo e não interfere no acúmulo de produto da qPCR.

10.5.1.2 Parâmetros utilizados para desenhar um ensaio TaqMan®

Critérios de Tm (temperatura de melting*/anelamento)*

A temperatura de anelamento do iniciador (Tm do iniciador) deve ser em torno de 58 °C a 60 °C, e a sonda TaqMan® (Tm da sonda) deve estar a uma temperatura 10 °C acima da do iniciador. A Tm de ambos os iniciadores devem ser iguais.

Critérios de comprimento

Os iniciadores devem ter entre 15 e 30 bases de comprimento.

Conteúdo de G+C

O conteúdo G+C deve estar entre 30% e 80%. Se forem inevitáveis um teor maior de G+C e o uso de altas temperaturas de anelamento, pense em utilizar cossolventes, tais como o glicerol. Deve haver mais C do que G, e não deve haver uma G na extremidade 5'.

Alça de G+C

O número total de G e C nos últimos cinco nucleotídeos na extremidade 3' do iniciador não deve ser superior a dois. Isso ajuda a introduzir instabilidade em relação à extremidade 3' dos iniciadores para reduzir o anelamento não específico.

Comprimento do fragmento amplificado (amplicon)

O tamanho do fragmento amplificado não deve exceder 400 pb, sendo que o ideal é que esteja entre 50 e 150 bases.

Repetições

As sondas não devem possuir nucleotídeos idênticos (em especial quatro ou mais Gs consecutivas).

Evitar DNA genômico

Resultados falso-positivos são obtidos devido à amplificação de contaminação do DNA genômico. Assim, na preparação de cDNA, é preferível ter iniciadores abrangendo junções éxon-éxon.

Dicas

- Esses parâmetros podem ser utilizados para desenhar um ensaio com SYBR Green® (não esquecer que o método por SYBR Green® não utiliza sondas, apenas iniciadores).

10.6 PCR MULTIPLEX

Outro tipo de PCR, a PCR *Multiplex*, utiliza iniciadores (*primers*) múltiplos na amplificação de vários fragmentos dentro de uma única reação de PCR convencional. No entanto, a sua transferência de uma plataforma convencional para a plataforma da PCR em tempo real confundiu sua terminologia tradicional. O termo PCR *Multiplex* PCR em tempo real é mais comumente usado para descrever o uso de múltiplas sondas fluorogênicas na discriminação de vários amplicons. Melhorias recentes na análise dos fragmentos por meio da curva de *melting* permitem a utilização dessa metodologia também no sistema que utiliza o SYBR Green. Nessa metodologia, os distintos fragmentos possuem Tms diferentes, que apresentam picos característicos de cada alvo selecionado por meio da utilização de *primers* específicos.

Uma investigação da influência de cinco DNA polimerases e seus sistemas de tampões de uma PCR em tempo real mostraram que a escolha de ambos, DNA polimerase e sistema tampão, afeta a eficiência de amplificação, bem como a janela de detecção.

REFERÊNCIAS

BUSTIN, S. A. et al. The MIQE guidelines: minimum information for publication of quantitative real-time PCR experiments. **Clinical Chemistry**, Washington, DC, v. 55, p. 611-622, 2009.

BIORAD iCYCLER IQ™. **Real-time PCR detection system**: instruction manual. Disponível em: <http://www.bio-rad.com/webroot/web/pdf/lsr/literature/4006200E.pdf>. Acesso em: 10 jun. 2014.

INVITROGEN. **Real-time PCR:** from theory to practice. Invitrogen, 2008.

LIFE TECHNOLOGIES. **Real-time PCR handbook**. Life Technologies, 2012. Disponível em: <http://www.lifetechnologies.com/br/en/home/life-science/pcr/real-time-pcr/qpcr-education/real-time-pcr-handbook.html>. Acesso em: 11 jun. 2014.

MAHER, B. How it works: real time PCR. **The Scientist Magazine**, 2006.

SUNDQUIST, T. Your key to real-time quantitative PCR. **Promega eNotes**, Web page, 2005. Disponível em: <https://www.promega.com.br/resources/pubhub/enotes/your-key-to-real-time-quantitative-pcr/>. Acesso em: 18 nov. 2013.

WONG, M. L; MEDRANO, J. F. Real-time PCR for mRNA quantification. **BioTechniques**, London, v. 39, p. 75-85, 2005.

CAPÍTULO 11
SEQUENCIAMENTO DE DNA

Fernanda Matias, Juan Diego Rojas

O início do sequenciamento de DNA data do ano de 1970, com o surgimento das primeiras técnicas. A partir de então, foram desenvolvidos diversos métodos e técnicas para determinar a ordem dos nucleotídeos nas moléculas de DNA (A, T, C, G).

O método mais utilizado para sequenciamento é o método dideoxi de Sanger, também conhecido como o método enzimático da terminação da cadeia, o qual envolve a síntese de DNA a partir de iniciadores complementares a uma região específica de DNA. A partir dessa região, a enzima DNA polimerase sintetiza uma nova fita de DNA. A reação é praticamente igual à uma reação de PCR, com a diferença de utilizar uma pequena concentração de nucleotídeos terminadores (mais comumente um dideoxinucleotídeo ddNTP entre A, T, C e G), além dos quatro deoxinucleotídeos (dNTPs de A, T, C e G), e de usar apenas um iniciador por reação. Os fragmentos de diferentes tamanhos gerados são injetados e separados por peso molecular por eletroforese capilar. No caso da utilização de corante terminador (*dye terminator*), os fragmentos são diferenciados por meio de fluorescência, em que cada ddNTP está marcado com um corante diferente e, portanto, todas as bases podem ser detectadas e distinguidas em uma só reação. Um leitor de laser produz a fluorescência nos ddNTPs marcados, o sinal é detectado por um dispositivo de detecção óptico ligado a um *software* que converterá o sinal fluorescente em dados digitais, os quais serão gravados em um arquivo do tipo **.ab1**.

Antes de adquirir ou utilizar equipamentos disponíveis no mercado, lembre-se de que cada um possui características próprias que devem ser observadas. Quadros comparativos de métodos e equipamentos estão dispostos nas páginas a seguir (quadros 11.1 e 11.2).

O sequenciamento se divide em três passos básicos: purificação, quantificação e reação de sequenciamento.

Quadro 11.1 Comparativo dos métodos de sequenciamento utilizados atualmente.

Método	Princípio
Método de Sanger	Método químico que utiliza ddNTPs terminadores
Pirossequenciamento	Detecção do pirofosfato liberado durante a incorporação do nucleotídeo.
Sequenciamento colônia de polimerase (*Polony*)	Combina uma biblioteca-alvo *in vitro* com PCR de emulsão,[1] um microscópio automatizado e uma base em ligação do sequenciamento químico.[2]
Sequenciamento Ilumina	Moléculas de DNA são anexadas aos iniciadores em um slide e amplificadas para que colônias clonais locais se formem (amplificação-ponte)[3]. Após armazenagem dos dados, o corante e o bloqueador de 3' terminal são removidos quimicamente, permitindo o próximo ciclo.
Sequenciamento por ligação	DNA amplificado por PCR de emulsão. Mistura de todos os iniciadores possíveis de um comprimento fixo são classificados de acordo com a posição sequenciada. Os iniciadores são anelados e ligados; a ligação preferencial pela DNA ligase para combinação de sequências resulta em um sinal informativo do nucleotídeo naquela posição.
Sequenciamento iônico	Detecção de íons de hidrogênio que são liberados durante a polimerização de DNA. A microplaca contendo uma cadeia de DNA-molde a ser sequenciada é inundada com um único tipo de nucleotídeos. Se o nucleotídeo introduzido é complementar ao molde líder de nucleotídeos ele é incorporado na fita complementar crescente. Isso faz com que a liberação de um íon de hidrogênio acione um sensor de íons hipersensível, o que indica que a reação ocorreu.
Sequenciamento DNA nanoball	Utilizado para determinar a sequência genômica completa de um organismo por meio da replicação em círculo rolante para amplificar pequenos fragmentos de DNA genômico em nanobolas de DNA. As sequências liberadas pela ligação são utilizadas para determinar a sequência de nucleotídeos.
Sequenciamento por hibridação	Método não enzimático que utiliza microarranjos de DNA.

1 PCR de emulsão: isola moléculas individuais de DNA junto com contas revestidas com iniciadores em gotículas aquosas dentro de uma fase a óleo. Em seguida, uma reação em cadeia da polimerase (PCR) reveste cada grânulo com cópias clonais da molécula de DNA seguida de imobilização para posterior sequenciamento.
2 Sequenciamento químico = método de Sanger.
3 Amplificação-ponte: usa fluoróforos brilhantes e excitação a laser para detectar eventos de adição de base a partir de moléculas de DNA individual fixo a uma superfície, eliminando a necessidade de amplificação molecular.

Quadro 11.2 Comparativo dos equipamentos disponíveis no mercado.

Plataforma de sequencia-mento	ABI3730xl Genome Analyzer	Roche (454) FLX	Illumina Genome Analyzer	ABI SOLiD	HeliScope	Ion Personal Genome Ma-chinhe (PGM)
Química do se-quenciamento	Sequencia-mento Sanger automatizado	Pirosequen-ciamento ou suporte sólido	Sequencia-mento por síntese com terminadores reversíveis	Sequencia-mento por ligação	Sequencia-mento por síntese com terminadores virtuais	Sequencia-mento iônico + Sanger
Método de amplificação	In vivo	PCR emulsão	Amplificação--ponte	PCR emulsão	Nenhum (mo-lécula única)	In vivo
Comprimento da leitura	700-900 pb	200-300 pb	32-40 pb	35 pb	25-35 pb	200-400 pb
Rendimento	0,03-0,07 Mb/h	13 Mb/h	25 Mb/h	21-28 Mb/h	83 Mb/h	10 Mb/h – 1 Gb/h

11.1 PURIFICAÇÃO DO DNA PARA SEQUENCIAMENTO

Antes de fazer as reações de sequenciamento, considere algumas questões. A primeira delas diz respeito à limpeza do DNA a ser analisado. Quando se utiliza fragmentos obtidos de PCR, sem clonar, há duas alternativas de limpeza.

11.2 PRODUTO DE PCR

Primeiramente, é necessário purificar o produto de PCR para evitar a interferência da DNA polimerase ou de dNTPs na reação de sequenciamento. Além disso, a qualidade e a quantidade devem ser avaliadas. Existem vários métodos para purificar produtos de PCR: precipitação por etanol, purificação a partir de gel de agarose, ultrafiltração e purificação enzimática.

Observação

Contaminantes da reação de PCR podem afetar o ciclo do sequenciamento:

- Excesso de iniciadores: competem com os iniciadores de sequenciamento no sítio de ligação na reação de sequenciamento. Iniciadores adicionais na reação de sequenciamento resultam na criação de múltiplas sequências marcadas que produzem ruído nos dados.
- Excesso de dNTP's: pode afetar o equilíbrio dNTP/ddNTP da reação de sequenciamento, resultando em uma diminuição da quantidade de produtos de extensão de comprimento curto.
- Se a corrida em gel de agarose demonstrou que o fragmento está limpo e sem contaminações por anelamento inespecífico, pode-se usar kits comerciais de limpeza de fragmentos de DNA por PCR ou então uma combinação de duas enzimas, como a fosfatase alcalina e a exonuclease.

11.3 PROTOCOLO SAP-EXO

Nesse protocolo, se utiliza a *shrimp alkaline phosphatase* (SAP), que degrada os nucleotídeos não incorporados, e a exonuclease I (EXO), que degrada iniciadores residuais e demais produtos não desejáveis de DNA fita simples. A SAP pode ser substituída por outras fosfatases alcalinas. Sempre verifique com os fornecedores a aplicação das enzimas.

11.3.1 MATERIAL NECESSÁRIO:

- Pipeta 10 μL
- Ponteiras 10 μL
- Tubos de microcentrífuga de 200 μL
- Termociclador

11.3.2 PROCEDIMENTO:

1. Pipete 8 ul do produto de PCR.
2. Adicione 0,5 ul de exonuclease I (10U/ul).
3. Adicione 1 ul de *shrimp alkaline phosphatase* (1U/ul).
4. Misture gentilmente com a pipeta.
5. Incube a mistura em termociclador por 1 h a 37 °C e por 15 min a 80 °C.
6. Conserve o produto final a 4 °C se for utilizá-lo em até 24 h. Se for utilizá-lo após 24 h, congele-o em freezer a –20 °C.

Dica

- Se mais de um produto de PCR estiver presente na amplificação é recomendado que o produto desejado seja purificado a partir de um gel de agarose para que se obtenha um único produto; depois, purifique a banda usando os kits comerciais. Reotimize a PCR para obter um único produto ou use a purificação a partir de gel para isolar o produto desejado. A ultrafiltração pode funcionar se os produtos contaminados forem muito menores que o produto de PCR desejado; do contrário, a separação dos fragmentos de DNA deve ser realizada por clonagem. No mercado existem kits comerciais de fácil manipulação que permitem a inserção de fragmentos de PCR em vetores de clonagem (Quadro 11.3). Entre os mais utilizados, estão: pGEM®, da Promega; CloneJET™ PCR Cloning Kit, da Fermentas; e TOPO PCR cloning Kit, da Invitrogen.

Quadro 11.3 Alguns dos kits de purificação de produtos de PCR mais usados nos laboratórios de biologia molecular.

Produto	Fabricante	Uso
illustra GFX™ PCR DNA and Gel Band Purification Kit	GE Healthcare Life Sciences	Isolamento e concentração de fragmentos de DNA (50 bp a 40 kb) a partir de misturas de PCR, DNA contendo bandas de gel agarose, modificações com base em enzimas DNA e digestões/restrição.
QIAquick® PCR Purification Kits	QIAGEN	Para a limpeza de DNA (até 10 kbp). Remove iniciadores, nucleotídeos, enzimas, sais, agarose e brometo de etídio a partir de amostras de DNA.
QIAquick® Gel Extraction Kits	QIAGEN	Para purificar fragmentos de PCR de géis de agarose, fragmentos que variam de 70 bp a 10 kbp. Fragmentos maiores devem ser extraídos com o II QIAEX Kits Gel Extraction.
GenElute™ Minus EtBr Spin Columns	Sigma-Aldrich	Para isolar o DNA de gel de agarose e remover o brometo de etídio.
GenElute™ PCR Clean-Up Kit	Sigma-Aldrich	Para purificar a fita simples ou *double-stranded* de produtos de PCR a partir dos componentes de reação (iniciadores excesso, nucleotídeos, DNA polimerase e sais).
Montage® PCR Filter Units	Millipore	Para remover iniciadores e dNTPs unincorporated a partir de reações de PCR. Recomendado para fragmentos de PCR > 300 pb.
SAP/Exo I	Fermentas/outros	Tratamento dos produtos de PCR que contenham apenas o produto desejado

Os kits comerciais de purificação de DNA possuem as seguintes fases comuns:

- ligação
- limpeza
- precipitação

Na primeira fase, o DNA será ligado à coluna. Depois ele é limpo com uma mistura contendo etanol e precipitado com o tampão de manutenção. No entanto, muitas vezes se observa muita perda de material. Por isso, considere:

- Diminuir a velocidade de centrifugação em todos os passos, menos no final; ou
- Nos passos de centrifugação, após a precipitação com etanol, veja se no fundo do tubo coletor há um sedimento branco. Se houver, seu DNA saiu da coluna antes da hora. Nesse caso, siga os passos indicados a seguir para recuperar o produto.

11.4 RECUPERANDO O DNA A PARTIR DOS KITS DE PURIFICAÇÃO DE PCR

- Verta o etanol com cuidado para não perder o sedimento;
- Verifique com a ponta de uma ponteira nova se o sedimento se quebra;
- Se ele quebrar, acrescente 50 μL de tampão de ligação (tampão 1) e aqueçar a 60 °C por 5 min. Se não quebrar, apenas adicione o tampão de ligação;
- Recupere o líquido com a ajuda de uma pipeta e transfira-o para a coluna (a mesma utilizada anteriormente; ela ainda possui DNA ligado a ela);
- Aguarde 1 min e centrifugue na velocidade máxima por 30 s;
- Adicione 50 μL de tampão de lavagem contendo etanol e centrifugue novamente na velocidade máxima por 30 s;
- Adicione 50 μL de água pura ou Tris-HCl (10mM pH 8,5) e aqueça a coluna a 50 °C de 5 min a 10 min;
- Centrifugue na velocidade máxima por 2 min e guarde o produto em freezer a -20°C.

11.5 VETORES

Fragmentos de DNA que estejam inseridos em um vetor também podem ser submetidos a processos de sequenciamento. Porém, a pureza e a qualidade do DNA são de grande importância. Entre os vetores mais usados estão os plasmídeos de clonagem, o cromossomo artificial bacteriano (BAC), o cromossomo artificial de levedura (YAC) e os cosmídeos, entre outros. Os métodos de extração e de limpeza já foram relatados anteriormente.

11.6 QUANTIFICAÇÃO DO DNA

A qualidade e a quantidade do DNA a sequenciar podem ser estimadas por meio de diversas técnicas.

11.6.1 GEL DE ELETROFORESE DE AGAROSE

O DNA purificado deve aparecer como uma única banda quando revelado com brometo de etídio, e pode ser quantificado quando comparado com um marcador molecular adequado (Figura 11.1). Essa técnica pode revelar DNA e RNA contaminantes; no entanto, os géis não revelam contaminação por proteínas nem sais restantes da reação, como demonstra a figura ao lado.

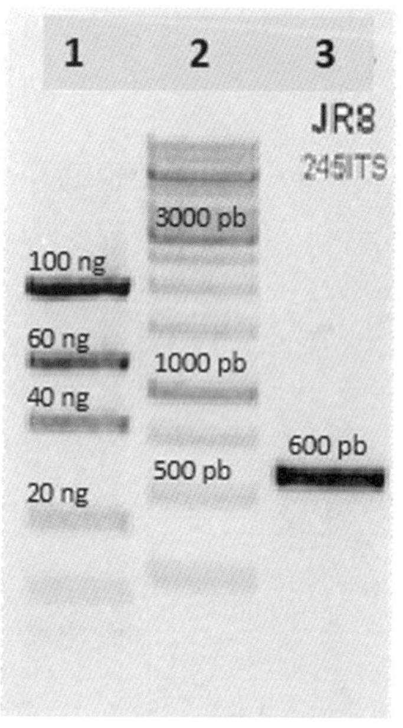

Figura 11.1 Gel de agarose contendo: 1. Low DNA mass ladder (Invitrogen) (marcador para quantificar); 2. 1kb DNA Ladder (Fermentas) (marcador por tamanho de bandas); 3. Produto de PCR de 600 pares de bases com 100 ng.

11.6.2 ESPECTROFOTOMETRIA

A medição da absorção UV do DNA é o método mais rápido e fácil para determinar a pureza e o rendimento da purificação. Amostras de nucleotídeos puros têm a característica de possuir um perfil de absorção entre 230 e 320 nm. Desvios em relação à forma padrão da curva indicam a presença de contaminantes. A presença de excesso de sal, proteínas ou solventes orgânicos tendem a desviar o valor da absorbância de forma significativa. Por essa razão, o cálculo das razões 260/280, 260/230 e 260/240 fornecem uma estimativa razoável de pureza. A relação A260/A280 deve ser de 1,8 a 2,0, e proporções menores geralmente indicam uma contaminação por proteínas ou produtos químicos orgânicos. Nesse caso, uma nova precipitação ou purificação do DNA deve ser conduzida.

Atualmente, existem equipamentos que processam apenas 1 µL de solução contendo DNA, para fazer uma leitura rápida, mas o material precisa estar purificado (por exemplo, NanoDrop ™ product line).

- A quantidade de DNA utilizada na reação de sequenciamento pode afetar a qualidade dos dados finais. Quantidades demasiadamente grandes de DNA tornam os dados pesados, com picos fortes no início que se desvanecem rapidamente ao longo do sequenciamento. Com muito pouco DNA se reduz a intensidade do sinal, a altura do pico e, consequentemente, o comprimento da leitura pelo sequenciador. Em todos os casos ocorre uma amplificação com geração de fragmentos menores do que seria possível com a quantidade apropriada de DNA.

De acordo com um estudo interno do Centro de Estudos do Genoma Humano da Universidade de São Paulo, as concentrações ideais para o sequenciamento variam de acordo com o número de pares de bases do segmento a ser sequenciado (figuras 11.2 a 11.4).

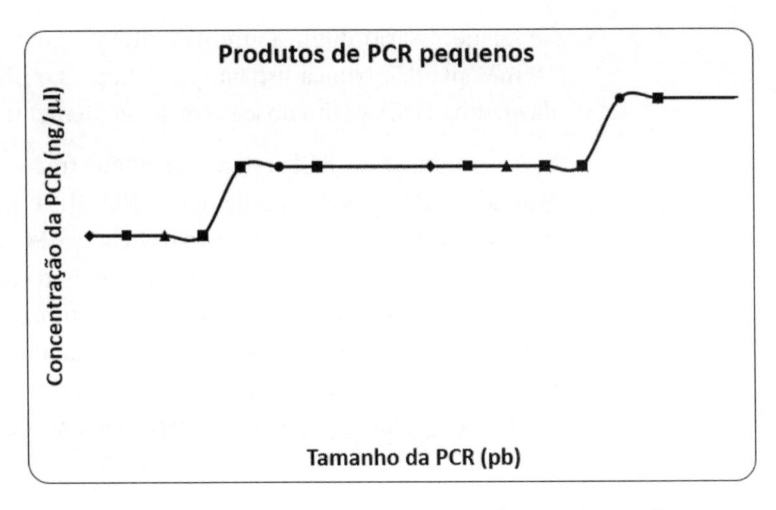

Figura 11.2 Concentração ideal de fragmentos pequenos de PCR (150 a 1.000 pb) a serem sequenciados.

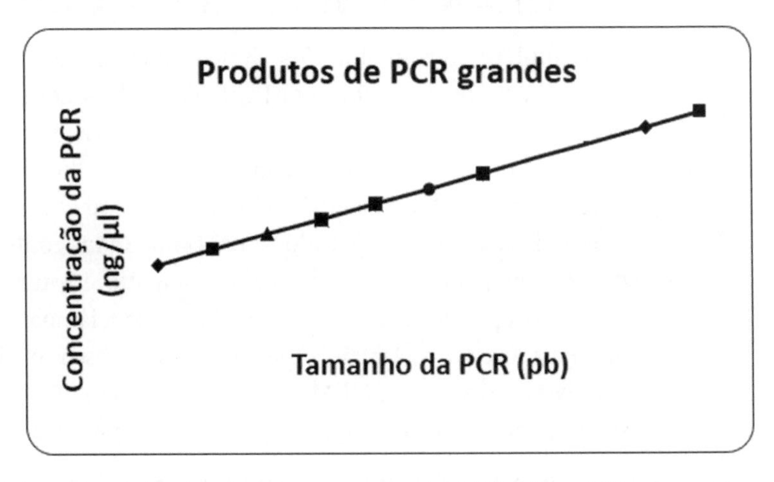

Figura 11.3 Concentração ideal de fragmentos grandes de PCR (1.000 a 3.000 pb) a serem sequenciados.

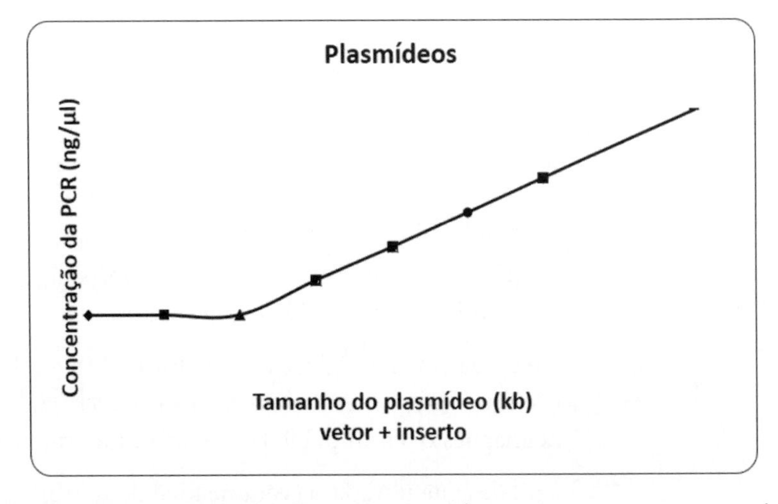

Figura 11.4 Concentração ideal de fragmentos inseridos em vetores a serem sequenciados.

- Se for necessário diluir a amostra, utilize água ultrapura ou Tris-HCl 10 mM pH 8,5. Nunca use tampão TE, pois o EDTA inibe a atividade da enzima DNA polimerase e, consequentemente, a reação.
- Se os produtos de PCR estiverem muito fracos, prepare um volume grande de PCR (aproximadamente 100 μL) e purifique-o utilizando kits de colunas. Assim, será possível eluir a PCR em um volume pequeno (em torno de 25 μL de água) e com isso concentrar as amostras. Também é possível concentrar as amostras utilizando um equipamento *speed vaccum* (dessecador a vácuo), ou ainda fazer uma reamplificação usando a PCR anterior como molde. Nesse caso, é necessário padronizar a reação a fim de obter o fragmento o mais puro possível.

11.7 SEQUENCIAMENTO PELO MÉTODO DO BIGDYE® TERMINATOR V3.1 CYCLE SEQUENCING KIT

O BigDye® Terminator v3.1 Cycle sequencing é o kit mais empregado no sequenciamento de produtos de PCR, plasmídeos, cosmídeos, entre outros. Ele permite realizar uma reação na qual cada um dos quatro didesoxinucleotídeos terminadores são marcados com um corante fluorescente diferente. Uma única reação contendo a enzima DNA polimerase, os nucleotídeos e todos os didesoxinucleotídeos marcados é realizada. O kit contém todos os reagentes necessários para a reação de sequenciamento em uma pré-mistura pronta; é preciso apenas adicionar o DNA a sequenciar na quantidade adequada, os iniciadores e o tampão específico. Além disso, o kit fornece o controle positivo da reação, o pGEM®-3Zf(+) dupla fita DNA-molde para controle, e seu respectivo iniciador, o M13 -21 iniciador *forward* de controle.

A preparação de uma amostra a ser sequenciada pode ser feita em um volume final de 15 a 20 μL.

11.7.1 REAGENTES PARA VOLUME FINAL DE 15 μL

- x μL de DNA-molde (onde x é a quantidade apropriada de DNA de acordo com o tamanho do fragmento. Ver item 11.6 "Quantificação de DNA")
- 3,0 μL de tampão *5x sequencing buffer*
- 3,0 μL de iniciadores (3,2 pmol/μL) (uma solução estoque de iniciador a 100 μM deve ser diluída trinta vezes)
- 2,0 μL da enzima BigDye terminator *v3.1* (para BigDye *v3.0*, usar solução *save money* em vez de *sequencing buffer*: Tris-HCl 200 mM, cloreto de magnésio 5 mM pH 9,0 em água ultrapura)
- x μL de água ultrapura (volume final de 15 μL)

Dica

- Alguns protocolos levam em consideração o volume final de 20 μL. Os dois métodos são válidos e dão bons resultados.

11.7.2 REAGENTES PARA VOLUME FINAL DE 20 μL

- x μL de DNA-molde (onde x é a quantidade apropriada de DNA de acordo com o tamanho do fragmento. Ver item "Quantificação de DNA")
- 2,0 μL de tampão *5x sequencing buffer*
- 3,0 μL de iniciadores (3,2 pmol/μL) (uma solução estoque de iniciador a 100 μM deve ser diluída trinta vezes)
- 4,0 μL da enzima Big Dye terminator *v3.1*
- x μL de água ultrapura (volume final de 20 μL)

A reação pode ser realizada em tubos de 0,5 mL, em placas de 96 ou 386 poços, para depois ser colocadas em um termociclador sob as seguintes condições:

1. Desnaturação inicial a 96 °C por 1 min.
2. Para produto de PCR, usar de 20 a 40 ciclos a 96 °C por 45 s ou a 50 °C por 30 s. Para BACs, YACs e cosmídeos, usar 50 ciclos a 96 °C por 5 min ou a 60 °C por 4 min.

Dica

- Sempre feche bem os tubos e vede bem as placas com uma tampa específica.

11.7.3 PRECIPITAÇÃO DO PRODUTO AMPLIFICADO A SER SEQUENCIADO

O propósito dessa precipitação é remover por completo os corantes terminadores que não foram incorporados na amplificação e deixar os produtos amplificados prontos para a ressuspensão e a injeção no equipamento de sequenciamento. Existem vários protocolos de precipitação, dos quais apresentamos três (Quadro 11.4).

Quadro 11.4 Métodos de precipitação para sequenciamento Sanger.

Método de precipitação	Quantidades para microtubos ou placas de 96 poços.[1]
EDTA 125 mM Etanol 100%	5 μL 60 μL Use toda a reação, agite e deixe por 15 min em temperatura ambiente.[1,2]
EDTA 125 mM Acetato de sódio 3 M pH 5,2 Etanol 100%	2 μL 2 μL 50 μL Use toda a reação, agite e deixe por 15 min em temperatura ambiente.[1,2]
Glicogênio 1 mg/mL Acetato de sódio 3 M pH 5,2 Etanol 100%	1,15 μL 1,15 μL 28,65 μL Use 25 μL por reação, agite e deixe por 15 min no gelo.[3]

1 Para placas com 386 poços, use a metade do volume.

2 Para melhores resultados, mantenha no gelo.

3 O método de glicogênio mostrou-se mais eficiente na precipitação em placas que os demais métodos.

1. Remova o sobrenadante por centrifugação a 4 °C, 4.000 rpm por 30 min, invertendo os tubos ou a placa (devem ficar de boca para baixo).
2. Para placas: drene o excesso dando dois pulsos (40 s cada) de centrifugação a 1.000 rpm (4 °C) com as placas invertidas sobre papel absorvente.
3. Adicione 50 μL de etanol 70% gelado por reação.
4. Repita os passos 1 e 2.
5. Seque as amostras em um termociclador aberto a 95° C por 1 min ou por 1 h à temperatura ambiente em um local protegido da luz.
6. Guarde as amostras a –20 °C em um local escuro.

11.7.4 INJETANDO AS AMOSTRAS

1. Em cada poço da placa ou em cada tubo, adicione 25 μL de formamida ultradestilada.
2. Misture bem com a pipeta.
3. Agite brevemente em equipamento do tipo vórtex.
4. Aqueça a mistura a 96° C durante 2 min.
5. Resfrie em gelo.
6. Repita os passos 2 e 3.
7. Centrifugue por 30 s a 1000 rpm.
8. Mantenha em gelo e ao abrigo de luz até a injeção das amostras no

equipamento.

REFERÊNCIAS

BENTON A. et al. Deep sequencing. In: Bioinformatics Seminar, 2009. **Anais...** Jerusalem: The Hebrew University of Jerusalem, Bioinformatics unit, 2009. Disponível em: <http://www.seas.gwu.edu/~rhyspj/fall09cs144/presentations/sam.ppt>. Acesso em: 10 maio 2012.

APPLIED BIOSYSTEMS. **BigDye® Terminator v3.1 Cycle Sequencing Kit**. 850 Lincoln Centre Drive Foster City, CA 94404 USA, 2002.

MILIPORE. **DNA template prep and sequencing reaction cleanup**. Millipore Corporation, Billerica, MA 01821 USA, 2004.

SIGMA-ALDRICH. **GenElute™ Minus EtBr Spin Columns**. St. Louis, MO 63103, USA.

SIGMA-ALDRICH. **GenElute™ PCR Clean-Up Kit**. St. Louis, MO 63103, USA.

GE HEALTHCARE. **Illustra GFX™ PCR DNA and Gel Band Purification Kit**. UK Limited Amersham Place, Buckinghamshire, HP7 9NA, UK, 2008.

LIFE TECHNOLOGIES. **Ion torrent personal genome machine**. 7000 Shoreline Court, Suite 201, South San Francisco, CA 94080 USA, 2011.

QIAGEN. **QIAquick® Spin Handbook**, Max-Volmer-Straße 4, 40724 Hilden, Germany, 2008.

SANGER, F.; NICKELS, S.; COULSON, A. R. DNA sequencing with chain-terminating inhibitors. **Proceedings of National Academy of Sciences of USA**, Washington, DC, v. 74, p. 5463-5467, 1977.

WERLE E. et al. Convenient single-step, one tube purification of PCR products for direct sequencing. **Nucleic Acids Research**, London, v. 22, p. 4354-4355, 1994.

CAPÍTULO 12
MINERAÇÃO EM BANCOS DE DADOS BIOLÓGICOS

Dinler Amaral Antunes, Gustavo Fioravanti Vieira

Bancos de dados são coleções de informações que se relacionam de forma que o acesso a essas informações adquira uma determinada lógica. Inicialmente eram mais predominantes em empresas e grandes instituições, mas com a chegada da era genômica popularizou-se o acesso a eles em diversas áreas das ciências biológicas pela crescente necessidade de se lidar com uma enorme quantidade de informação.

Dentre os diversos tipos de bancos de dados biológicos estão os de sequências biológicas (de ácidos nucleicos e de proteínas), estruturais, de moléculas biologicamente ativas, de domínios conservados de proteínas, de microarranjos etc. Considerando essa grande diversidade de bancos de dados biológicos, tornou-se necessária a criação de ferramentas que facilitassem o acesso a esse novo universo de informações que estava sendo disponibilizado. Dentre algumas que podem ser citadas, destaca-se o Entrez, desenvolvido pelo National Center for Biotechnology Information (NCBI).

O Entrez (http://www.ncbi.nlm.nih.gov/sites/gquery) é uma poderosa ferramenta de busca global, um portal que permite que buscas cruzadas sejam feitas a partir de uma única palavra-chave. A partir dessa busca é possível consultar, simultaneamente, diversos bancos de dados independentes que compõem o NCBI. Assim, o Entrez pode recuperar de forma eficaz sequências relacionadas, estruturas e referências, além de fornecer imagens com representações gráficas de genes, proteínas e cromossomos, e uma infinidade de outras informações.

Considerando essas informações, pode-se vislumbrar as possibilidades de um projeto de pesquisa completo a partir de uma cuidadosa consulta em uma ferramenta com essas potencialidades. Neste capítulo, simularemos uma situação para demonstrar como é possível realizar o esboço de um projeto de pesquisa a partir das informações obtidas em um banco de informações biológicas.

12.1 O RECEPTOR DE QUIMIOCINA DO TIPO 5 (CCR5) E O VÍRUS DA IMUNODEFICIÊNCIA HUMANA (HIV)

Entre os anos de 1995 e 1997 foi publicada uma série de estudos evidenciando a resistência ao vírus do HIV de alguns indivíduos pertencentes a grupos de risco. Esses estudos geraram uma forte repercussão internacional, destacando-se o caso que ficou conhecido como o das "prostitutas de Nairobi", o qual se referia a um grupo de mulheres quenianas que não soroconvertiam apesar da contínua exposição sexual a indivíduos infectados. Na mesma época, começaram a surgir evidências da contribuição de fatores genéticos do hospedeiro para essa resistência, destacando-se o papel da molécula CCR5, a qual atua como correceptora para algumas variantes do vírus HIV. Um estudo publicado na revista *Cell*, em 1996, relatou que alguns dos indivíduos resistentes analisados eram homozigotos para uma deleção de 32 pb no gene desse receptor de quimiocinas (CCR5-Δ32), de modo que a frequência na amostra desses indivíduos indicava um papel protetor da deleção. Essa deleção acarretava uma troca de fase de leitura e a consequente produção de uma proteína truncada, a qual não era expressa na superfície das células. Estudos posteriores corroboraram esses achados, descrevendo uma alta frequência do genótipo homozigoto CCR5-Δ32 em indivíduos expostos ao HIV e que persistiam não infectados, sobretudo caucasianos europeus e norte-americanos. Apesar da euforia inicial, estudos posteriores evidenciaram tanto a ausência dessa deleção em algumas pessoas resistentes em grupos de risco (como no caso das prostitutas de Nairobi) quanto a existência de homozigotos CCR5-Δ32 infectados pelo HIV (caso em que o vírus utiliza um correceptor alternativo, como o CXCR4).

Ainda assim, essa molécula continua despertando o interesse dos pesquisadores interessados em estudar a resistência ao HIV. Sabe-se, por exemplo, que a presença em heterozigose da deleção CCR5-Δ32 altera o curso da infecção, prolongando o período de controle da carga viral e reduzindo o declínio de linfócitos T CD4. Qual será o atual "estado da arte" na pesquisa que relaciona CCR5 com HIV? Existem trabalhos que descrevem o efeito de outros polimorfismos nesse gene? E quanto à sua aplicação no campo da vacinologia? Essas e outras questões podem ser encontradas utilizando o Entrez, e seu modo de obtenção será exemplificado passo a passo nas seções a seguir.

12.2 ENTREZ E PUBMED

O Entrez é um sistema de busca e recuperação do NCBI, o qual integra o banco de dados de literatura biomédica (PubMed) junto com outros 36 bancos de dados com conteúdo biológico. Esse conteúdo inclui sequências de DNA e de proteína, genomas, estruturas tridimensionais e informações de expressão gênica. Além de realizar a busca em todos esses bancos de forma simultânea e extremamente rápida, o Entrez ainda fornece uma série de opções para refinar os parâmetros de busca. Dentre essas opções, destacam-se o uso de operadores lógicos ou *booleanos* (AND, OR, NOT), os quais podem ser combinados com os termos pesquisados e organizados com a utilização de parênteses e aspas.

Por exemplo:

- CCR5 **AND** HIV: busca ocorrências contendo tanto o termo "CCR5", quanto o termo "HIV";
- ("CCR5 gene" **AND** HIV **OR** "human immunodeficiency virus") **NOT** CCR5-Δ32: busca ocorrências contendo a expressão "CCR5 gene" e "HIV",

ou contendo "CCR5 gene" e "human immunodeficiency virus", mas excluindo todos os resultados que também contenham o termo "CCR5-Δ32".

Depois de realizar a busca, o Entrez irá retornar uma página apresentando o número de ocorrências do termo(s) especificado(s) em cada um dos bancos pesquisados. No caso do primeiro exemplo que demos anteriormente (CCR5 **AND** HIV), o Entrez retorna os seguintes resultados: 4384 resultados no **PubMed**, 6386 resultados no **PubMed Central**, 65 em **Books** e assim por diante.

Dica

- Nessa busca inicial pode-se encontrar tanto as referências mais atualizadas acerca do assunto que se pretende pesquisar quanto literatura de base do referido assunto.

Por padrão, cada termo (ou expressão) utilizado na busca será rastreado em todos os campos dos arquivos armazenados nos bancos (por exemplo, título, autor, data etc.). Adicionalmente, é possível utilizar termos que determinem um campo específico, o que pode ser muito útil para refinar a busca de artigos no PubMed (Figura 12.1).

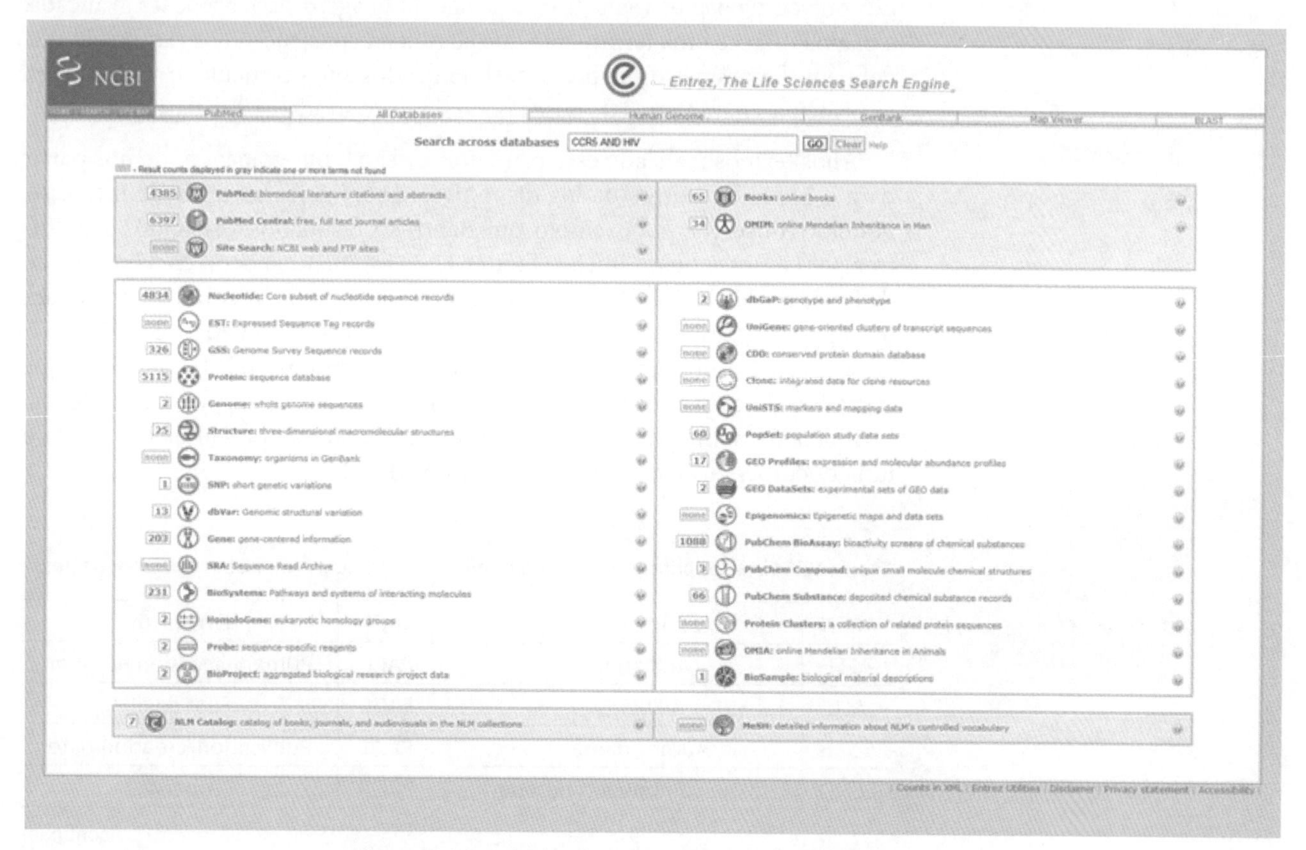

Figura 12.1 Resultados do Entrez para a busca "CCR5 AND HIV".

Por exemplo:

- (CCR5 **AND** HIV) **AND** 2012: busca ocorrências contendo tanto o termo "CCR5" quanto o termo "HIV" (os quais podem aparecer em qualquer campo), e que também contenham o termo "2012" (em qualquer campo);
- CCR5 **AND** HIV[TITL] **AND** 2012[PDAT]: busca ocorrências contendo tanto o termo "CCR5" (qualquer campo) quanto o termo "HIV" (no título do arquivo) publicadas no ano de 2012;
- Cell[JOUR] **AND** Paxton[AUTH] **AND** 1996[PDAT]: busca artigos publicados na revista *Cell* em 1996 contendo o termo "Paxton" (no campo "autores").

Dica

- Uma descrição mais completa de todas as opções de busca do Entrez pode ser encontrada na seção "*Entrez searching options*" no endereço <http://www.ncbi.nlm.nih.gov/books/NBK3837/>.

No alto da *homepage* do PubMed (http://www.ncbi.nlm.nih.gov/pubmed) existem ainda duas formas simplificadas de refinamento de busca: *"limits"* e *"advanced"*. A primeira permite restringir a busca por meio da seleção de opções disponíveis na página (data, tipo de artigo, linguagem etc.). Na busca avançada, a página oferece uma ferramenta que auxilia na construção das expressões que definem os parâmetros de busca exemplificados anteriormente. Uma lista com os principais parâmetros de busca pode ser encontrada na Tabela 12.1.

Após termos realizado essa primeira revisão bibliográfica, podemos partir para a busca de outros dados disponíveis sobre o nosso tema de interesse. Podemos observar, por exemplo, que dentre os resultados fornecidos pelo Entrez para a nossa busca inicial (Figura 12.1) existia uma ocorrência no banco de SNPs do NCBI (dbSNP). Clicando nesse link, somos redirecionados para uma página com os resultados da busca dos termos no banco de SNPs (Figura 12.2). Nessa página, vemos a ocorrência de um SNP (rs1800560) que compreende os parâmetros de busca utilizados. Ao clicarmos na referência (rs1800560), somos direcionados para o dbSNP, onde podemos ter acesso a uma documentação completa sobre esse SNP.

Tabela 12.1 Lista dos principais parâmetros de busca com seus significados correspondentes.*

ACCN	Accession number	ORGN	Organism
AFFL	Afilliation	PACC	Primary accesion number
ALL	All fields	PAGE	First page
AUTH	Author name	PDAT	Publication/creation date
ECNO	Enzyme commission number	PROP	Properties

(continua)

Tabela 12.1 Lista dos principais parâmetros de busca com seus significados correspondentes.* (continuação)

FKEY	Feature key	PROT	Protein name
GENE	Gene name	PTYP	Publication type
JOUR	Journal name	SUBS	Substance
KYWD	Keywords	TITL	Title word
MAJR	MeSH major topic	WORD	Text word
MDAT	Modification date	VOL	Volume
MESH	Mesh term		

*Os termos não foram traduzidos porque a associação com as siglas ficaria descaracterizada.

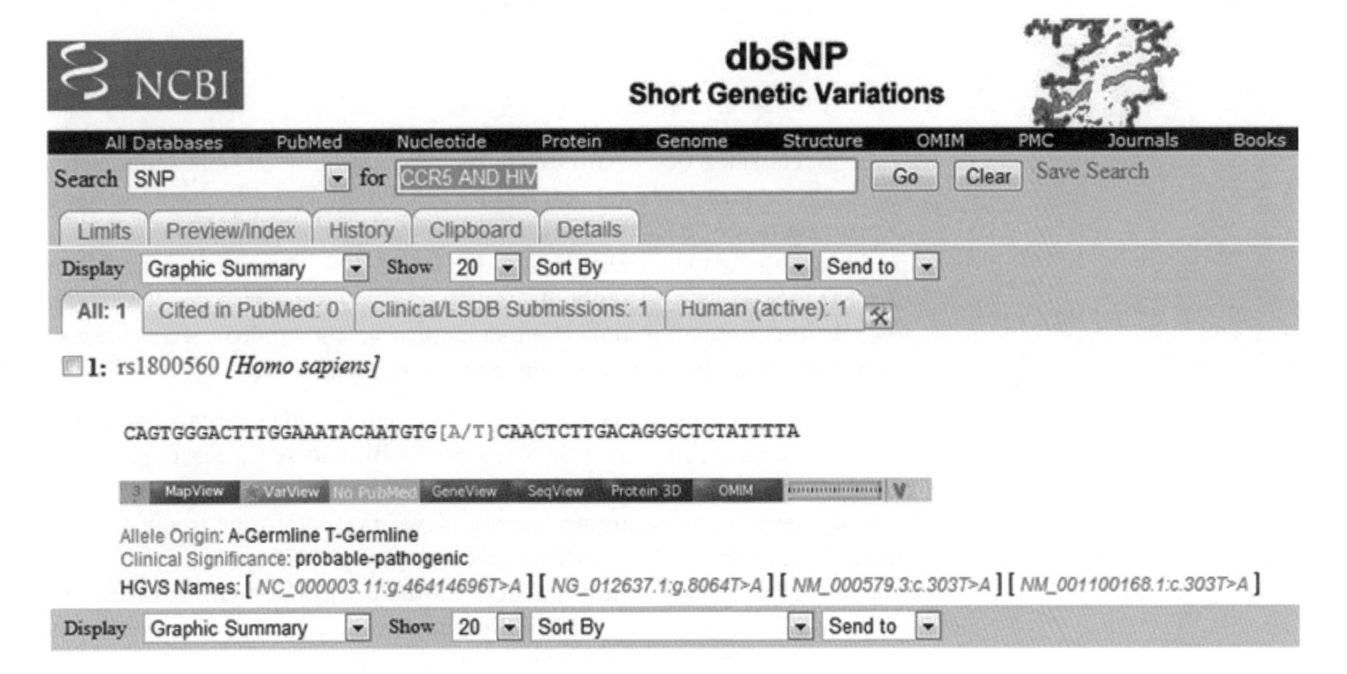

Figura 12.2 Exemplo de entrada no banco dbSNP.

Em uma olhada rápida nessa página, podemos observar que o SNP ainda não possui nenhuma referência cadastrada no PubMed. Isso pode ser interessante, pois nos oferece a possibilidade de desenhar um estudo utilizando uma variante ainda não analisada em estudos de associação. Essa página fornece links diretos para outras páginas, como o MapView (onde podemos localizar o SNP no genoma, em uma região cromossômica específica) e o SNP3D (Protein 3D), onde encontramos informações sobre o impacto dessa mutação sobre a sequência de aminoácidos, bem como a localização de uma possível troca na estrutura da proteína. Um outro ponto importante a ser salientado diz respeito à *clinical significance*, que, como o próprio nome diz, se refere ao possível impacto clínico que aquele polimorfismo em questão pode apresentar. Nesse item, o polimorfismo pode receber uma das seguintes classificações:

- *unknown* [desconhecido]
- *untested* [não testado]
- *non-pathogenic* [não patogênico]
- *probable-non-pathogenic* [provavelmente não patogênico]
- *probable-pathogenic* [provavelmente patogênico]
- *pathogenic* [patogênico]
- *drug-response* [resposta a medicamentos]
- *histocompatibility* [histocompatibilidade]
- *other* [outro]

Essas classificações foram relatadas pelo pesquisador que submeteu a sequência, as quais não são interpretadas pelo NCBI. Nas submissões de dados de processamento do OMIM® foi assinalado *"pathogenic"* baseado na comunicação pessoal de Ada Hamosh, diretora do OMIM. Esse tipo de informação também tem relevância no desenho de projetos. No caso específico do rs1800560, a troca de uma timina por uma adenina na posição 8064 (8064T>A) ocasiona a troca de uma cisteína por um códon de terminação precoce.

Em relação à frequência dessa variante, surge uma questão conceitual. Embora ela conste no banco de SNPs do NCBI, não se configura como um polimorfismo *per se*. O conceito de polimorfismo estabelece que uma nova variante surgida por evento mutacional deve apresentar uma frequência que supere 1% na população. No caso específico de rs1800560, o alelo menos frequente (A) apresenta uma frequência estimada em 0,1% em uma amostra superior a 2.000 indivíduos (4.536 cromossomos). Trata-se portanto de uma variante muito rara. Tais informações podem ser obtidas em "*Population diversity*" (Figura 12.3).

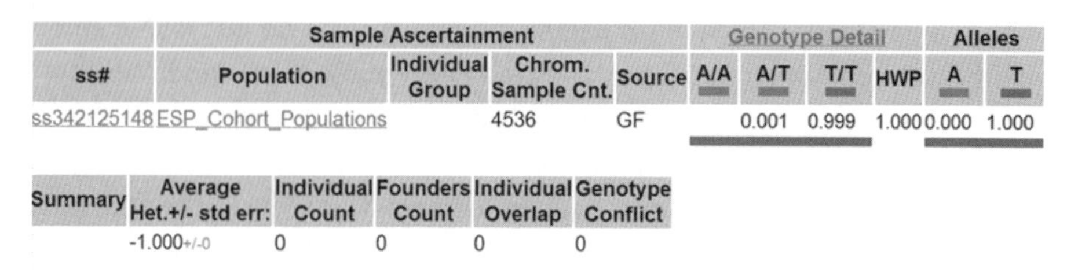

	Sample Ascertainment				Genotype Detail				Alleles	
ss#	Population	Individual Group	Chrom. Sample Cnt.	Source	A/A	A/T	T/T	HWP	A	T
ss342125148	ESP_Cohort_Populations		4536	GF		0.001	0.999	1.000	0.000	1.000

Summary	Average Het.+/- std err:	Individual Count	Founders Count	Individual Overlap	Genotype Conflict
	-1.000+/-0	0	0	0	0

Figura 12.3 Imagem da seção *"Population diversity"*, em que podem ser encontrados dados de frequência populacional do SNP em estudo.

Dica

- Embora o SNP forneça um bom exemplo para a prospecção de novas variantes para estudos de associação, talvez esse polimorfismo não seja um bom candidato, visto que foi observado apenas em alguns indivíduos e que sua capacidade de proteção contra a infecção pelo HIV, até o momento, foi apenas observada em concomitância com a mutação CCR5-Δ32 (uma discussão sobre o tema pode ser encontrada em PANCINO; SILVESTRI; FOWKE, 2012).

12.3 EXPLORANDO OUTROS BANCOS

Uma das grandes vantagens do Entrez é a velocidade com que ele fornece resultados referentes a vários bancos independentes. Uma simples busca nessa ferramenta pode, portanto, ser a porta de entrada para o delineamento de projetos com os mais diversos enfoques. Nesta seção, iremos explorar alguns dos outros resultados que aparecem na busca geral, exemplificando o tipo de dado e de análise que eles oferecem. Alternativamente, o usuário já pode configurar o Entrez para restringir a busca ao banco de dados de seu interesse. Para tanto, basta selecionar um banco no campo da esquerda (que por padrão apresenta a opção "*All databases*"). Realizar a busca na opção "*All databases*" e depois clicar no banco "*Protein*", por exemplo, fornece o mesmo resultado que realizar a busca utilizando diretamente a opção "*Protein*" no campo da esquerda do Entrez.

Para os próximos exemplos, será utilizada uma expressão um pouco diferente, a qual irá refinar as ocorrências de modo a apresentar apenas resultados relativos ao CCR5 humano que possuam alguma relação com o HIV.

- (CCR5 AND "Homo Sapiens"[ORGN]) AND HIV

Os resultados dessa busca são um pouco diferentes daqueles apresentados na Figura 12.1. Por exemplo, essa busca não retorna nenhum resultado no PubMed, uma vez que esse banco não reconhece o campo ORGN. Por outro lado, essa restrição facilita a busca em bancos de dados como o Nucleotide e o Protein ao excluir sequências referentes ao CCR5 de outros organismos.

12.3.1 PROTEIN: BASE DE DADOS DAS SEQUÊNCIAS

Esse banco armazena sequências de aminoácidos tanto de proteínas completas quanto de trechos polipeptídicos mais curtos. A busca anterior apresenta 219 resultados no banco Protein, mostrando sequências com comprimentos distintos e com variações no conteúdo de aminoácidos.

Ao clicar na primeira ocorrência (neste caso, *Accession: P51681.1*), temos acesso às informações referentes a um produto de 352 aminoácidos codificado pelo gene humano CCR5. O banco lista uma série de referências com informações adicionais sobre pontos de glicosilação, resíduos fosforilados, além de dados descritivos sobre a função da proteína. No final da página é apresentada a sequência de aminoácidos dividida em grupos de dez resíduos. Essa não é a única forma de visualizar essa ocorrência. Se o usuário precisa utilizar essa proteína como entrada para um programa de bioinformática, por exemplo, será mais indicado solicitar a sequência de aminoácidos no formato "FASTA". Para isso, basta alterar o formato de apresentação no link "*Display settings*", que aparece no canto superior esquerdo da página. A opção padrão de visualização é a "*GenPept*", mas existem várias alternativas.

Dentre as informações listadas no modo "*GenPept*", o campo "*DBSOURCE*" fornece um link direto para a página dessa proteína no UniProt (*Universal protein resource*), um banco de dados de proteínas com conteúdo manualmente curado por uma equipe de especialistas. O UniProt fornece de maneira clara e completa um vasto conteúdo sobre a proteína em estudo, incluindo outros nomes utilizados para se referir à mesma proteína, o nome correto do gene, o identificador taxonômico, as referências curadas de anotações funcionais, as principais variantes catalogadas, a estrutura secundária etc.

Uma das opções de formato é a "*Graphics*", que apresenta uma espécie de navegador interativo no qual é possível visualizar de forma mais objetiva algumas características da sequência (Figura 12.4). É possível visualizar a sequência completa ou utilizar o *zoom* para observar um trecho menor dentro da sequência. Também é possível digitar uma sequência de aminoácidos para encontrar uma região específica da proteína. Além das opções visíveis, a aba "*Tools*" permite ações complementares, as quais incluem visualizar a sequência em modo texto (em uma janela separada), realizar download, imprimir, adicionar um painel abaixo da sequência para comparar duas ou mais regiões e realizar BLAST e busca por iniciadores na região selecionada. Um menu com opções semelhantes também é apresentado quando selecionamos com o *mouse* uma região na primeira janela (que mostra a numeração da sequência), ou clicamos com o botão direito do *mouse* sobre qualquer ponto da representação.

Todas as anotações sobre sítios de glicosilação, estrutura secundária, resíduos envolvidos na formação de pontes dissulfeto, sítios modificados etc. podem ser acessadas de maneira interativa clicando-se nas barras escuras que aparecem na parte inferior da representação (nos campos "*Region features*" e "*Site features*"), sendo que muitas delas só aparecem quando visualizamos um trecho mais curto da proteína. A região da proteína que se encontra indexada no *CDD* (*Conserved Domain Database*) também é indicada graficamente.

No canto superior direito da Figura 12.5 é possível observar outro botão com opções de encaminhamento ("*Send to:*"). Os dados da entrada selecionada podem ser encaminhados para um arquivo, sendo possível escolher seu formato, para a memória temporária (*clipboard*) ou diretamente para ferramentas de análise, como BLAST e a busca por domínios conservados.

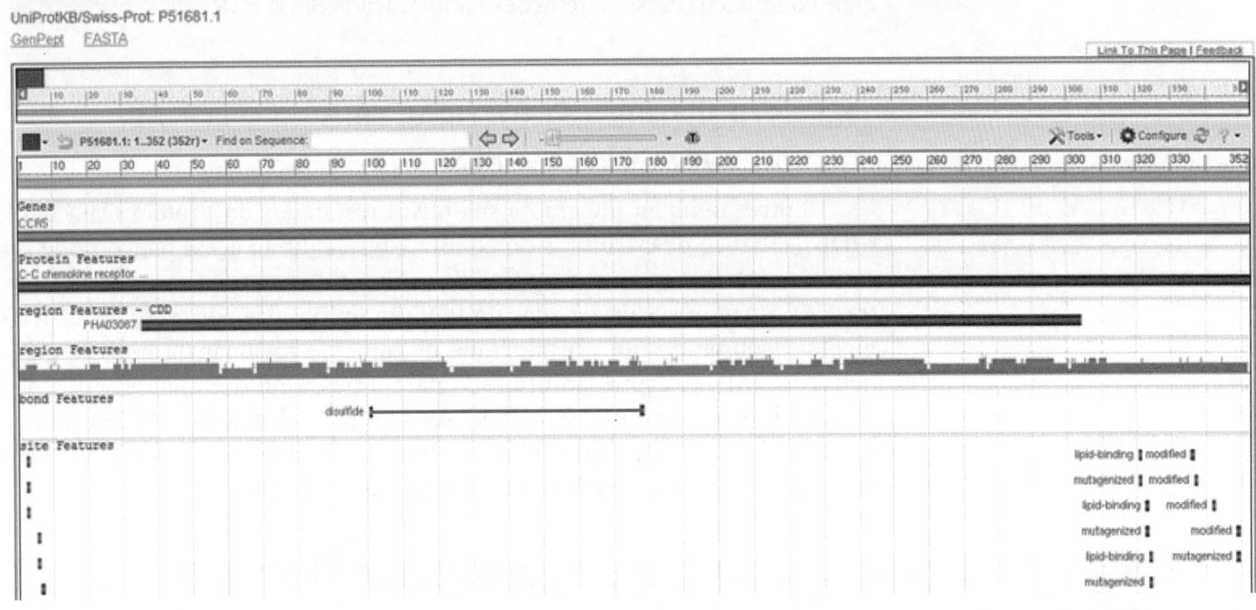

Figura 12.4 Representação de uma entrada no banco *"Protein"* (*Accession: P51681.1*) utilizando o modo *Graphics*.

As opções de "*Send to*" e de "*Display settings*" podem ser aplicadas de maneira conjunta para múltiplos resultados da busca no banco "*Protein*". Retornando a página com os resultados da busca, você pode alterar as configurações no "*Display settings*" para ordenar os resultados, limitar o número de resultados por página e apresentá-los no formato desejado (FASTA, por exemplo) já no momento da busca. Você também pode selecionar os resultados de seu interesse (clicando no *box* ao lado do nome dos resultados) e encaminhá-los no formato FASTA para um único arquivo, por exemplo, que conterá todas as sequências de seu interesse e na ordem desejada. No momento em que a opção de enviar para arquivo for selecionada, uma nova janela será aberta solicitando a localização em que o arquivo deverá ser salvo. Esse arquivo com várias sequências poderá ser utilizado como entrada para programas de alinhamento, por exemplo, permitindo identificar regiões conservadas e regiões com alta variabilidade entre as sequências selecionadas, bem como identificar a natureza das mutações em relação às características físico-químicas dos resíduos envolvidos.

Enquanto grandes deleções no gene do CCR5 levam à produção de uma proteína truncada, o que está associado a resistência à infecção pelo HIV em função da ausência do receptor na superfície das células, mutações pontuais podem causar um efeito mais sutil, mas ainda assim significativo. Seria possível, por exemplo, selecionar um amplo conjunto de sequências da proteína CCR5 com mutações associadas à progressão lenta na infecção por HIV e tentar identificar uma região da proteína que fosse essencial para a interação com as glicoproteínas do vírus, utilizando como controle sequências de progressores rápidos que sejam CCR5+. Uma análise complementar poderia envolver o estudo da localização dessas mutações na estrutura do receptor CCR5, bem como o impacto dessas alterações na interação com o HIV.

12.3.2 STRUCTURE: ESTRUTURAS TRIDIMENSIONAIS MACROMOLECULARES

O Entrez também integra na sua busca resultados do Protein Data Bank (PDB), o banco de estruturas do NCBI. A busca direta nesse banco pode ser realizada selecionando-se a opção "*Structure*" no campo da esquerda do Entrez. As estruturas armazenadas no PDB foram obtidas por métodos experimentais, sobretudo por cristalografia de raio X e ressonância nuclear magnética (RNM). A expressão utilizada para a busca no exemplo anterior nos fornece dezenove resultados no PDB, sendo quatro obtidas por RNM e quinze por cristalografia. É possível refinar a busca para um dos tipos clicando em um dos links que aparece à direita da tela (Figura 12.5).

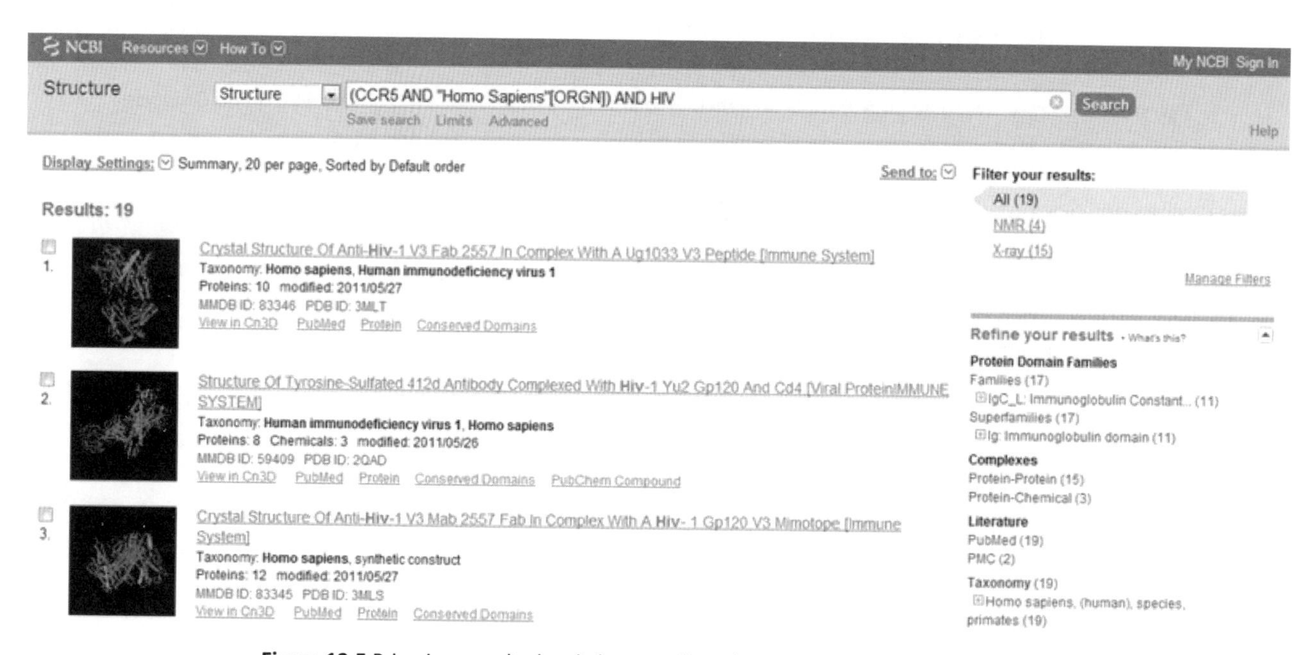

Figura 12.5 Primeiros resultados da busca utilizando a opção "*Structure*" do Entrez.

Como nos mostra a Figura 12.5, algumas das estruturas recuperadas nessa busca se referem a anticorpos monoclonais associados a peptídeos derivados da glicoproteína Gp120 do HIV-1 e a correceptores dos linfócitos T, como a molécula CD4. Esses resultados espúrios são incluídos porque não especificamos em nossa busca o campo em que o termo CCR5 deveria ser procurado, de modo que a simples presença dele no título do arquivo, ou entre as *keywords* (palavras-chave), por exemplo, já satisfaz nossa exigência. É possível observar de modo detalhado como nossa expressão está sendo interpretada ao examinarmos o campo "*Search details*" no lado direito da tela de busca. No nosso exemplo, esse campo apresenta o seguinte conteúdo:

- (CCR5[AllFields] AND "Homo Sapiens"[ORGN]) AND ("Humanimmunodeficiencyvirus 1"[Organism] OR "Humanimmunodeficiencyvirus 2"[Organism] OR "Humanimmunodeficiencyvirus"[Organism] OR "Humanimmunodeficiencyvirus 3"[Organism] OR HIV[AllFields])

Apesar dos resultados espúrios, pequenos segmentos da estrutura do receptor CCR5 também são recuperados em nossa busca. Outra alternativa interessante é utilizar diretamente o buscador do PDB, que vai oferecendo categorias para refinar a sua busca à medida que os termos vão sendo escritos no buscador. A Figura 12.6 exemplifica uma busca com o termo HIV, podendo-se observar uma janela logo abaixo do campo de busca mostrando as diversas categorias em que foi identificada a presença do termo buscado. A página do PDB pode ser completamente customizada, o que permite a criação de um perfil pessoal com acesso rápido a conteúdos individualizados.

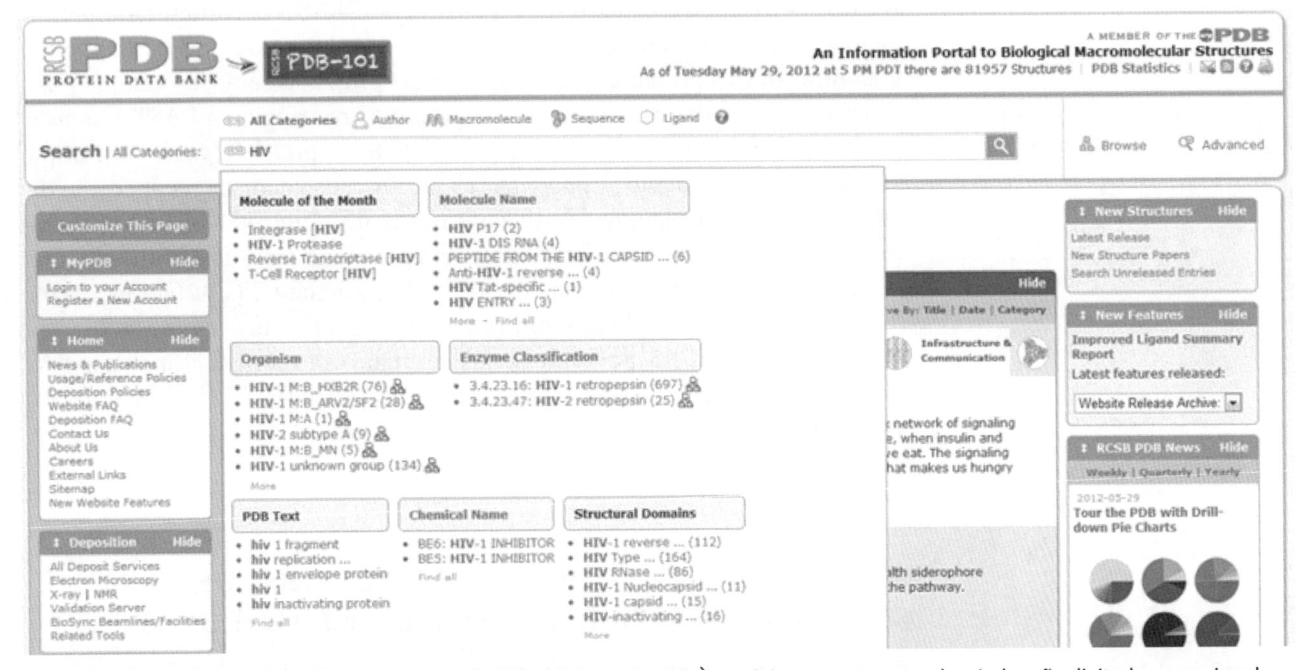

Figura 12.6 Exemplo de busca direta no site do *"Protein Data Bank"*. À medida que os termos desejados são digitados, uma janela mostra as diversas ocorrências dos termos, separando-as em categorias.

A despeito das peculiaridades das ferramentas de busca, as estruturas encontradas devem ser as mesmas, tanto ao realizar a busca pelo Entrez quanto diretamente no PDB. No caso de nosso exemplo, infelizmente ainda não existe uma estrutura completa do CCR5 disponível no PDB. Uma breve busca no PubMed nos mostra que a despeito dessa ausência de estruturas obtidas por métodos "clássicos", diversos grupos têm utilizado modelos de CCR5 para realizar inferências sobre aspectos funcionais dessa molécula. Esses modelos são normalmente produzidos por meio de modelagem por homologia, uma estratégia de bioinformática que permite determinar a estrutura tridimensional de uma dada proteína por meio do uso de uma proteína semelhante (molde ou *template*) cuja estrutura tridimensional já tenha sido determinada. Quanto maior a identidade entre a proteína alvo e a proteína-molde, maior a probabilidade de sucesso na modelagem e maior a confiabilidade do modelo gerado. Existem diferentes *softwares* que permitem realizar modelagem por homologia, integrando diferentes etapas do processo, as quais vão desde a busca por moldes até a o refinamento do modelo gerado. Mais detalhamentos sobre esses métodos foge ao escopo deste capítulo, mas um projeto de modelagem do CCR5 poderia ser iniciado utilizando ferramentas discutidas anteriormente.

Uma vez que a sequência de interesse tenha sido identificada no banco Protein, basta utilizar o menu "*Analyze this sequence*", que aparece na parte superior da margem direita da tela, independentemente do tipo de visualização escolhida (essa barra lateral foi recortada da Figura 12.4 para enfatizar a representação gráfica da sequência). A primeira opção do menu, "*Run BLAST*", direciona o usuário para a página do BLAST, já configurado para a análise da sequência desejada. Como nosso interesse nesse caso não é apenas encontrar outras proteínas semelhantes, mas proteínas semelhantes que possuam estruturas depositadas no PDB, podemos restringir o BLAST à análise no PDB, selecionando a opção "*Protein data bank proteins (pdb)*" no campo "*Database*" do segmento "*Choose search set*". A capacidade de recuperação de estruturas pode ser ampliada utilizando-se o algoritmo PSI-BLAST, no segmento "*Program selection*". Essa busca recupera uma série de estruturas, com destaque para a estrutura cristalografada da proteína CXCR4 (código PDB: 3ODU). O CXCR4 também é um receptor de quimiocinas com funções semelhantes às do CCR5, podendo inclusive atuar como correceptor alternativo na infecção por HIV em pacientes com a mutação CCR5-Δ32. Não por acaso, essa estrutura foi utilizada como molde para a modelagem de CCR5 em um trabalho recentemente publicado na revista *PLOS One*.

12.3.3 NUCLEOTIDE: SUBCONJUNTO CENTRAL DE REGISTROS DE SEQUÊNCIA DE NUCLEOTÍDEOS

A busca por sequências nucleotídicas pode ser facilmente refinada para a análise exclusiva de sequências de mRNA ou para sequências com RefSeq (sequências curadas e não redundantes) clicando-se nos links que aparecem na margem direita da página. A busca por genes deve ser realizada no banco *Gene*.

Esse banco apresenta as mesmas funcionalidades básicas discutidas na sessão "*Protein*", incluindo as ferramentas do modo "*Graphics*". No menu "*Analyse this sequence*", são apresentadas as funções "*Run BLAST*" e "*Pick primers*" (discutidas anteriormente), bem como as funções "*Highlight sequence features*" e "*Find in this sequence*". Estas duas últimas fornecem ferramentas complementares para identificar trechos da sequência contendo anotações e para identificar padrões na sequência analisada.

Dica

- Informações complementares sobre a recuperação e a análise de sequências no NCBI podem ser encontradas no "*Entrez sequences quick start*", disponível no endereço: <http://www.ncbi.nlm.nih.gov/books/NBK44863/#sequencesquickstart.HowcanIsearchfor>.

12.3.4 GSS (*GENOME SURVEY SEQUENCE*): SEQUÊNCIA DE ANÁLISE DO GENOMA

<**CONTEÚDO**>Armazena entradas equivalentes aos ESTs (*expressed sequence tag*), mas contendo informação genômica. Contém sequências de bibliotecas de DNA genômico, normalmente clonadas em BACs ou outros vetores com capacidade de armazenar insertos grandes.

Uma entrada padrão do GSS fornece uma sequência de DNA com a documentação completa sobre a biblioteca utilizada. Também é possível utilizar o menu "*Analyze this sequence*", na margem direita da tela, o qual contém os links "*Run BLAST*" e "*Pick primers*". O primeiro *link* direciona para o BLASTn, de forma análoga ao anteriormente descrito para proteínas, enquanto o segundo *link* permite desenhar e testar *primers* para a sequência em estudo, utilizando-se a ferramenta Primer-BLAST. Essas ferramentas podem ser úteis na análise de sequências de CCR5 já disponíveis em bibliotecas genômicas ou para quem pretende iniciar um projeto próprio de sequenciamento de variantes de CCR5.

12.3.5 GENE: INFORMAÇÃO CENTRADA EM GENES

As entradas do banco Gene nos trazem informações sobre localização cromossômica, organismo, nomenclatura oficial, nomes alternativos, um breve sumário sobre o gene e seu produto, além de fornecer uma visão esquemática da região cromossômica apresentando a orientação do gene e de outros genes próximos. Um link para o navegador "*MapViewer*" também é fornecido. Na coluna da direita, a "*Table of contents*" apresenta links para bibliografia, fenótipos, informação geral do gene, sequências relacionadas, contexto genômico, interações etc. No caso do gene CCR5, também é apresentado um link específico para interações com proteínas do HIV-1, sendo na maior parte referências de artigos sobre a interação com a glicoproteína gp120.

Além de ser uma ótima ferramenta para direcionar a pesquisa sobre um determinado gene, no nosso exemplo fornecendo referências sobre as interações entre o gene CCR5 e o HIV-1, esse banco também fornece as ferramentas anteriormente discutidas para análise de sequência, como a obtenção de sequência fasta (de uma ou múltiplas entradas), busca no BLAST e desenho de *primers*. Por se tratarem de sequências nucleotídicas mais longas, ele também fornece alternativas para restringir a análise a um trecho menor, não só no modo "*Graphics*", mas também no modo "FASTA" do "*Display settings*".

12.3.6 BIOSYSTEMS: ROTAS E SISTEMAS DE MOLÉCULAS DE INTERAÇÃO

Esse banco armazena informação de conjuntos de biomoléculas que participam de rotas metabólicas e de sinalização, estados patológicos etc. Ele inclui rotas do KEGG (*Kyoto Encyclopedia of Genes and Genomes*), do REACTOME e do EcoCyc (*Escherichia coli K-12 MG1655*), sendo projetado para integrar dados de outros bancos no futuro.

No caso da busca realizada anteriormente ("CCR5 **AND** "Homo Sapiens"[ORGN] **AND** HIV"), o banco nos fornece alguns eventos relacionando os termos buscados, como "*HIV infection, binding and entry of HIV virion*", "*HIV life cycle*" e "*Early phase of HIV life cycle*", cada um deles com uma breve descrição sobre a entrada e alguns links relacionados, nesse caso para os bancos REACTOME, Proteins, Genes, Compounds e PubMed. Em alguns casos, um diagrama da rota envolvida já é apresentado no corpo da página da entrada escolhida. Caso esse diagrama não esteja disponível, você pode acessá-lo por meio do link para o banco de dados em que ele está armazenado. No nosso caso, o link do REACTOME nos leva para um mapa de interações que relaciona todos os "eventos" listados anteriormente. É possível navegar em vários níveis dentro desse mapa, identificando outras proteínas, complexos e pequenas moléculas que interagem direta ou indiretamente com a nossa proteína de interesse no contexto do "evento" que estamos estudando (Figura 12.7). Também é possível explorar outros "eventos" relacionados, identificando o papel de cada molécula/proteína envolvida.

O ByoSystems pode ser utilizado tanto para esclarecer o contexto de atuação da nossa proteína de interesse quanto os principais parceiros de interação envolvidos na rota que estamos estudando. Durante a busca é possível refinar as ocorrências utilizando links que aparecem na margem direita da página, com rotas relacionadas, ocorrências nos bancos indexados, termos do "*Gene Ontology*" (GO) e registro de ensaios realizados com as moléculas buscadas ("*BioAssays via Actives*" e "*BioAssays via Target*"). Como os bancos estão interligados, é possível utilizar o *BioSystems* para identificar e recuperar sequências e estruturas das proteínas envolvidas na rota em estudo. Assim sendo, essa ferramenta pode ser o ponto de partida para estudos *in vitro*, auxiliando na identificação de quais genes poderiam ser incluídos em estudos genéticos (identificando polimorfismos em genes-alvo e relacionando-os com o fenótipo observado na clínica) ou bioquímicos (realizando ensaios que permitam caracterizar diferenças funcionais em enzimas-chave para a rota em estudo). Além disso, pode ser utilizada para uma série de abordagens *in silico*, com destaque para os estudos de biologia de sistemas com foco nas redes de interação (gênica ou proteica) e no impacto funcional acarretado por alterações das moléculas envolvidas (mutações, nocaute gênico, alterações de expressão etc.).

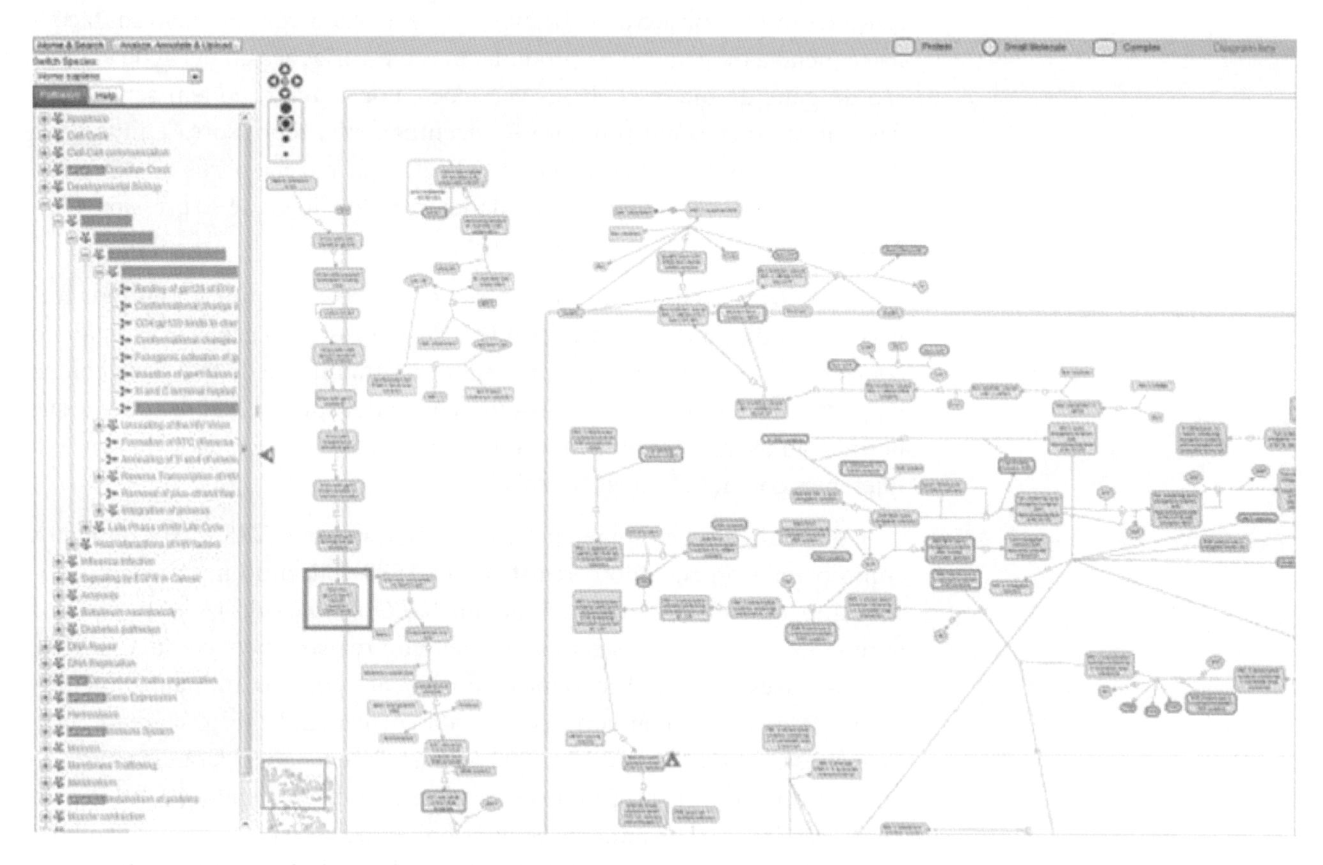

Figura 12.7 Exemplo de vizualização de rede do banco REACTOME identificada a partir de uma busca no *BioSystems*.

Dica

- Informações complementares sobre conteúdo, formas de busca e interpretação dos resultados apresentados pelo BioSystems podem ser encontradas no NCBI BioSystems Database Help, disponível em: <http://www.ncbi.nlm.nih.gov/Structure/biosystems/docs/biosystems_help.html>.

12.3.7 GEO PROFILES: PERFIS DE EXPRESSÃO E DE ABUNDÂNCIA MOLECULAR

Os dados de microarranjo e de outras tecnologias mais modernas têm fornecido informações valiosas sobre os níveis de expressão de inúmeros genes de interesse em uma ampla gama de situações de estudo, como em tecidos tumorais, células em senescência, tecidos em diferentes estágios de desenvolvimento, além de várias patologias específicas. Muitas vezes a diferença fenotípica observada não pode ser explicada com base em mutações na sequência do gene ou da proteína, mas em variações no perfil de expressão do gene de interesse. Essas variações, por sua vez, podem ser induzidas por alterações em promotores, acentuadores, repressores e uma série de mecanismos de regulação. O GEO Profiles armazena perfis de expressão gênica derivados de conjuntos de dados curados do Gene Expression Omnibus (GEO).

Ao realizarmos uma busca nesse banco, percebemos que cada entrada fornece um gráfico apresentando os níveis de expressão do gene em questão no contexto de todas as amostras presentes no conjunto de dados. Cada coluna na parte inferior do gráfico indica um contexto experimental distinto, o que permite ao usuário ter uma ideia inicial do grau de variabilidade do gene em diferentes condições experimentais.

Utilizando-se a mesma expressão de busca para CCR5 e HIV, obtemos como primeiro resultado o registro GDS1580. Clicando nesse código, somos direcionados para uma página do "*GEO DataSet Browser*", o qual nos apresenta as informações gerais a respeito do registro, bem como uma série de links. Nesse caso, observamos informações sobre o *knockdown* gênico de um fator de crescimento derivado da córnea (LEDGF/p75), cujo perfil de expressão foi observado em 293 células T depletadas para esse fator. O registro nos informa ainda que os resultados indicam genes regulados pelo LEDGF/p75, os quais podem ser alvos preferenciais na integração pelo HIV (Figura 12.8).

Assim como discutido anteriormente para o BioSystems, o GEO DataSet Browser pode ser utilizado para rastrear outros alvos de interesse que possam estar relacionados ao nosso gene candidato, mas de uma forma muito mais poderosa. Mesmo que ainda não se conheçam os mecanismos de interação entre dois genes e que eles ainda não tenham sido cadastrados em uma mesma rota metabólica nos bancos de dados anteriormente citados, a análise dos perfis de expressão pode indicar que ambos variam de forma semelhante quando expostos às mesmas condições experimentais. Esse é um forte indicativo de que ambos atuam na regulação dos mesmos processos e de que são regulados por mecanismos semelhantes. O GEO DataSet Browser fornece ferramentas para rastrear e agrupar genes com perfis de expressão semelhantes, bem como para identificar genes com perfis opostos em algumas situações experimentais.

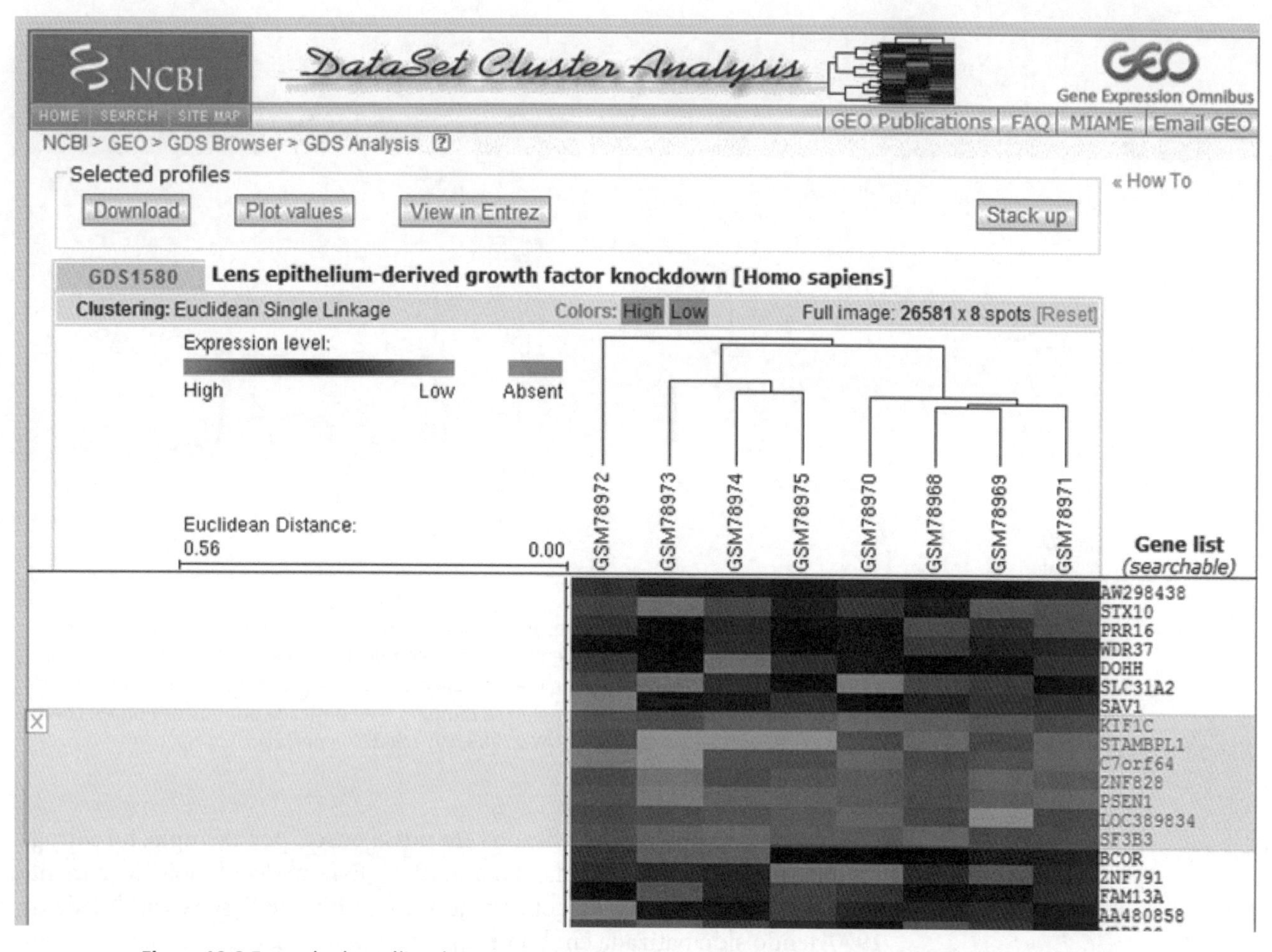

Figura 12.8 Exemplo de análise de agrupamento de genes utilizando ferramentas do *GEO Dataset Browser.*

12.3.8 PUBCHEM BIOASSAY: QUADRO DE BIOATIVIDADE DE SUBSTÂNCIAS QUÍMICAS

Por restringir a busca do termo CCR5 às ocorrências vinculadas a humanos, a expressão "CCR5 **AND** "Homo Sapiens"[ORGN]) **AND** HIV" identifica, evidentemente, um número menor de ocorrências do que aquelas observadas na Figura 4.17. O número de ocorrências no banco Protein, por exemplo, caiu de 5115 (Figura 4.17) para 219. Nessa busca refinada, o banco com o maior número de ocorrências no Entrez não foi o Protein nem o Nucleotide, mas, sim, o PubChem BioAssay (518 ocorrências). O grande número de ocorrências nesse banco reflete, nesse caso, a importância do CCR5 como possível alvo para a ligação de fármacos que atuem impedindo ou dificultando a infecção pelo HIV. Como indica o próprio nome, esse banco armazena resultados de triagens de atividades de substâncias químicas descritas no PubChem Substance, outro banco também rastreado pelo Entrez, fornecendo descrições específicas sobre as condições e os resultados de cada um dos ensaios realizados na triagem de um dado composto (Figura 12.9).

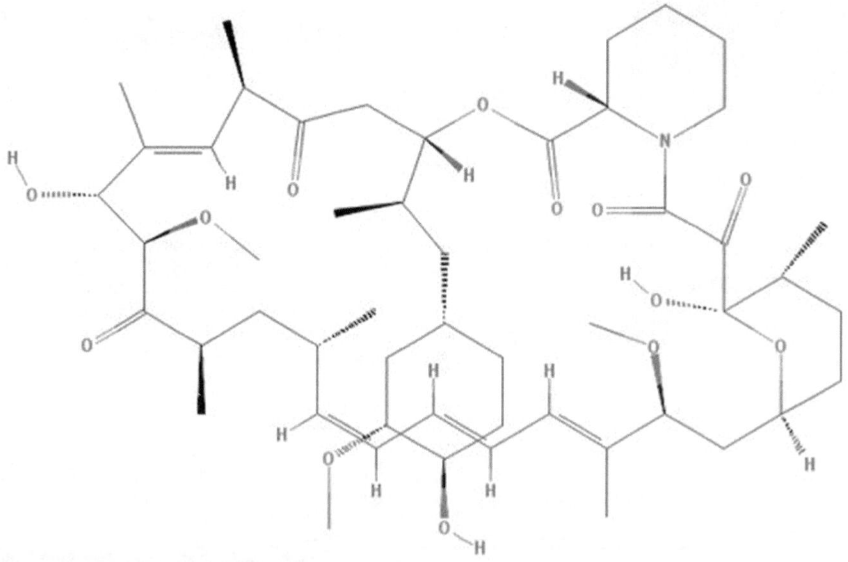

Figura 12.9 Estrutura da rampamicina conforme representação fornecida pelo *PubChem BioAssay*. Clicando no link de identificação do composto (AID: 406229), temos acesso a outras informações relevantes, como a fórmula molecular ($C_{51}H_{79}NO_{13}$) e a massa molecular (914.17186) da substância. Essa molécula também é identificada por outros nomes, como rapamune, AY-22989, WY-090217 e perceiva.

Um dos compostos identificados em nossa busca, por exemplo, foi a droga imunossupressora rapamicina (Figura 12.9). Essa molécula foi inicialmente isolada de uma bactéria descoberta no solo da Ilha de Páscoa, na década de 1970, tendo sido batizada em homenagem ao nome polinésio do arquipélago, Rapa Nui. O composto purificado foi inicialmente empregado no combate a fungos, mas hoje é indicado na profilaxia da rejeição de órgãos em transplantados renais, sendo utilizado em regimes terapêuticos com ciclosporina e corticosteroides. A nossa busca no PubChem BioAssay, evidentemente, retornou dados relacionados ao efeito desse fármaco sobre o CCR5. Mais especificamente, ela indicou que a rapamicina reduz os níveis de CCR5 em células T CD4+, potencializando *in vitro* o efeito da enfuvirtida (T20) contra cepas R5 do HIV-1. Esses resultados foram obtidos por citometria (*quantitative fluorescence-activated cell sorting*) após seis dias de tratamento com o fármaco (Figura 12.10).

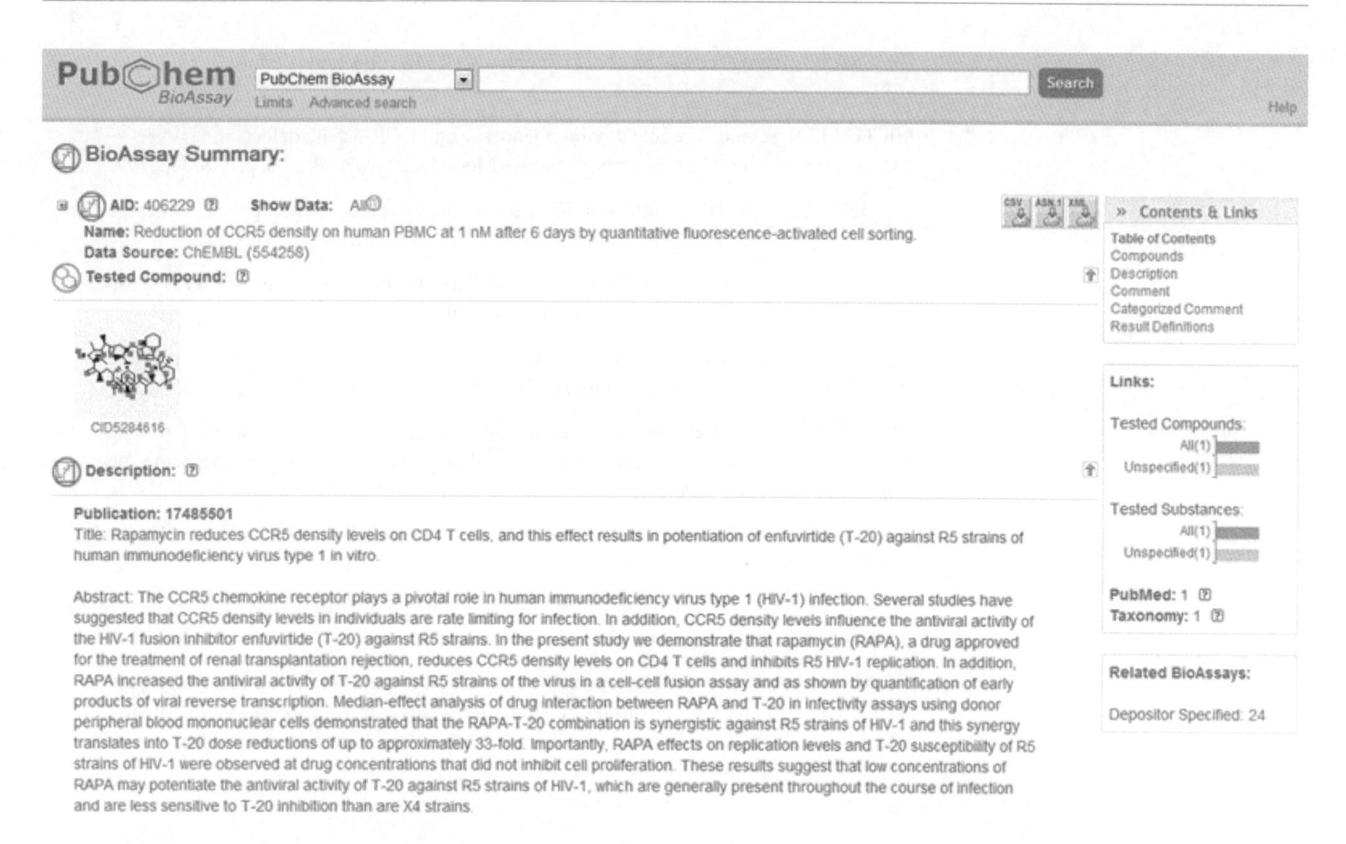

Figura 12.10 Exemplo de uma entrada no banco *PubChem Bioassay.* Nesse caso, são fornecidos os dados obtidos em testes com a rapamicina, destacando seu efeito sobre a molécula CCR5. A página inicial fornece uma breve descrição da entrada, associada a uma série de links que permitem investigar detalhes específicos.

REFERÊNCIAS

BITI, R. et al. HIV-1 infection in an individual homozygous for the CCR5 deletion allele. **Nature Medicine**, New York, v. 3, p. 252-253, 1997.

EUGEN-OLSEN, J. et al. Heterozygosity for a deletion in the CKR-5 gene leads to prolonged AIDS-free survival and slower CD4 T-cell decline in a cohort of HIV-seropositive individuals. **AIDS**, London, v. 11, p. 305-310, 1997.

FOWKE, K. R. et al. Resistance to HIV-1 infection among persistently seronegative prostitutes in Nairobi, Kenya. **Lancet**, London, v. 348, p. 1347-1351. 1996.

HUANG, Y. et al. The role of a mutant CCR5 allele in HIV-1 transmission and disease progression. **Nature Medicine**, New York, v. 2, p. 1240-1243, 1996.

LIU, R. et al. Homozygous defect in HIV-1 coreceptor accounts for resistance of some multiply-exposed individuals to HIV-1 infection. **Cell**, Cambridge, v. 86, p. 367-377, 1996.

LIU, S.; FAN, S.; SUN, Z. Structural and functional characterization of the human CCR5 receptor in complex with HIV gp120 envelope glycoprotein and CD4 receptor by molecular modeling studies. **Journal of Molecular Modeling**, Berlin, v. 9, p. 329-336, 2003.

KOTHANDAN, G.; GADHE, C. G.; CHO, S. J. Structural insights from binding poses of CCR2 and CCR5 with clinically important antagonists: a combined *in silico* study. **PLOS One**, San Francisco, v. 7, p. e32864, 2012.

KLASSE, P. J. The molecular basis of HIV entry. **Cell Microbiology**, Oxford, v. 14, p. 1183-1192, 2012.

MICHAEL. N. L. et al. The role of viral phenotype and CCR-5 gene defects in HIV-1 transmission and disease progression. **Nature Medicine**, New York, v. 3, p. 338-340, 1997.

O'BRIEN, T. R. et al. HIV-1 infection in a man homozygous for CCR5 delta 32. **Lancet**, London, v. 349, p. 1219, 1997.

PANCINO, G.; SILVESTRI, G.; FOWKE, K. **Models of protection against HIV/SIV**: avoiding AIDS in humans and monkeys. Oxford: Elsevier, 2012.

PATERLINI, M. G. Structure modeling of the chemokine receptor CCR5: implications for ligand binding and selectivity. **Biophysics Journal**, Cambridge, v. 83, p. 3012-3031, 2002.

PAXTON W. A. et al. Relative resistance to HIV-1 infection of CD4 lymphocytes from persons who remain uninfected despite multiple high-risk sexual exposure. **Nature Medicine**, New York, v. 2, p. 412-417, 1996.

ROWLAND-JONES S. et al. HIV-specific cytotoxic T-cells in HIV-exposed but uninfected Gambian women. **Nature Medicine**, New York, v. 1, p. 59-64, 1995.

THEODOROU, I. et al. HIV-1 infection in an individual homozygous for CCR5 delta 32. Seroco Study Group. **Lancet**, London, v. 349, p. 1219-1220, 1997.

ZIMMERMAN, P. A. et al. Inherited resistance to HIV-1 conferred by an inactivating mutation in CC chemokine receptor 5: studies in populations with contrasting clinical phenotypes, defined racial background, and quantified risk. **Molecular Medicine**, Cambridge, v. 3, p. 23-36, 1997.

PARTE V – PROTEÍNAS

As proteínas são uma vasta classe de biomoléculas envolvidas em diversas atividades das células. Elas são formadas pela tradução do RNA mensageiro e sua estrutura primária é constituída de uma sequência de aminoácidos. São necessários três nucleotídeos para o reconhecimento de um aminoácido, fazendo com que o código genético seja degenerado (Quadro 13.1).

Quadro 13.1 Simbologia e código genético padrão dos aminoácidos.

Símbolos		Aminoácido	Código genético padrão	Unidade básica
A	Ala	Alanina	GCU, GCC, GCA, GCG	**GC_**
B	Asx	Asparagina ou ácido aspártico (aspartato)	-	-
C	Cis	Cisteína	UGU, UGC*	**UG_**
D	Asp	Ácido aspártico (aspartato)	GAU, GAC	**GA_**
E	Glu	Ácido glutâmico (glutamato)	GAA, GAG	**GA_**
F	Fen	Fenilalanina	UUU, UUC	**UU_**
G	Gli	Glicina	GGU, GGC, GGA, GGG	**GG_**
H	His	Histidina	CAU, CAC	**CA_**
I	Ile	Isoleucina	AUU, AUC, AUA	**AU_**
K	Lis	Lisina	AAA, AAC	**AA_**
L	Leu	Leucina	UUA, UUG CUU, CUC, CUA, CUG	**UU_** **CU_**
M	Met	Metionina	AUG (iniciador)	-
N	Asn	Asparagina	AAU, AAC	**AA_**
P	Pro	Prolina	CCU, CCC, CCA, CCG	**CC_**
Q	Gln	Glutamina (glutamida)	CAA, CAG	**CA_**
R	Arg	Arginina	CGU, CGC, CGA, CGG AGA, AGG	**CG_** **AG_**
S	Ser	Serina	UCU, UCC, UCA, UCG AGU, AGC	**UC_** **AG_**
T	Tre	Treonina	ACU, ACC, ACA, ACG	**AC_**
V	Val	Valina	GUU, GUC, GUA, GUG	**GU_**
W	Trp	Triptofano	UGG*	**UG_**
Y	Tir	Tirosina	UAU, UAC*	**UA_**
Z	Glx	Glutamina ou glutamato	-	-

* Códons de terminação: UAA, UAG, UGA.

A estrutura secundária permite o adequado dobramento e o surgimento da estrutura terciária. O correto dobramento fornece a função das proteínas, principalmente das enzimas, uma vez que permite as corretas localização e exposição dos sítios ativos. As proteínas são uma parte importante da biologia molecular e da biotecnologia no que diz respeito à sua função. Muitas proteínas e enzimas são produzidas por recombinação gênica, sendo importante quantificar as proteínas totais de uma dada célula e visualizar a expressão das diferentes proteínas por meio de eletroforese em gel de poliacrilamida do tipo desnaturante, ou SDS-PAGE. O SDS-PAGE é uma das técnicas mais comuns nos laboratórios de análises de proteínas, principalmente as produzidas pelo método de DNA recombinante, pois avalia seu grau de expressão. A escolha dos vetores de expressão, assim como da célula hospedeira, podem influenciar na expressão da proteína. Muitas vezes, um vetor de alta expressão não é o mais adequado para a produção de uma proteína heteróloga, pois pode gerar perda de atividade das enzimas. Uma das razões dessa perda é o alto grau de dobramentos inadequados por excesso e rapidez de produção da enzima. Enzimas provenientes de genomas eucarióticos podem sofrer mudanças pós-traducionais com a adição de radicais que alteram sua estrutura primária como: fosforilação, glicosilação, carboxilação e metilação. Isso significa que determinadas enzimas só terão sua função em hospedeiros eucariotos porque só esses sistemas terão a maquinaria necessária para esse tipo de alteração. A avaliação adequada de todo o processo de expressão da proteína pode garantir o sucesso de um experimento.

CAPÍTULO 13
ANÁLISE E QUANTIFICAÇÃO DE PROTEÍNAS

Nélson Kretzmann Filho, Fernanda Matias

13.1 QUANTIFICAÇÃO DE PROTEÍNAS POR ESPECTROFOTÔMETRO

Existe uma variedade de métodos para a determinação da concentração de proteína em uma amostra. Todos os métodos usados devem ser padronizados com uma proteína pura conhecida (por exemplo, albumina de soro bovina).

13.1.1 MÉTODO DE BRADFORD

O método de Bradford depende da união quantitativa de um corante, o Azul Brilhante de Coomassie, a uma proteína desconhecida e da comparação dessa união a diferentes quantidades de uma proteína padrão. O Azul Brilhante de Coomassie G250 é um pigmento do tipo trifenilmetano aniônico que se une de forma não covalente aos resíduos de lisina das proteínas, convertendo-se da cor vermelha para o azul após a ligação à proteína. O complexo é formado em aproximadamente 2 min, permanecendo disperso em solução por aproximadamente 1 h, e tem um alto coeficiente de extinção que lhe concede grande sensibilidade na dosagem das proteínas. Normalmente, o padrão é produzido a partir de albumina sérica bovina com 1 μg a 10 μg de proteína.

13.1.1.1 Reagentes

Solução A (curva padrão)

- NaCl: 0.15 M
- Solução de proteína (albumina bovina sérica ou BSA): 1 mg/mL

Solução B (adicione 100 mg de Azul Brilhante de Coomassie G-250 aos itens a seguir)

- Etanol 100%: 50 mL
- Ácido fosfórico 85%: 100 mL
- H_2O deionizada q.s.p.: 1.000 mL

13.1.1.2 Preparo da curva padrão

Adicione as quantidades em triplicata (x 3) (Branco, A1, A2... A14) em uma placa de 96 poços (Quadro 13.2).

Quadro 13.2 Como devem ser feitas as concentrações para o procedimento.

Branco	A2	A5	A8	A10	A13	Amostra	Amostra	Amostra	Amostra	Amostra	Amostra
Branco	A3	A5	A8	A11	A13	Amostra	Amostra	Amostra	Amostra	Amostra	Amostra
Branco	A3	A6	A8	A11	A14	Amostra	Amostra	Amostra	Amostra	Amostra	Amostra
A1	A3	A6	A9	A11	A14	Amostra	Amostra	Amostra	Amostra	Amostra	Amostra
A1	A4	A6	A9	A12	A14	Amostra	Amostra	Amostra	Amostra	Amostra	Amostra
A1	A4	A7	A9	A12	A15	Amostra	Amostra	Amostra	Amostra	Amostra	Amostra
A2	A4	A7	A10	A12	A15	Amostra	Amostra	Amostra	Amostra	Amostra	Amostra
A2	A5	A7	A10	A13	A15	Amostra	Amostra	Amostra	Amostra	Amostra	Amostra

13.1.1.3 Preparo da solução B

1. Dissolva o Azul Brilhante de Coomassie em etanol 100%.
2. Após dissolução, adicione o ácido fosfórico 85%.
3. Homogeneíze por aproximadamente 5 min.
4. Acerte o volume com água deionizada.

Dica

- As amostras podem ser feitas em duplicata, e, portanto, em uma placa podem ser quantificadas 24 amostras.

13.1.1.4 Procedimento

1. Adicione a quantidade de água MilliQ segundo a tabela.
2. Construa a curva padrão utilizando a solução A (1 a 10 µg ou 10 a 100 µg de albumina em 100 µL de tampão salino).

3. Adicione albumina à amostra seguindo os valores da tabela.
4. Homogeneíze bem as quantidades de albumina e de amostras na hora de colocá-las na placa. Faça isso com a própria pipeta, apertando-a de duas a três vezes, até que ela retorne ao seu primeiro estágio, com o volume inicialmente colocado em seu interior.
5. Adicione 40 µL da solução B em todos os poços, misturando com a pipeta. Somente esse procedimento pode ser feito com a pipeta multicanal.
6. Deixe a mistura em repouso por 10 min em temperatura ambiente, preferencialmente no escuro.
7. Proceda à leitura em absorbância de 595 nm.
8. Copie os dados em um arquivo do Excel para a realização dos cálculos (Quadro 13.3).

Quadro 13.3 Exemplo de tabela a ser feita no Excel com os dados do experimento.

Poço	Concentração (mg/mL)	Água MilliQ	Albumina	Amostra	BioRad Protein Assay
Branco	0	160 µL	- x -	- x -	40 µL
A1	0,003125	159 µL	1 µL	- x -	40 µL
A2	0,00625	158 µL	2 µL	- x -	40 µL
A3	0,009375	157 µL	3 µL	- x -	40 µL
A4	0,0125	156 µL	4 µL	- x -	40 µL
A5	0,015625	155 µL	5 µL	- x -	40 µL
A6	0,01875	154 µL	6 µL	- x -	40 µL
A7	0,021875	153 µL	7 µL	- x -	40 µL
A8	0,025	152 µL	8 µL	- x -	40 µL
A9	0,028125	151 µL	9 µL	- x -	40 µL
A10	0,03125	150 µL	10 µL	- x -	40 µL
A11	0,034375	149 µL	11 µL	- x -	40 µL
A12	0,0375	148 µL	12 µL	- x -	40 µL
A13	0,040625	147 µL	13 µL	- x -	40 µL
A14	0,04375	146 µL	14 µL	- x -	40 µL
A15	0,046875	145 µL	15 µL	- x -	40 µL
Amostras	- x -	159 µL	- x -	1 µL	40 µL

Dica

- Todas as diluições, incluindo a curva padrão, devem ser preparadas ao mesmo tempo.
- Essa análise pode ser feita em cubeta de vidro para leitura em espectrofotômetro de cubeta.

13.1.2 MÉTODO DE LOWRY

No método de Lowry, em meio alcalino, a proteína reage com o cobre formando um complexo com capacidade de reduzir o reagente de Fenol (Folin-Ciocalteau), resultando em um composto de cor azul intensa. Essa coloração possibilita a quantificação espectrofotométrica.

13.1.2.1 Reagentes

- Solução A, solução B e reagente de Folin-Ciocalteau
- Solução padrão de BSA a 5 mg/mL.
- Amostra

13.1.2.2 Solução A

- Carbonato de sódio (Na_2CO_3): 20 g/L
- Hidróxido de sódio (NaOH): 4 g/L

13.1.2.3 Solução B

- Sulfato de cobre ($CuSO_4$): 5 g/L
- Citrato de sódio: 10 g/L

13.1.2.4 Solução C

- 1 parte do reagente B
- 50 partes do reagente A

Obs.: Preparar no momento do uso.

13.1.2.5 Solução D

- 1 parte do reagente B
- 50 partes do reagente A **sem hidróxido de sódio**

13.1.2.6 Solução E

- 1 parte de reagente de Folin-Ciocalteau 2 N
- 1 parte de água

OBS.: Esta solução pode ser estocada já diluída.

13.1.2.7 Procedimento

1. Adicione 2,5 mL da solução C a um tubo de ensaio contendo 500 μL de amostra diluída apropriadamente.
2. Incube por 5 min à temperatura ambiente.
3. Adicione 250 μL da solução D (reagente de Folin-Ciocalteau 1:1) e aguarde 30 min.
4. Realize a leitura em espectrofotômetro na absorbância de 750 nm.

Dica

- A amostra deve ser diluída de forma que a sua concentração fique dentro da amplitude da curva padrão (0,1 a 0,5 mg/mL), lembrando que o volume final da amostra deverá ser de 4,0 mL.
- Faça a curva padrão com cinco concentrações diferentes de albumina bovina (Tabela 13.1).

Tabela 13.1 Curva padrão

Concentração (mg/mL)	Volume de BSA a 5 mg/mL (μL)	Volume de água (μL)
0,5	100	900
0,4	80	920
0,3	60	940
0,2	40	960
0,1	20	980
0	0	1000

Cálculo da concentração:

1. Faça a média das absorbâncias obtidas.
2. Calcule o fator da curva de calibração dividindo a quantidade de albumina no tubo pela absorbância obtida nesse tubo.
3. Use o fator da curva de calibração para o cálculo da quantidade de proteína nas amostras (em mg/mL):

$$C_a = \frac{Abs_a \times F}{V_a}$$

sendo

C_a = concentração da amostra (mg/mL)

Abs_a = absorbância da amostra

F = fator da curva de calibração

V_a = volume da amostra utilizado (μL)

13.1.3 MÉTODO DE LOWRY MODIFICADO

13.1.3.1 Reagentes

13.1.3.1.1 Solução A

- Na_2CO_3: 20 g
- Água deionizada q.s.p.: 100 mL

13.1.3.1.2 Solução B

- CuSO4: 0,2 g
- Água deionizada q.s.p.: 40 mL

13.1.3.1.3 Solução C

- Tartarato de Na^+ e K^+: 0,4 g
- Água deionizada q.s.p.: 40 mL

13.1.3.2 Procedimentos da solução CTC

1. Misture a solução B com a solução A.
2. Adicione água até alcançar o volume de 100 mL.
3. Despeje a solução C sobre a solução A-B.
4. Guarde em frasco âmbar.

Obs.: Solução válida por dois meses.

Dica

- Não mude a ordem de adição das soluções!!!

13.1.3.3 Reagente de Lowry

- CTC: 10 mL
- SDS 10%: 10 mL
- NaOH 1 N: 8 mL
- Água deionizada: 12 mL

Dica

- Essa solução é estocável por duas semanas à temperatura ambiente.

13.1.3.4 Reagente de Folin 0,4 N

1. Dilua a solução estoque de Folin 2 N na proporção 1:5 em água deionizada.

Obs.: A validade da mistura é indeterminada quando guardada em frasco âmbar.

13.1.3.5 Solução padrão de Albumina 1 mg/mL

- Albumina: 0,05 g
- Água destilada: 50 mL

13.1.3.6 Procedimento

1. Prepare o estoque em balão volumétrico.
2. Faça alíquotas de 1 mL em microtubos e congele (quadros 13.4 e 13.5).

Quadro 13.4 Como preparar a curva padrão diluída.

Tubos	Quantidade (μg)	Padrão diluído (Albumina 0,1 mg/mL) (μL)	Água ultrapura (μL)	Lowry (μL) Agitar	Esperar 10 min	Folin (μL) Agitar	Esperar 30 min
B	0	0	400	400	--------	200	--------
1	4	40	360	400	--------	200	--------
2	6	60	340	400	--------	200	--------
3	10	100	300	400	--------	200	--------
4	14	140	260	400	--------	200	--------
5	20	200	200	400	--------	200	--------

Quadro 13.5 Como preparar as amostras.

Tubos	Amostras (μL)	Água ultrapura (μL)	Lowry (μL) Agitar	Esperar 10 min	Folin (μL) Agitar	Esperar 30 min
1	10	390	400	--------	200	--------
2	10	390	400	--------	200	--------
3	10	390	400	--------	200	--------
4	10	390	400	--------	200	--------
5	10	390	400	--------	200	--------

Dica

- Se as amostras tiverem uma alta quantidade de proteína, faça uma curva concentrada usando os seguintes volumes de padrão concentrado de albumina (1 mg/mL) em µL: 0, 10, 15, 20, 30, 40, e água (q.s.p. 400) em µL: 400, 390, 385, 380, 370, 360.
- Todos os tubos, com exceção do branco, são duplicatas.
- Numere tubos de vidro colocando-os em uma estante e na ordem, conforme a tabela.
- Mantenha os reagentes e os tubos em água morna a fim de evitar que o SDS do Lowry precipite e interfira na leitura.
- Leia em 750 nm (luz visível), zerando com o branco e começando pela curva.
- Prepare a curva padrão e as amostras concomitantemente. Comece preparando a curva padrão e depois as amostras. A leitura em espectrofotômetro também deve ser feita nessa ordem.

13.2 ELETROFORESE UNIDIMENSIONAL DE PROTEÍNAS EM GEL DE POLIACRILAMIDA CONTENDO SDS (SDS-PAGE); GEL DESNATURANTE

Pelo fato de as proteínas possuírem uma carga elétrica global em um meio de pH diferente de seu ponto isoelétrico, elas podem migrar quando se aplica um campo elétrico. A migração variará de acordo com tamanho, carga, forma e composição química da proteína. A carga global de uma proteína depende da proporção entre aminoácidos positivos e negativos, e varia de acordo com o pH. Dentre os aminoácidos de carga positiva estão a histidina, a lisina e as aminas terminais, enquanto dentre os de carga negativa estão os ácidos aspártico e glutâmico e os grupamentos carboxílicos terminais. Usando-se um gel polimérico como suporte, as proteínas serão separadas por tamanho na eletroforese de gel desnaturante. O persulfato de amônio (PSA) ativa o TEMED fazendo as ligações cruzadas da acrilamida e da bisacrilamida, sendo essa quantidade de ligações cruzadas a responsável por formar os tamanhos dos poros e, consequentemente, pela separação das proteínas. Dessa forma, quanto maior a concentração de polímeros, maior a quantidade de ligações cruzadas, menor o tamanho dos poros e melhor a separação de proteínas menores (tabelas 13.2 a 13.4).

Tabela 13.2 Diferentes concentrações de gel de separação de acordo com os tamanhos das proteínas.

% Acri-bis acrilamida	Relação acri/bis	Tamanho
6%	37,5:1	80-200 kDa
7,5%	37,5:1	65-200 kDa
10%	37,5:1	21-200 kDa
12%	37,5:1	14-100 kDa
15%	37,5:1	6,5-100 kDa
16%	29:1	2-70 kDa

Tabela 13.3 Composição das diferentes concentrações de gel.

	4%	5%	6%	7%	8%	9%	10%	12%	13%	15%	20%	25%
H_2O (mL)	8,90	8,55	8,20	7,85	7,5	7,15	6,85	6,1	5,75	5,05	3,30	1,55
acri-bis 40% (mL)	1,4	1,75	2,10	2,45	2,80	3,15	3,50	4,20	4,55	5,25	7,00	8,75

Tabela 13.4 Protocolo para mistura de gel de poliacrilamida (gel de separação) a 30% de solução estoque.

	Volume dos componentes (mL) por volume de gel							
Componentes	**5 mL**	**10 mL**	**15 mL**	**20 mL**	**25 mL**	**30 mL**	**40 mL**	**50 mL**
Gel 6%								
Água	2,6	5,3	7,9	10,6	13,2	15,9	21,2	26,5
Tris 1,5 M (pH 8,8)	1,3	2,5	3,8	5,0	6,3	7,5	10,0	12,5
SDS 10%	0,05	0,1	0,15	0,2	0,25	0,3	0,4	0,5
PSA 10%	0,05	0,1	0,15	0,2	0,25	0,3	0,4	0,5
TEMED	0,004	0,008	0,012	0,016	0,02	0,024	0,032	0,04
Mistura acrilamida 30%	1,0	2,0	3,0	4,0	5,0	6,0	8,0	10,0
Gel 8%								
Água	2,3	4,6	6,9	9,3	11,5	13,9	18,5	23,2
Tris 1,5 M (pH 8,8)	1,3	2,5	3,8	5,0	6,3	7,5	10,0	12,5
SDS 10%	0,05	0,1	0,15	0,2	0,25	0,3	0,4	0,5
PSA 10%	0,05	0,1	0,15	0,2	0,25	0,3	0,4	0,5
TEMED	0,003	0,006	0,009	0,012	0,015	0,018	0,024	0,03
Mistura acrilamida 30%	1,3	2,7	4,0	5,3	6,7	8,0	10,7	13,3
Gel 10%								
Água	1,9	4,0	5,9	7,9	9,9	11,9	15,9	19,8
Tris 1,5 M (pH 8,8)	1,3	2,5	3,8	5,0	6,3	7,5	10,0	12,5
SDS 10%	0,05	0,1	0,15	0,2	0,25	0,3	0,4	0,5
PSA 10%	0,05	0,1	0,15	0,2	0,25	0,3	0,4	0,5
TEMED	0,002	0,004	0,006	0,008	0,01	0,012	0,016	0,02
Mistura acrilamida 30%	1,7	3,3	5,0	6,7	8,3	10,0	13,3	16,7
Gel 12%								
Água	1,6	3,3	4,9	6,6	8,2	9,9	13,2	16,5
Tris 1,5 M (pH 8,8)	1,3	2,5	3,8	5,0	6,3	7,5	10,0	12,5
SDS 10%	0,05	0,1	0,15	0,2	0,25	0,3	0,4	0,5
PSA 10%	0,05	0,1	0,15	0,2	0,25	0,3	0,4	0,5
TEMED	0,002	0,004	0,006	0,008	0,01	0,012	0,016	0,02
Mistura acrilamida 30%	2,0	4,0	6,0	8,0	10,0	12,0	16,0	20,0

(continua)

Tabela 13.4 Protocolo para mistura de gel de poliacrilamida (gel de separação) a 30% de solução estoque. (continuação)

	Volume dos componentes (mL) por volume de gel							
Componentes	**5 mL**	**10 mL**	**15 mL**	**20 mL**	**25 mL**	**30 mL**	**40 mL**	**50 mL**
				Gel 15%				
Água	1,1	2,3	3,4	4,6	5,7	6,9	9,2	11,5
Tris 1,5 M (pH 8,8)	1,3	2,5	3,8	5,0	6,3	7,5	10,0	12,5
SDS 10%	0,05	0,1	0,15	0,2	0,25	0,3	0,4	0,5
PSA 10%	0,05	0,1	0,15	0,2	0,25	0,3	0,4	0,5
TEMED	0,002	0,004	0,006	0,008	0,01	0,012	0,016	0,02
Mistura acrilamida 30%	2,5	5,0	7,5	10,0	12,5	15,0	20,0	25,0

Uma vez preenchidos os cristais, adicione isobutanol para evitar a formação de bolhas. Com o gel polimerizado, elimine o isobutanol com água e seque com papel whattman.

13.2.1 GEL DE CONCENTRAÇÃO

13.2.1.1 Protocolo de gel a 4%

- Tris-HCl 0,5 M pH 6,8: 2,5 mL
- SDS 10%: 100 μL
- Água: 6,3 mL
- PSA 10%: 200 μL
- TEMED: 10 μL
- Mistura acrilamida/bis (40%): 1 mL

13.2.1.2 Protocolo de gel a 5% (Tabela 13.5)

Tabela 13.5 Protocolo de gel de concentração a 5% em diferentes volumes.

	Volume dos componentes (mL) por volume de gel							
Componentes	**1 mL**	**2 mL**	**3 mL**	**4 mL**	**5 mL**	**6 mL**	**8 mL**	**10 mL**
Gel 5%								
Água	0,68	1,4	2,1	2,7	3,4	4,1	5,5	6,8
Tris 1,5 M (pH 8,8)	0,13	0,25	0,38	0,50	0,63	0,75	1,00	1,25
SDS 10%	0,01	0,02	0,03	0,04	0,05	0,06	0,08	0,1
PSA 10%	0,01	0,02	0,03	0,04	0,05	0,06	0,08	0,1
TEMED	0,001	0,002	0,003	0,004	0,005	0,006	0,008	0,01
Mistura acrilamida 30%	0,17	0,33	0,5	0,67	0,83	1,0	1,3	1,7

Dica

- Prepare sempre uma nova solução de PSA! O PSA em concentração errada ou velho, ou com o TEMED vencido, pode influenciar na polimerização do gel.
- Sempre acrescente a mistura de acrilamida-bisacrilamida por último.
- Após preparar a solução, coloque a mesma na forma (placa) para evitar polimerização antecipada e perda da solução. Deixe sempre um pouco da solução no tubo para poder verificar o tempo de polimerização.
- Para se certificar de que o gel de separação solidificou, verifique a água colocada acima do gel. Quando ela formar uma linha curva na placa é muito provável que o seu gel esteja pronto para a próxima fase.
- Prepare os géis sempre no momento de uso. Dessa forma, o gel de separação será feito antes do gel de concentração que fica por cima, onde estarão os poços para aplicação das amostras.
- A acrilamida e a bisacrilamida em pó são extremamente tóxicas. Por isso, quando for pesar os polímeros para fazer a solução, use máscara, luvas, avental, desligue o ar condicionado e pese as substâncias em balança com gabinete fechado para evitar a dispersão do pó. A solução pronta é menos tóxica, uma vez que não há risco de inalação, mas mesmo assim utilize os EPI. Depois de polimerizado, o gel não apresenta riscos à saúde ou ao meio ambiente.

13.2.2 TAMPÕES DE AMOSTRA

Aqui serão apresentados dois protocolos de tampões de amostra. O primeiro é mais simples e bastante eficiente, mas caso a sua amostra necessite de mais agentes desnaturantes, como ocorre em uma análise de proteína celular total, o segundo protocolo é o mais recomendado.

13.2.2.1 Reagentes

Tampão de amostra I

- Tris-HCl pH 6,8: 50 mM
- β-mercaptoetanol: 25 mM
- Glicerol: 10% (v/v)
- Azul de bromofenol: 0,025% (p/v)

Tampão de amostra II

- SDS: 4% (v/v)
- Tris-HCl pH 6,8: 100 mM

- Glicerol: 20% (v/v)
- Azul de bromofenol: 0,2% (p/v)
- DTT: 200 mM

13.2.2.2 Procedimento

1. Adicione à amostra o mesmo volume de tampão.
2. Ferva a amostra em solução tampão por 2 a 5 min antes de usar.
3. Aplique todo o volume da amostra no gel (não exceder 20 μL de volume final)

Dica

- Sempre utilize um padrão de peso molecular nas corridas!
- A amostra pode ser congelada após a mistura e ser fervida apenas no momento de uso. Isso facilita o acúmulo de amostras para aplicação no gel.
- As quantidades ideais de proteínas para uma melhor visualização estão entre 25 e 100 μg.
- Verifique o procedimento de utilização do padrão de peso molecular, avaliando a necessidade de adicionar o tampão de amostra e/ou a de ferver o tampão junto com as amostras.

13.2.3 ELETROFORESE

13.2.3.1 Reagentes

- Tampão de corrida Tris-glicina 10x
- Tris base: 0,25 M
- Glicina: 1,92 M
- SDS 1%

13.2.3.2 Procedimento

1. Ajuste o pH para que ele fique entre 6,6 e 6,8.
2. Dilua o tampão para 1x para o uso.
3. Adicione o tampão às partes internas e externas da cuba até que ele cubra o gel.
4. Corra o gel a 200 V, 20 mA, até que o corante azul de bromofenol atinja o limite inferior do gel.

Dica

- Verifique se não há vazamento na parte interna da cuba, em contato com os géis, e na parte externa, sem contato com os géis.
- Um bom tampão promove a formação de bastante espuma, mas sem exceder o volume da cuba.
- O tampão diluído pode ser reutilizado no máximo três vezes.
- Para uma melhor resolução de bandas muito próximas, como na análise de proteína celular total, comece a eletroforese em baixa voltagem (40 a 60 volts) até que as amostras passem do gel de concentração; e suba a voltagem para 80 a 120 volts na corrida do gel de separação.

13.3 COLORAÇÃO DE PROTEÍNAS COM AZUL DE COOMASSIE

13.3.1 REAGENTES

13.3.1.1 Solução corante

- Coomassie R 250: 2 g
- Metanol ou etanol: 500 mL
- Ácido acético glacial: 100 mL
- Água destilada: 400 mL

13.3.1.2 Solução descolorante

- Ácido acético glacial: 80 mL
- Metanol ou etanol: 210 mL
- Água destilada: 510 mL

13.3.2 PROCEDIMENTO

1. Imerja o gel na solução corante por 30 min sob agitação constante.
2. Lave duas vezes o gel em água destilada.
3. Imerja o gel na solução descolorante sob agitação constante até que a coloração das bandas esteja adequada.

Dica

- O metanol é mais eficiente que o etanol; no entanto, é também mais tóxico.

13.4 COLORAÇÃO DE PROTEÍNAS COM PRATA I

13.4.1 REAGENTES

13.4.1.1 Solução A

- $AgNO_3$: 0,4 g
- Água deionizada: 2 mL

13.4.1.2 Solução B

- NaOH 0,36%: 10,5 mL
- Solução de NaOH: 126 μL de NaOH 10M (30%) + 10,4 mL de H_2O
- NH_4OH 21%: 1,25 mL

13.4.1.3 Solução C

- Misture a solução A lentamente e sob agitação na solução B.
- Ajuste o volume da solução para 50 mL com água deionizada.

13.4.1.4 Solução reveladora

- Água deionizada: 50 mL
- Formaldeído 37%: 25 μL
- Ácido cítrico 10%: 25 μL
- Solução de ácido cítrico: 7,8 g de citrato trissódico ($C_6H_8O_7Na_3.2H_2O$) em 50 mL de H_2O.

13.4.2 PROCEDIMENTO

1. Fixe o gel em solução descolorante por 15 min e lave em água por no mínimo 2 h.
2. Imerja o gel na solução C por 15 min.
3. Lave três vezes em água por 3 min cada.
4. Imerja em solução reveladora recém-preparada por 3 a 5 min.
5. Interrompa a reação com descolorante.
6. Seque em celofane ou armazene em 50% de metanol.

13.5 COLORAÇÃO DE PROTEÍNAS COM PRATA II

13.5.1 REAGENTES

13.5.1.1 Solução de DTT

- DTT: 8,25 μL
- Água destilada: 250 mL

13.5.1.2 Solução de nitrato de prata

- $AgNO_3$: 0,25 g
- Água destilada: 250 mL

13.5.1.3 Solução reveladora

- Na_2CO_3: 15 g
- Água destilada: 500 mL
- Formaldeído 37%: 250 μL

13.5.2 PROCEDIMENTO

1. Lave o gel em 125 mL de metanol 50% duas vezes por 8 min.
2. Lave o gel em 250 mL de metanol 5% por 5 min.
3. Lave o gel quatro vezes, em água e rapidamente.
4. Mergulhe o gel em 250 mL de solução de DTT por 10 min.
5. Lave rapidamente com 100 mL de solução de nitrato de prata. Mergulhe o gel em uma solução nova de nitrato de prata por 10 min.
6. Lave o gel bem e rapidamente três vezes com água.
7. Enxágue com 200 mL de solução reveladora até que o gel fique amarelado (30 s a 60 s).
8. Troque a solução por mais 300 mL de solução reveladora e deixe revelar até a intensidade desejada.
9. Interrompa a reação com uma adição de ácido cítrico (sólido) e cubra o recipiente para protegê-lo da luz.
10. Deixar por 10 min.
11. Lave bem o gel com água e deixe-o em água por uma noite.
12. Seque o gel em celofane.

Dica

- Para não manchar o gel, utilize luvas durante os procedimentos.

13.6 COLORAÇÃO DE PROTEÍNAS COM PRATA III

13.6.1 REAGENTES

13.6.1.1 Solução fixadora

- Etanol 50%
- Ácido acético 5%
- Água

13.6.1.2 Solução de lavagem

- Etanol 50% em água

13.6.1.3 Solução preparadora

- Tiossulfato de sódio 0,02% em água

13.6.1.4 Solução de coloração

- Nitrato de prata 0,1% em água

13.6.1.5 Solução reveladora

- Formaldeído 0.04% em carbonato de sódio 2% (água)

13.6.1.6 Solução de parada

- Ácido acético 5% em água

13.6.1.7 Solução de armazenamento

- Ácido acético 1% em água

13.6.2 PROCEDIMENTO

1. Imerja o gel por 30 min na solução fixadora (esse tempo pode ser prolongado).
2. Imerja o gel por 10 min na solução de lavagem.

3. Lave-o duas vezes em água por 10 min.
4. Deixe o gel na solução preparadora por 2 min.
5. Lave-o duas vezes em água por 3 min.
6. Imerja o gel na solução de coloração por 30 min.
7. Deixe o gel em água por 1 min.
8. Adicione uma pequena quantidade de solução reveladora, misture rapidamente e descarte a solução.
9. Adicione mais solução reveladora e misture levemente até que as bandas comecem a aparecer no gel, mantendo-o na solução até alcançar a descoloração desejada.
10. Imerja o gel na solução de parada por 5 min.
11. Guarde-o imerso na solução de armazenamento a 4°C.

13.7 DESCOLORAÇÃO DE GÉIS

Esse método é utilizado em dois casos:

a) Quando há problemas com a coloração e a descoloração do gel (o resultado é de má qualidade ou parece duvidoso).
b) Para descolorir bandas isoladas do gel que serão sequenciadas.

A seguir, apresentamos dois protocolos.

13.7.1 DESCOLORAÇÃO DE GÉIS CORADOS COM PRATA I

13.7.1.1 Reagentes

Solução A

- Ferrocianeto de potássio 30 mM

Solução B

- Tiossulfato de sódio 100 mM

13.7.1.2 Solução descolorante

- Misturar soluções A e B na relação 1:1 antes de usar

13.7.1.3 Procedimento

1. Imerja o gel na solução descolorante por 3 a 5 min.
2. Lave-o três vezes em água deionizada, por 10 min cada lavagem ou até que a coloração amarela seja removida.

13.7.2 DESCOLORAÇÃO DE GÉIS CORADOS COM PRATA II

13.7.2.1 Reagentes

Solução A

- Cloreto de sódio 0,633 M (M 58,44 – adicionar 37 g/L)
- Sulfato de cobre 0,231 M (M 159,6 – adicionar 37 g/L)

Preparo da solução

1. Adicione uma solução concentrada de amônio aquoso até que o precipitado formado seja completamente dissolvido, gerando uma solução azul-escura.
2. Ajuste o volume (até um litro) com água destilada.

Solução B

- Tiossulfato de sódio pentahidratado 1,75 M (M 248,18 – adicionar 4,36 g/10 mL)

Solução de parada

- Ácido acético a 10% em água destilada

13.7.2.2 Procedimento

1. Corte a banda corada do gel e coloque-a em um microtubo de centrífuga.
2. Prepare a solução de descoloração combinando partes iguais das soluções A e B (apenas a quantidade suficiente para o uso).
3. Adicione 1 mL da solução descolorante pronta a cada microtubo.
4. Aguarde por 1 min.
5. Adicione 300 µL da solução de parada a cada microtubo.
6. Lave os géis em água destilada.

REFERÊNCIAS

AUSUBEL, E. et al. **Short protocols in molecular biology**. 5. ed. New York: John Wiley, 2002.

BRADFORD, M. M. A rapid and sensitive method for the quantitation of microgram quantities of protein utilizing the principle of protein dye binding. **Analytical Biochemistry**, Orlando, v. 72, p. 248-254, 1976.

GHARAHDAGHI, F. et al. Mass spectrometric identification of proteins from silver-stained polyacrylamide gel: a method for the removal of silver ions to enhance sensitivity. **Electrophoresis**, Weinheim, v. 20, p. 601-605, 1999.

GREEN, M. R.; SAMBROOK, J. **Molecular cloning**: a laboratory manual. 4. ed. New York: Cold Spring Harbor Laboratory Press, 2012.

HARLOW, E.; LANE, D. P. **Antibodies:** a laboratory manual. 1. ed. New York: Cold Spring Harbor Laboratory Press, 1988.

LAEMMLI, U. K. Cleavage of structural proteins during the assembly of the head of bacteriophage T4. **Nature**, Basingstoke, v. 227 p. 680-685, 1970.

LOWRY, O. H. et al. Protein measurement with the Folin phenol reagent. **Journal of Biological Chemistry**, Baltimore, v. 193, p. 265-275, 1951.

MORRISSEY, J. H. Silver stain for proteins in polyacrylamide gels: a modified procedure with enhanced uniform sensitivity. **Analytical Biochemistry**, Orlando, v. 117, p. 307-310, 1981.

SHEVCHENKO A. et al. Mass spectrometric sequencing of proteins from silver-stained polyacrylamide gels. **Analytical Chemistry**, Washington, DC, v. 68, p. 850-858, 1996.

SWITZER, R. C., MERRIL, C. R., SHIFRIN, S. A highly sensitive stain for detecting proteins and peptides in polyacrylamide gels. **Analytical Biochemistry**, Orlando, v. 98, p. 231-237, 1979.

VALENTINI S. R. **Protocolos do laboratório de biologia molecular e celular de microrganismos**. UNESP: Araraquara, [20--]. Disponível em: <http://www.fcfar.unesp.br/laboratorio_sandro_valentini/int_protocolos.php>. Acesso em: 10 mar. 2014.

CAPÍTULO 14
EXPRESSÃO DE GENES E PROTEÍNAS

Gustavo Pelicioli Riboldi, Fernanda Matias

A expressão recombinante de genes em sistemas eucarióticos é a alternativa viável para a produção de proteínas contendo modificações pós-traducionais, e diversos sistemas fornecem possibilidades para essa expressão em diferenciados hospedeiros. Para esse fim, o pesquisador deve considerar o vetor e o sistema de expressão mais apropriados que sejam compatíveis com o resultado esperado, o que depende principalmente do tipo de proteína a ser expressa (seja ela proteína de membrana, produto de secreção, proteína intracelular etc.), bem como do seu uso. Obter dados básicos da proteína em questão, como a função, a finalidade de uso, a quantidade necessária, se ela será marcada, entre outros aspectos, facilita na escolha de ambos, vetor e hospedeiros, para o sistema de expressão. O uso de um hospedeiro diferente de *E. coli e S. cerevisiae* é particularmente importante na biotecnologia, campo em que o principal interesse não é o estudo de um gene em particular, mas, sim, utilizar-se de procedimentos de clonagem para uma alta e controlada produção de produtos metabólicos (de hormônios como a insulina), ou ainda modificar as propriedades de um organismo em particular (inserindo resistência a herbicidas em uma planta, por exemplo).

Primeiramente, é de extrema importância analisar bem a construção que se quer realizar antes de iniciar os trabalhos de clonagem, expressão e purificação do produto. De uma maneira geral, as seguintes questões devem ser observadas:

14.1 REGIÕES CONTROLADORAS

É importante identificar bem na sequência a sua região controladora, ou ainda considerar a hipótese da adição de uma determinada região controladora auxiliar, no caso da utilização de um hospedeiro alternativo ou de vários hospedeiros. Na falta de uma região controladora, esta deve ser adicionada ao vetor de expressão.

14.2 MARCADORES, CAUDAS E SÍTIOS DE CLIVAGEM

A adição de marcadores, caudas ou sítios de clivagem constitui uma possibilidade que pode posteriormente ajudar na identificação da proteína, ou ainda auxiliar na etapa de sua purificação. Marcadores oferecem a possibilidade de identificação da molécula-alvo por meio de metodologias como *Western blot*, ELISA ou imunofluorescência. Diversos tipos de caudas podem ser adicionados ao vetor para a produção de uma proteína marcada, que posteriormente será facilmente purificada utilizando-se uma coluna cromatográfica de afinidade. Dentre as mais comuns, estão FLAG (DYKDDDDK), hemaglutinina do vírus influenza-HA (YPYDVPDYA), cauda de histidina-His_6 (HHHHHH) e c-myc (EQKLISEEDL). No caso da purificação de uma proteína marcada, pode ser necessário utilizar uma região de clivagem que propicie uma eliminação do marcador após a purificação da proteína. Os sítios de clivagem mais comumente utilizados compreendem aqueles reconhecidos pela trombina (VPR'GS), pelo fator Xa (IEGR'), pela protease PreScission (LEVLFQ'GR), pela enteroquinase (DDDDK'), entre outros. No entanto, deve-se tomar a precaução de analisar, primeiramente, a estrutura primária da proteína recombinante a ser produzida, para que o sítio de clivagem escolhido não esteja presente no produto a ser purificado.

14.3 SUBCLONAGEM

Se houver necessidade de subclonagem de um vetor de clonagem para um de vetor de expressão, isso pode ser realizado principalmente por meio do uso clássico de enzimas de restrição, que cortam o fragmento de DNA desejado e posteriormente religam-no no vetor de expressão, exatamente nos sítios de restrição correspondentes. Atualmente, existe a possibilidade de realização de clonagem/subclonagem sem a utilização de endonucleases, mas por meio de um sistema de transferência mediado por recombinase (ECHO e Gateway – Invitrogen; Creator – Clontech, entre outros). As recombinases realizam essencialmente as reações de clivagem e ligação em um único passo, eliminando etapas de purificação de fragmentos, que além de demorados levam à perda de material. Além disso, esses sistemas possuem uma particularidade: eles possibilitam a expressão em diferenciados hospedeiros.

14.4 SELEÇÃO DE UM HOSPEDEIRO ADEQUADO

Diversas proteínas eucarióticas necessitam modificações pós-traducionais, como fosforilação, adição de sequência sinal, glicosilação, proteólise, que podem afetar sua função, sua meia-vida e sua antigenicidade. A escolha de um hospedeiro para a expressão do vetor deve considerar essas necessidades. Células de insetos, por exemplo, não possuem determinadas vias de glicosilação para a complexação do ácido siálico, o que pode influenciar as propriedades farmacocinéticas de diversas glicoproteínas. Outro fator determinante para a escolha do hospedeiro reside na quantidade de produto recombinante que se deseja obter ao final do processo. A incapacidade de se obter uma proteína homogeneamente pura para processos de cristalização quando da utilização de hospedeiros eucariotos é devida principalmente à glicosilação do produto final, e recombinantes provenientes de baculovírus são considerados uma escolha mais apropriada se o objetivo for a determinação da estrutura terciária de uma proteína, por exemplo.

14.5 CÉLULAS DE MAMÍFEROS

Sistemas estáveis de expressão são preferenciais na obtenção de uma fonte contínua e de alto nível de expressão de proteína recombinante. Dentre os sistemas mamíferos de linhagens hospedeiras, podemos destacar as seguintes:

14.5.1 CÉLULAS DE CAMUNDONGOS

Células L (ATCC CCL 1), Ltk (ATCC CCL 1.3), NIH 3T3 (ATCC CRL 1658) e de linhagens provenientes de mielomas, como Sp2/0 (ATCC CRL 1581), NSO e P3X63.Ag8.653 (ATCC CRL 1580). Como vantagens, apresentam crescimento em meio livre de soro e se adaptam bem a um hospedeiro com alto nível de produção de proteínas.

14.5.2 CÉLULAS DE HAMSTERS

Células de ovários de hamsters (CHO, do inglês *chinese hamster ovary*), como CHO-K1 (ATCC CCL 61) e células de rins (BHK, do inglês *baby hamster kidney*) (ATCC CCL 10) são amplamente utilizadas na expressão de uma variedade de proteínas como fatores de crescimento, receptores e anticorpos monoclonais. Além disso, servem como base para o desenvolvimento de outras linhagens para uso biotecnológico, como as células CHO contendo proteína E1A do adenovírus ou ainda o mutante de CHO deficiente em processo de glicosilação Lec3.2.8.1, utilizada na produção de proteínas com o intuito de determinar uma estrutura cristalográfica.

14.5.3 CÉLULAS DE RATOS

Células RBL (ATCC CRL 1378), linhagem derivada de uma leucemia basofílica, e YB2/0 (ATCC CRL 1662), célula derivada de mieloma e bastante utilizada na produção de anticorpos monoclonais.

14.5.4 CÉLULAS COS

Células COS (COS-1, ATCC CRL 1650; COS-7 ATCC CRL 1651) são provenientes de uma linhagem de macacos CV-1 infectada com o genoma do vírus SV-40, sem a origem de replicação. A transfecção de um plasmídeo contendo a origem de replicação de SV40 permite a combinação dessa origem com o antígeno T de SV40, resultando em uma alta replicação extracromossomal do plasmídeo transfectado.

14.5.5 CÉLULAS EMBRIONÁRIAS DE RIM HUMANO

HEK (do inglês *human embryonic kidney*) 293 (ATCC CRL 1573) corresponde a uma linhagem celular imortalizada e transformada com o DNA do adenovírus humano do tipo 5, contendo, portanto, o gene E1A do adenovírus, que ativa plasmídeos contendo o promotor citomegalovírus (CMV), o que resulta em maiores níveis de expressão do produto sob seu controle.

14.5.6 OUTRAS CÉLULAS HUMANAS

Além das linhagens humanas descritas anteriormente, outras muitos utilizadas são HeLa (ATCC CCL 2), HL-60 (ATCC CCL 240) e HT-1080 (ATCC CCL 121).

14.5.7 CÉLULAS DE DROSÓFILA

A *Drosophila* S2 é particularmente utilizada na expressão de proteínas secretadas, e a células é também capaz de crescer em meio livre de soro, o que simplifica o processo de purificação.

14.6 LEVEDURAS

As células de leveduras mais comumente usadas na expressão de proteínas são: *Saccharomyces cerevisiae*, *Pichia pastoris*, *Kluyveromyces lactis*, *Hansenula* e *Yarrowia*. As leveduras possuem proteases, não sendo muitas vezes as melhores opç*ões*. No entanto, são atrativas por serem células de crescimento rápido e em alta densidade.

Linhagens deficientes em proteases foram criadas para serem utilizadas como células hospedeiras. Um exemplo é a DSY-5, que foi desenhada para usos gerais na expressão de proteínas recombinantes. Essa linhagem possui a deleção das duas proteases vacuolares principais, Pep4 (proteinase A) e Prb1 (proteinase B), garantindo bom rendimento e baixa degradação não específica. Sua anotação genética é *MATalpha leu2 trp1 ura3-52 his3::GAL1-GAL4 pep4 prb1-1122.*

14.7 EXPRESSÃO DE PROTEÍNAS EM PROCARIOTOS

Diversos fatores podem influenciar na expressão gênica do gene recombinante ou na quimera em procariotos. Sempre considere o objetivo e o tipo de proteína que estará sendo produzida. Se for uma enzima tóxica, utilize uma linhagem com o gene Lys; se trata-se de códons raros, utilize linhagem com o gene Rare, como Rosetta, Rosetta-gami e RosettaBlue, e assim por diante. A maior parte das expressões de proteínas é feita em *Escherichia coli* Novablue, BL21 ou BL21 Gold, células com grande produtividade e boa expressão, o que, em termos de produção em grande escala, deve ser considerado (quadros 14.1 e 14.2).

Quadro 14.1 Comparativo das linhagens de *E. coli*, seus genótipos e características particulares que auxiliam na escolha da célula hospedeira.

Linhagem	Genótipo	Particularidades
BL21-Gold	*E. coli* B F⁻ ompT *hsd*S(r_B^- m_B^-) dcm + Tetr gal endA Hte	Deficiente em proteases.
BL21-Gold(DE3)	*E. coli* B F⁻ ompT *hsd*S(r_B^- m_B^-) dcm+ Tetr gal λ(DE3) endA Hte	Deficiente em proteases.
BL21-Gold(DE3) pLysS	*E. coli* B F⁻ ompT *hsd*S(r_B^- m_B^-) dcm+ Tetr gal λ(DE3) endA Hte [pLysS Cam^r]	Deficiente em proteases; proteínas tóxicas.
BL21(DE3)pLacI	*E. coli* B F⁻ *ompT hsd*SB(r_B^- m_B^-) *gal dcm* (DE3) pLacI (CamR)	Deficiente em proteases.
ArcticExpress™ (DE3) strain	*E. coli* B F⁻ *ompT hsdS*(r_B^- m_B^-) *dcm+* Tetr *gal* λ(DE3) *endA* Hte [*cpn10 cpn60* Gent^r]	Vetores de expressão com promotor T7 (pCAL, pET); dobramento de proteínas pela presença de chaperoninas.
ArcticExpress™ strain	*E. coli* B F⁻ *ompT hsdS*(r_B^- m_B^-) *dcm+* Tetr *gal endA* Hte [*cpn10 cpn60* Gent^r]	Vetores de expressão com promotor *lac*, *tac* e *trc*; dobramento de proteínas pela presença de chaperoninas.
B834	*E. coli* B F⁻ *ompT hsdSB*(r_B^- m_B^-) *gal dcm met*	Deficiente em proteases.
BLR	*E. coli* B F⁻ *ompT hsd*SB(r_B^- m_B^-) *gal dcm* Δ(*srl-recA*)*306*::Tn*10* (Tet^R)	Deficiente em proteases.
HMS174	*E. coli* k-12 F– *recA1 hsdR*(rK12– mK12+) (Rif^R)	
NovaBlue	*E. coli* k-12 *endA1 hsdR17*(rK12– mK12+) *supE44 thi-1 recA1 gyrA96 relA1 lac* F'[*proA+B+ lacI qZΔM15*::Tn*10*] (Tet^R)	
Origami™1	*E. coli* k-12 Δ(*ara–leu)7697 ΔlacX74 ΔphoA PvuII phoR araD139 ahpC galE galK rpsL* F'[*lac+ lacI*)*pro*] *gor522*::Tn*10 trxB* (Kan^R, Str^R, Tet^R)4	Mutações na tireodoxina redutase e na glutationa redutase.
Origami 2	*E. coli* k-12 Δ(*ara–leu)7697 ΔlacX74 ΔphoA PvuII phoR araD139 ahpC galE galK rpsL*F'[*lac+ lacI q pro*] *gor522*::Tn*10 trxB* (Str^R, Tet^R)4	Mutações na tireodoxina redutase e na glutationa redutase.
Origami B1	*E. coli* B F⁻ *ompT hsd*SB(r_B^- m_B^-) *gal dcm lacY1 aphC gor522*::Tn*10 trxB* (Kan^R, Tet^R)	Deficiente em proteases.
Rosetta™	*E. coli* B F⁻*ompT hsd*SB(r_B^- m_B^-) *gal dcm* pRARE^2 (Cam^R)	Deficiente em proteases; códons raros: AUA, AGG, AGA, CUA, CCC, GGA.
Rosetta 2	*E. coli* B F⁻ *ompT hsd*SB(r_B^- m_B^-) *gal dcm* pRARE23 *(*Cam^R)	Deficiente em proteases; códons raros: CGG.
Rosetta-gami™1	*E. coli* K-12 Δ(*ara–leu)7697 ΔlacX74 ΔphoA PvuII phoR araD139 ahpC galE galK rpsL* F'[*lac+ lacI q pro*] *gor522*::Tn*10 trxB* pRARE2 (Cam^R, Kan^R, Str^R, Tet^R)4	Códons raros; mutações na tireodoxina redutase e na glutationa redutase.
Rosetta-gami 2	*E. coli* K-12 Δ(*ara–leu)7697 ΔlacX74 ΔphoA PvuII phoR araD139 ahpC galE galK rpsL* F'[*lac+ lacI q pro*] *gor522*::Tn*10 trxB* pRARE23 (Cam^R, Str^R, Tet^R)4	Deficiente em proteases; códons raros. Mutações na tireodoxina redutase e na glutationa redutase.
Rosetta-gami B	*E. coli* B F⁻ *ompT hsd*SB(rB– mB–) *gal dcm lacY1 aphC gor522*::Tn*10 trxB* pRARE2 (Cam^R,Kan^R, Tet^R)	Deficiente em proteases; códons raros; mutações na tireodoxina redutase e na glutationa redutase; mutação que permite o controle da expressão pela concentração de IPTG
RosettaBlue™	*E. coli* K-12 *endA1 hsdR17(rK12– mK12+) supE44 thi-1 recA1 gyrA96 relA1 lac*[F' *proA+B+ lacI qZΔM15* ::Tn*10*] pRARE2 (Cam^R,, Tet^R)	Deficiente em proteases; códons raros.
Tuner™	*E. coli* B F⁻ *ompT hsd*SB(rB– mB–) *gal dcm lacY1*	Deficiente em proteases; mutação que permite o controle da expressão pela concentração de IPTG.

Quadro 14.2 Comparativo das linhagens com métodos de indução e vantagens e desvantagens para auxiliar na escolha da célula hospedeira.

Células competentes	Método de indução	Vantagens	Desvantagens
E. coli BL21-Gold	Indução com bacteriófago lambda CE6.	Controle mais rigoroso de expressão sem indução.	A indução não é tão eficiente quanto as células derivadas de DE3; o processo de indução (infecção) é mais complicado.
E. coli BL21-Gold(DE3)	Indução da T7 polimerase do promotor *lacUV5* *usando* isopropil-1-tio-β-Dgalactopiranosidio (IPTG).	Alto nível de expressão; alto rendimento celular.	A expressão de T7 polimerase não é direcionada à proteína de interesse e pode levar à expressão de proteínas tóxicas não induzidas anteriormente.
E. coli BL21-Gold(DE3) pLysS	Indução da T7 polimerase do promotor *lacUV5* *usando* isopropil-1-tio-β-Dgalactopiranosidio (IPTG).	Fácil indução; recomendada para uso em proteínas tóxicas.	Inibição leve de expressão induzida em comparação com BL21-Gold (DE3).
ArcticExpress™ (DE3)	Indução da T7 polimerase do promotor *lacUV5* *usando* isopropil-1-tio-β-Dgalactopiranosidio (IPTG).	Chaperoninas que auxiliam no dobramento correto das proteínas.	O crescimento é feito a baixas temperaturas (10° a 13°C) e o rendimento é baixo.
ArcticExpress™	Indução da T7 polimerase do promotor *lacUV5* *usando* isopropil-1-tio-β-Dgalactopiranosidio (IPTG).	Chaperoninas que auxiliam no dobramento correto das proteínas	O crescimento é feito a baixas temperaturas (10° a 13°C) e o rendimento é baixo.

Dica

- Linhagem contendo pLysS: faça a mini-indução (volume final de 1 mL) e avalie o grau de indução em SDS-Page, se houver variação de expressão por clone, cultive em meio 2X TY.
- Sempre verifique os antibióticos de que as linhagens necessitam. Exemplo: pLys necessita de cloranfenicol, Arctic necessita de gentamicina.
- A linhagem BL21, assim como suas derivadas, é uma estirpe geneticamente modificada, caracterizada pela inativação de muitos dos genes que codificam as suas proteases. Assim, a probabilidade de ocorrer proteólise das proteínas de interesse é menor.
- A linhagem Tuner e suas derivadas, por permitir o controle de expressão, pode aumentar a solubilidade e a atividade de algumas proteínas que podem necessitar de baixa indução.
- As linhagens Origami possuem mutações na tireodoxina redutase e na glutationa redutase, que facilitam a formação de pontes dissulfeto no citoplasma e o correto arranjo das proteínas, aumentando a solubilidade destas.

14.8 INDUÇÃO COM IPTG

O IPTG é um indutor de transcrição genética que aumenta a quantidade da enzima T7 RNA polimerase, a qual se liga ao promotor T7, iniciando a transcrição do DNA de interesse. Para avaliar a melhor concentração de IPTG no seu experimento, faça duplicatas de meio a 30 °C e 37 °C com concentrações de IPTG variando entre 0,5 mM e 4 mM. Não ultrapasse muito os 4 mM, pois o IPTG pode se tornar tóxico para a célula e diminuir a produção de proteína.

REFERÊNCIAS

BACA, A. M.; HOL, W. G. Overcoming codon bias: a method for high-level overexpression of plasmodium and other AT-rich parasite genes in *Escherichia coli*. **International Journal of Parasitology**, Australia, v. 30, p. 113-118, 2000.

BESSETTE, P. H. et al. Efficient folding of proteins with multiple disulfide bonds in the *Escherichia coli* cytoplasm. **Proceedings of the National Academy of Sciences of USA**, Washington, DC, v. 96, p. 13703-13708, 1999.

BRINKMANN, U.; MATTES, R. E.; BUCKEL, P. High-level expression of recombinant genes in *Escherichia coli* is dependent on the availability of the *DNA* Y gene product. **Gene**, Amsterdam, v. 85, p. 109-114, 1989.

DEL TITO JR., B. J. et al. Effects of a minor Isoleucyl tRNA on heterologous protein translation in *Escherichia coli*. **Journal of Bacteriology**, Washington, DC, v. 177, p. 7086-7091, 1995.

GELLISSEN, G. **Production of recombinant proteins:** novel microbial and eukaryotic expression systems. 1. ed. Weinheim: Wiley-VCH Verlag GmbH & Co KGaA, 2005.

KANE, J. F. Effects of rare codon clusters on high-level expression of heterologous proteins in *Escherichia coli*. **Current Opinion on Biotechnology**, London, v. 6, p. 494-500, 1995.

KURLAND, C.; GALLANT, J. Errors of heterologous protein expression. **Current Opinion on Biotechnology**, London, v. 7, p. 489-493, 1996.

PHILLIPS, T. A.; VANBOGELEN, R. A.; NEIDHARDT, F. C. Ion gene product of *Escherichia coli* is a heat-shock protein. **Journal of Bacteriology**, Washington, DC, v. 159, p. 283-287, 1984.

PRINZ, W. A. et al. The role of the thioredoxin and glutaredoxin pathways in reducing protein disulfide bonds in the *Escherichia coli* cytoplasm. **Journal of Biological Chemistry**, Baltimore, v. 272, p. 15661-15667, 1997.

NOVY, R. et al. Overcoming the codon bias of *E. coli* for enhanced protein expression. **inNovations**, Darmstadt, v. 12, 2001.

ROSENBERG, A. et al. T7 Select® Phage Display System: A powerful new protein display system based on bacteriophage T7. **inNovations**, Darmstadt, v. 6, p. 1-6, 1996.

ROSENBERG, A. H. et al. Vectors for selective expression of cloned DNAs by T7 RNA polymerase. **Gene**, Amsterdam, v. 56, p. 125-135, 1987.

RITZ, D. et al. Conversion of a peroxiredoxin into a disulfide reductase by a triplet repeat expansion. **Science**, Washington, DC, v. 294, p. 158-160, 2001.

STEWART, E. J.; ASLUND, F.; BECKWITH, J. Disulfide bond formation in the *Escherichia coli* cytoplasm: an *in vivo* role reversal for the thioredoxins. **EMBO Journal**, Eynsham, v. 17, p. 5543-5550, 1998.

STUDIER, F. W. Use of bacteriophage T7 lysozyme to improve an inducible T7 expression system. **Journal of Molecular Biology**, Amsterdam, v. 219, p. 37-44, 1991.

STUDIER, F. W.; MOFFATT, B. A. Use of bacteriophage T7 RNA polymerase to direct selective high-level expression of cloned genes. **Journal of Molecular Biology**, Amsterdam, v. 189, p. 113-130, 1986.

STUDIER, F. W. et al. Use of T7 RNA polymerase to direct expression of cloned genes. **Methods in Enzymology**, New York, v. 185, p. 60-89, 1990.

WOOD, W. B. Host specificity of DNA produced by *Escherichia coli*: bacterial mutations affecting the restriction and modification of DNA. **Journal of Molecular Biology**, Amsterdam, v. 16, p. 118-133, 1966.

ZHANG, X.; STUDIER, F. W. Mechanism of inhibition of bacteriophage T7 RNA polymerase by T7 lysozyme. **Journal of Molecular Biology**, Amsterdam, v. 269, p. 10-27, 1997.

CAPÍTULO 15
VETORES

Fernanda Matias, Gustavo Riboldi

Quando trabalhamos com DNA recombinante, precisamos pensar em obter muitas cópias desse DNA. Para isso, inserimos o dado gene em um elemento genético autorreplicante, que pode ser um vírus, um plasmídeo ou outro, chamado vetor. O vetor precisa ser relativamente pequeno, sendo o seu tamanho ideal inferior a 10 kb, pois as moléculas grandes tendem a degradar-se durante a purificação e são também mais difíceis de manipular. Esse vetor será utilizado para clonagem e/ou expressão genética em um microrganismo de interesse que permita a obtenção de cópias.

1. O vetor funcionará como um veículo que transporta o gene para o interior da célula hospedeira, que é normalmente uma bactéria, embora outras células vivas possam ser utilizadas.
2. Dentro da célula hospedeira o vetor irá se multiplicar, produzindo numerosas cópias idênticas não só de si próprio, mas também do gene que transporta.
3. Quando a célula hospedeira se divide, a sua descendência recebe cópias das moléculas de DNA recombinantes, continuando depois a replicação dos vetores.
4. Após um grande número de divisões celulares, é produzida uma colônia (ou um clone) de células hospedeiras idênticas. Cada célula do clone contém uma ou mais cópias da molécula de DNA recombinante. Chamamos o gene transportado pela molécula recombinante de "clonado".

15.1 SELEÇÃO DE UM VETOR DE EXPRESSÃO

Um vetor de expressão precisa apresentar determinados elementos regulatórios, necessários para a expressão do gene desejado. Dentre eles estão: uma região promotora, um códon iniciador de transcrição, um códon terminador, um sinal de poliadenilação e um marcador seletivo. Diversos elementos procarióticos são também necessários ao trânsito entre hospedeiros eucarióticos e procarióticos, como marcadores de seleção de resistência a antimicrobianos e uma origem de replicação para a manutenção do plasmídeo. Especificamente, os seguintes fatores devem ser considerados no momento da escolha de um vetor de expressão em eucariotos:

15.1.1 REGIÕES PROMOTORAS

Os promotores constituem regiões de sequência de DNA capazes de recrutar a enzima RNA polimerase e fatores de transcrição para que ocorra a ativação da transcrição de um gene. Essa região precisa apresentar um sítio de início de transcrição, uma CAAT *box* e uma TATA *box*. A força da região promotora corresponde à estabilidade de ligação do complexo RNA polimerase - fator de transcrição que inicia a produção do RNA mensageiro. O EF-1a, por exemplo, corresponde a um promotor forte que, portanto, fornece uma expressão rápida e em grande quantidade da proteína desejada.

15.1.2 REGIÃO DE POLIADENILAÇÃO

Corresponde a uma sequência consenso (AAUAAA) envolvida na estabilização do RNA mensageiro; assim como ocorre com os promotores, existem diferentes regiões de poliadenilação.

15.1.3 MARCADORES DE SELEÇÃO

Inserem genes que fornecem resistência a uma droga particular, fazendo com que somente células que contenham um plasmídeo possuidor de tal elemento consigam crescer. Dentre essas drogas destacam-se a blasticidina, o histidinol, a higromicina, a puromicina, o ácido micofenólico, a seocina, entre outras.

15.1.4 REGULAÇÃO DA EXPRESSÃO

Existe a possibilidade da utilização de promotores induzíveis e sistemas de expressão regulada para o controle de quando uma expressão deve ocorrer, bem como da quantidade de produto recombinante que deve ser obtida. Essa metodologia é particularmente interessante quando é necessária a expressão de uma proteína tóxica para a célula hospedeira. Como exemplo, destacamos os sistemas envolvendo o promotor do vírus de tumor mamário de camundongos (MMTV), induzido por dexametasona.

15.1.5 SISTEMAS DE VETORES SIMPLES E DUPLOS

Um sistema de expressão pode, ainda, envolver mais de um vetor. Nesse caso, o gene de interesse estaria inserido em um vetor, enquanto o marcador de seleção estaria disposto no segundo. Como exemplo de hospedeiro que admite esse tipo de metodologia, podemos citar as células de *Drosophila* S2.

De qualquer maneira, todo o material explanado até agora nos leva *à* pergunta principal: afinal, qual vetor deve ser utilizado? Isso irá depender de quanto trabalho você está disposto a despender com o seu sistema de expressão, desde os passos de clonagem e desenho do vetor até a transfecção, e de quão rapidamente você necessita obter seu produto final.

15.2 VETORES PARA CLONAGEM DE PLANTAS

Os vetores para clonagem de plantas foram desenvolvidos primeiramente na década de 1980 com o claro intuito de serem utilizados na produção de sementes geneticamente modificadas (transgênicos).

Pode-se classificar os sistemas de clonagem utilizados para plantas em dois tipos:

15.2.1 VETORES PROVENIENTES DE *AGROBACTERIUM TUMEFACIENS*

O *A. tumefaciens* é um microrganismo de solo que coloniza diversas espécies de dicotiledôneas infectando-as por meio de uma ferida no tronco. A sua capacidade de infecção está associada à presença do plasmídeo Ti (indutor de tumor) dentro da célula bacteriana. Esse plasmídeo apresenta genoma superior a 200 kb contendo genes envolvidos no processo infeccioso mas, além disso, parte da molécula é integrada ao DNA cromossômico após a infecção. Esse segmento, denominado T-DNA, possui entre os 15 e 30 kb de tamanho, e é mantido em uma forma estável no DNA da planta, sendo passado para as células filhas como parte integrante dos cromossomos. O mais importante, no entanto, é o fato do T-DNA liberar genes que são expressos pela célula vegetal e que, além de induzirem o fenótipo cancerígeno na planta, também direcionam a síntese de elementos incomuns que são utilizados como nutrientes por *A. tumefaciens*. Dessa maneira, utiliza-se o plasmídeo Ti na introdução de novos genes em células vegetais pela simples inserção do gene de interesse no T-DNA, e o processo de integração no DNA cromossômico vegetal é realizado pela bactéria. Atualmente, estratégias foram desenvolvidas para a otimização desse processo. Quase sempre se utiliza a porção T-DNA do plasmídeo Ti em associação com outros vetores em estratégias de vetores binários, ou ainda de cointegração dessa porção em outros plasmídeos bem delineados, como o pBR322. O *Agrobacterium rhizogenes* apresenta o plasmídeo Ri, semelhante ao Ti, em que a diferença principal reside no tipo de patologia apresentada pela célula vegetal e que, dessa maneira, também pode ser explorado no meio biotecnológico. As limitações de procedimentos de clonagem envolvendo plasmídeos de *A. tumefaciens* e/ou *A. rhizogenes* reside principalmente no fato de essas bactérias infectarem somente plantas dicotiledôneas como tomate, tabaco, batata, ervilhas e feijão, deixando fora do espectro de atuação as monocotiledôneas de importante valor comercial como trigo, cevada, arroz e milho.

15.2.2 TRANSFERÊNCIA DIRETA DE DNA

Para contornar o problema da transformação de monocotiledôneas surgiu a técnica da biobalística, que corresponde a um bombardeio da célula vegetal com microprojéteis, objetivando introduzir DNA plasmidial diretamente em embriões da planta. Embora esse seja um procedimento violento, a transformação não parece ser prejudicial aos embriões, que continuam a desenvolver-se normalmente. Esse procedimento utiliza DNA plasmidial contendo o gene de interesse e marcadores de seleção (como resistência a canamicina, por exemplo). Plasmídeos bacterianos possuem a capacidade de se integrar por recombinação nos cromossomos das células vegetais, mas não são capazes de se replicar nessas células. Esse evento de recombinação é distinto da recombinação observada em leveduras, pois não necessita de regiões de similaridade entre o DNA vegetal e plasmidial, e é também diferente do processo de integração verificado para o T-DNA. Além disso, é um evento randômico, podendo o DNA integrar-se em qualquer região de quaisquer dos cromossomos vegetais. Existe a possibilidade de algumas partículas da biobalística penetrarem nos cloroplastos celulares e, inclusive, em seus DNAs, já que eles contêm genomas próprios. Porém, nessa organela, a inserção não ocorre randomicamente, mas por recombinação homóloga, necessitando, portanto, de regiões de similaridade.

15.3 VETORES DE CLONAGEM EM INSETOS

15.3.1 ELEMENTOS P DE *DROSOPHILA MELANOGASTER*

A mosca da fruta *Drosophila melanogaster* é considerada um dos sistemas de estudo *in vivo* mais utilizados por biólogos. O desenvolvimento de vetores de clonagem para *Drosophila* não seguiu o mesmo caminho de bactérias, fungos, plantas e mamíferos. Visto que não existem plasmídeos conhecidos na *Drosophila*, e apesar de moscas de fruta serem suscetíveis à infecção pelo vírus, eles não são utilizados como base para a clonagem de vetores. A clonagem em *Drosophila* é realizada por meio de um transposon chamado elemento P. Transposons são sequências curtas de DNA comuns em todos os tipos de organismos, geralmente com menos de 10 kb de comprimento, e que podem se mover de uma posição para outra nos cromossomos de uma célula. O elemento P corresponde a um dos vários tipos de transposons em *Drosophila*, possui 2.9 kb de comprimento e três genes flanqueados por sequências curtas de repetição invertida. Os genes codificam a transposase, enzima responsável pelo processo de transposição do elemento, e as sequências de repetição invertida formam as sequências de reconhecimento que permitem à enzima identificar as porções finais do transposon e o que exatamente deve ser transportado. Além de se deslocarem de um local para outro dentro de um único cromossomo, elementos P também podem ainda saltar entre os cromossomos, ou entre um plasmídeo transportando um elemento P e um dos cromossomos do inseto. Dessa maneira, tal elemento pode ser utilizado como um vetor de clonagem. O vetor corresponde a um plasmídeo que carrega dois elementos P, um dos quais contém o local de inserção para o DNA que será clonado. O DNA de interesse é inserido no elemento P dentro da região responsável pela codificação da transposase, de modo que esse elemento se torna inativo. O segundo elemento P contido no plasmídeo permanece com o gene responsável pela transposase intacto, porém sem a presença das regiões repetidas invertidas, o que faz com que a transposase ativa transporte somente o DNA de interesse que contém as regiões repetidas invertidas. Uma vez que o gene a ser clonado foi inserido no vetor, o DNA do plasmídeo é injetado por microinjeção em embriões de mosca da fruta, e a transposase do elemento P promove a transferência do DNA de interesse em um dos cromossomos do inseto. No caso desse evento ocorrer dentro de um núcleo de células germinativas, a mosca adulta que se desenvolveu a partir do embrião vai apresentar cópias do gene clonado em todas as suas células.

15.3.2 VETORES DE CLONAGEM BASEADOS EM VÍRUS DE INSETOS

Apesar de vetores virais não terem sido desenvolvidos para a *Drosophila*, o baculovírus é amplamente utilizado em procedimentos de clonagem gênica em outros insetos. Os sistemas de lise virais oferecem a vantagem de uma expressão rápida associada a um alto nível de expressão, sendo que o baculovírus representa o mais comum. Seu sistema de expressão é baseado na manipulação do genoma do vírus *Autographa californica* para a produção do gene de interesse sob o controle do promotor viral *polyhedrin*. Tais vírus são utilizados para infectar linhagens celulares do tecido ovariano do inseto *Spodoptera frugiperda*, e são bastante utilizados na produção de enzimas e outras proteínas recombinantes solúveis. As linhagens celulares mais comuns compreendem Sf9, Sf21 e *Tni* (High Five - Invitrogen).

15.4 VETORES DE CLONAGEM EM MAMÍFEROS

Procedimentos de clonagem em células de mamíferos são normalmente realizados (i) para realizar o nocaute gênico, técnica usada para ajudar na determinação da função de um gene não identificado, (ii) para a produção de proteínas recombinantes em uma cultura de células de mamíferos e (iii) para realizar a terapia gênica, em que células humanas são transfectadas como parte de um tratamento para uma determinada doença. Métodos para clonagem em humanos são temas bastante atuais de estudos na área clínica, na tentativa de desenvolver técnicas de terapia genética, em que uma doença é tratada por introdução de um gene clonado no paciente.

15.4.1 *SIMIAN VIRUS* 40 (SV40)

Esse vírus tem a capacidade de infectar diversas espécies de células de mamíferos, e segue um ciclo lítico ou lisogênico, dependendo do hospedeiro. O tamanho de seu genoma de 5.2 kb e ele contém dois grupos de genes, expressos no estágio inicial (envolvidos na codificação de proteínas relacionadas à replicação do DNA viral) e no estágio final de infecção (codificando para proteínas do capsídeo viral). Um dos maiores problemas na utilização desse vírus como vetor é o limite de tamanho de DNA que pode ser inserido em seu genoma, pois podem ocorrer problemas posteriores de empacotamento. Procedimentos de clonagem com SV40 envolvem, portanto, a substituição de um ou mais dos genes existentes com o DNA a ser clonado.

15.4.2 ADENOVÍRUS

Os adenovírus permitem a clonagem de até 8 kb de fragmentos de DNA, mais do que o aceito por um vetor SV40, embora sejam mais difíceis de trabalhar por possuírem genomas maiores. Procedimentos de expressão com adenovírus são realizados principalmente devido à sua utilização experimental em terapia gênica. Sua principal vantagem é a capacidade de infecção de uma alta variedade de hospedeiros, e sua limitação reside na baixa quantidade de produto recombinante que apresenta, bem como a grande possibilidade de contaminação cruzada com outros hospedeiros recombinantes.

15.4.3 VÍRUS ASSOCIADOS AO ADENOVÍRUS (AAV)

Correspondem aos vírus encontrados nos tecidos infectados pelo adenovírus, visto que AAV faz uso de algumas das proteínas sintetizadas pelo adenovírus a fim de completar o seu ciclo de replicação. Na ausência do adenovírus, o DNA de AAV pode se inserir no genoma de seu hospedeiro, evento aleatório mas que tem como ponto positivo a propriedade de sempre ser inserindo na mesma posição dentro do cromossomo hospedeiro. A característica de localização determinada de integração é de extrema importância para efeito de aplicações tais como a terapia gênica.

15.4.4 PAPILOMA VÍRUS BOVINO

Outro exemplo consiste no papiloma vírus bovino (BPV), que é particularmente importante, pois apresenta um ciclo de infecção incomum em células de camundongo que toma a forma de um plasmídeo multicópia com cerca de 100 moléculas presentes por célula. Esse vírus não leva à morte das células do hospedeiro, e suas moléculas são passadas para células filhas no processo de divisão celular. Portanto, os papiloma vírus, que também aceitam a inserção relativamente alta de DNA exógeno, apresentam ainda a vantagem de permitir a obtenção de uma linha celular estável. Dessa forma, desenvolveu-se um tipo de vetor consistindo em sequências de BPV e plasmídeo pBR322, que é capaz de se replicar tanto em células de mamíferos como em células bacterianas, e é utilizado para a produção de proteínas recombinantes em linhagens celulares de camundongos.

No entanto, uma das razões pelas quais vetores viriais não são tão comuns em processos de clonagem gênica em mamíferos é o advento da microinjeção, procedimento no qual plasmídeos bacterianos, ou cópias de DNA linear de genes, são injetados no núcleo de células de mamíferos e inseridos nos cromossomos hospedeiros. É dessa forma que se evita a infecção celular por parte de um DNA viral, razão pela qual esse é um método geralmente visto como mais satisfatório do que o que faz uso de um vetor viral.

15.5 VETORES DE LEVEDURAS

Quando as células hospedeiras são leveduras, os genes recombinantes podem ser inseridos de três formas diferentes:

1. O DNA recombinante está presente em uma ou mais cópias do plasmídeo no qual foram inseridos um centrômero (clonado de um cromossomo de levedura) e um local de replicação. O centrômero torna os plasmídeos estáveis, de modo que o fuso acromático possa distribuí-los pelos núcleos procedentes da levedura "mãe".
2. O DNA recombinante está presente em muitas cópias de um plasmídeo sem centrômero; plasmídios instáveis passam para as células filhas ao acaso.
3. O DNA recombinante é inserido diretamente em um cromossomo de levedura.

Saccharomyces cerevisiae e *Schizosaccharomyces pombe* são exemplos de leveduras interessantes para as técnicas de biologia molecular por se tratarem de eucariotos inferiores com organização celular similar a de eucariotos superiores. Além disso, muitas proteínas de leveduras são similares estruturalmente e funcionalmente às homólogas de mamíferos. A utilização de leveduras como um modelo de estudo tem como vantagens:

1. Tempo de crescimento reduzido; obtenção de grandes quantidades de leveduras em pouco tempo;
2. Genoma de tamanho reduzido (cerca de duzentas vezes menor que o genoma de mamíferos); simplifica as análises moleculares e genéticas;
3. Possibilidade de manter as leveduras como células haploides ou diploides; obtenção de mutações recessivas em células haploides ou realização de experimentos de complementação genética. As células de mamíferos são diploides, tornando impossível a detecção de mutações recessivas.

A maior parte dos genes marcadores utilizados em leveduras são genes envolvidos na biossíntese de aminoácidos e nucleotídeos. Um dos marcadores frequentemente utilizados é o gene de levedura *LEU2*, que codifica uma das enzimas da via de síntese da leucina, a enzima β-isopropilmalato dehidrogenase, estratégia semelhante àquela utilizada em plasmídeos com resistência a um antibiótico. Assim, células transformadas com o gene *HIS* 3 são selecionadas em uma cultura deficiente em histidina. A seguir são apresentados alguns dos marcadores mais utilizados (Tabela 15.1).

Tabela 15.1 Genes marcadores de seleção em levedura.

Gene	Enzima	Seleção
HIS3	Imidazol glicerolfosfato desidratase	Histidina
LEU2	β-Isopropilmalato desidrogenase	Leucina
LYS2	α-Aminoadipato redutase	Lisina
TRP1	N-(5'-fosforibosil)-antranilato isomerase	Triptofano
URA3	Orotidina-5'fosfato decarboxilase	Uracil

Alguns vetores podem ser utilizados tanto em *E. coli* quanto em levedura. Esses vetores, chamados de *shuttle vectors*, devem possuir origens de replicação e genes marcadores tanto para replicação e seleção em bactéria quanto para levedura. Os plasmídeos de replicação de leveduras possuem um número alto de cópias, chegando a 20-50 cópias/célula, e o vetor mais comum é o de 2 μ. (Tabela 15.2).

Tabela 15.2 Diferentes tipos de vetores são utilizados na transformação em leveduras.

Características	Vetor de integração	Vetor de replicação
Origem replicação bactéria/levedura	Presente	Presente
Seleção bactéria/levedura	Presente	Presente
Replicação autônoma	Ausente	Presente; múltiplas cópias (ARS, do inglês *autonomously replicating sequence*); cópia única (CEN – ARS + sequência centromérica)
Integração cromossômica	Presente	Ausente

- **YACs (*yeast artificial chromosome* ou cromossomo artificial de levedura)**

É uma variação do vetor de cópia única: contém sequências centroméricas (CEN) e sequências teloméricas (sequências das extremidades dos cromossomos). As sequências teloméricas permitem que esses vetores sejam replicados como moléculas lineares (comportamento semelhante ao do DNA cromossomal). YACs não são utilizados rotineiramente em experimentos de clonagem. No entanto, eles têm se mostrado uma ferramenta valiosa na caracterização de grandes segmentos genômicos, uma vez que é possível clonar em um YAC fragmentos que vão de 100 a 2.000 kb.

Alguns desses vetores têm sido construídos com a marcação fluorescente GFP ou a luminosa LUX para auxiliar na seleção dos transformantes (teriam o mesmo uso da seleção por IPTG-Xgal em *E. coli* XL1-Blue contendo marca de seleção por lactose, LAC, mas em vez de azuis e brancas as colônias emitem luz ou fluorescência quando cultivadas em meio específico).

15.6 VETORES DE BACTÉRIAS

15.6.1 BACTERIÓFAGOS

Os fagos mais utilizados em clonagem são o M13 e o λ (tabelas 15.3 e 15.4). Os fagos possuem como vantagens:

- O DNA inserido é empacotado *in vitro*. A eficiência do empacotamento é somente de 10%, aproximadamente; no entanto, uma vez empacotado, a eficiência de inserção na célula *E. coli* hospedeira é de 100%.
- Mais eficiente que a transformação bacteriana com plasmídeos, pois esta, na melhor das hipóteses, tem 10^8 transformantes por μg de DNA, o que significa que menos de 1 em 1.000 plasmídeos são transformados.

Tabela 15.3 Bacteriófagos mais utilizados em transformação.

Vetor	Vantagens	Desvantagens	Uso
λ	Clonagem de insertos de até 18 kb; não necessita de indução para expressão.	Gera um fago por célula; limitado a *E. coli*.	Construção de bibliotecas genômicas de DNA e de cDNA; controle de expressão gênica.
M13	Sai da célula por processo não lítico, o que facilita sua recuperação em sobrenadante de cultivo; clonagem de DNA fita simples; gera 200 fagos por célula por geração; estável à mudança de pH ou temperatura.	Inserto de até 1 kb; só pode ser utilizado em *E. coli* F'.	Construção de bibliotecas genômicas de cDNA.
T3/T7	Uso em diferentes bactérias.	Insertos pequenos (até 1 kb).	Construção de bibliotecas genômicas de cDNA; construção de bibliotecas de marcadores de superfície; regulação de expressão fina de genes.

Tabela 15.4 Vetores baseados no fago λ.

	Tamanho do fragmento inserido	Restrição	Exemplos
Vetor de substituição	10,4 a 20 kb	Dois ou três locais	λ WES, λ B', λ EMBL 3, λ EMBL 4
Vetor de inserção	Até 7 kb	Um local	λ gt10, λ ZAP II

15.6.2 PLASMÍDEOS

Plasmídeos são pequenas moléculas de DNA de cadeia dupla, originadas da replicação e gene(s) que confere(m) resistência a um antibiótico. Permitem insertos de até 4 kb.

Principais características:

1. Origem de replicação que lhe confere a capacidade de replicação na célula hospedeira.

2. Região promotora.
3. Possuem múltiplos sítios de clonagem (MSC); vários locais de clivagem por diferentes endonucleases de restrição;
4. Contêm ao menos um gene capaz de distinguir quais células possuem genes de resistência a antibióticos e quais não.

15.6.3 FAGEMÍDIOS

Os fagemídios ou fasmídios apresentam as vantagens de fagos e de plasmídeos. Os primeiros foram os vetores da série pEMBL, e, mais tarde, os plasmídeos pTZ, pBluescript e pGEM (+/-).

Características principais:

1. Apresentam um versátil MSC; clonagem de grandes insertos sem maiores dificuldades;
2. Facilidade de incorporação do inserto proveniente de um fago; um cDNA clonado em M13 excisado diretamente para um plasmídeo como o pBluescript;
3. Facilidade para o processo de sequenciamento; combinação estratégica de sítios de restrição que permitem a obtenção progressiva e controlada de fragmentos.

15.6.4 COSMÍDEOS

Têm as mesmas características dos plasmídeos, que contêm um fragmento de DNA do fago λ incluindo o local *cos*. São capazes de receber inserto grandes (35 a 49 kb), o que é uma característica importante na geração de bibliotecas genômicas, principalmente aquelas obtidas por digestão parcial com endonucleases de restrição.

15.6.5 OUTROS TIPOS DE VETORES

15.6.5.1 Derivados do bacteriófago P1

Inserção de fragmentos de DNA entre 70 e 100 kb; sequências recombinantes empacotadas in vitro usando fago P1, que serão replicadas em plasmídeos da bactéria E. coli.

15.6.5.2 PAC (cromossomo artificial P1)

Inserção de fragmentos de DNA entre 130 e 150 kb; também contêm sequências de bacteriófago P1, mas estas são introduzidas diretamente em plasmídeos da bactéria E. coli.

15.6.5.3 BAC (cromossomo artificial bacteriano)

Inserção de fragmentos de DNA entre 120 e 300 kb; derivado de plasmídeos naturais de E. coli, denominado de fator F. A origem de replicação e as outras sequências do fator F estabilizam a replicação desses plasmídeos. Devido à sua estabilidade, à capacidade de aceitar grandes fragmentos de DNA e à facilidade de manuseio, os BACs se tornaram os vetores de clonagem preferidos para construir bibliotecas de DNA de organismos complexos.

15.7 LENDO O MAPA DE UM VETOR

Quando olhamos a imagem de um vetor, a primeira característica que observamos é a marca de resistência; depois, as enzimas de restrição. No entanto, a origem do vetor pode dizer muito sobre as suas características. Como exemplo, usaremos o vetor pUC18.

Olhando a Figura 15.1, temos as seguintes informações:

1. Tamanho: 2686 pb.
2. Marca de resistência: ampicilina.
3. Seleção: lactose/galactose.
4. Sítio de múltiplas cópias idênticas (MCS).
5. Origem de replicação: ColE1 (plasmídeo de *E. Coli* que carrega um gene de colicina E1, uma bacteriocina), controlado por RNA antissenso, alta cópia, facilidade de entrada por essa característica de proteína transmembrana.
6. As setas indicam a fase de leitura do mRNA; no caso da Figura 5.1, sentido anti-horário. Se um gene for inserido em uma região LAC invertida (sentido horário), deve-se "inverter" o gene com o uso de enzimas de restrição que permitam essa mudança.

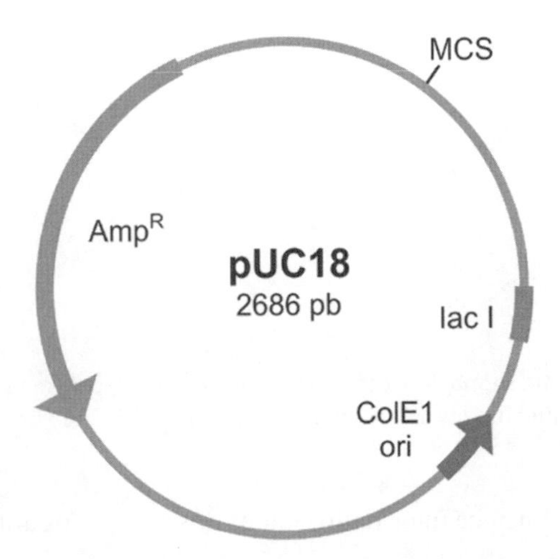

Figura 15.1 Plasmídeo com informações resumidas. Fonte: modificado de Boca Scientific (2014).

A Figura 15.2 indica a presença de:

1. Origem de replicação bacteriana (oriV).
2. Gene lac I para degradação de lactose.
3. Especificação da β-d-galactosidase e região de abertura (vermelho) para impedimento da catálise da galactose.
4. Marcas de múltiplas cópias (mob1 e tnpR), assim como um possível uso em células eucarióticas (mob1).
5. Controle de replicação (RNA I e II).
6. Sequência para aumentar a eficiência de transferência desse material genético que também age como regulador da replicação por RNA I (colE1).
7. Parte blaTEM-1 do transposon Tn3 que confere resistência às betalactamases (nesse caso se usa cloranfenicol como marca de seleção dos clones).

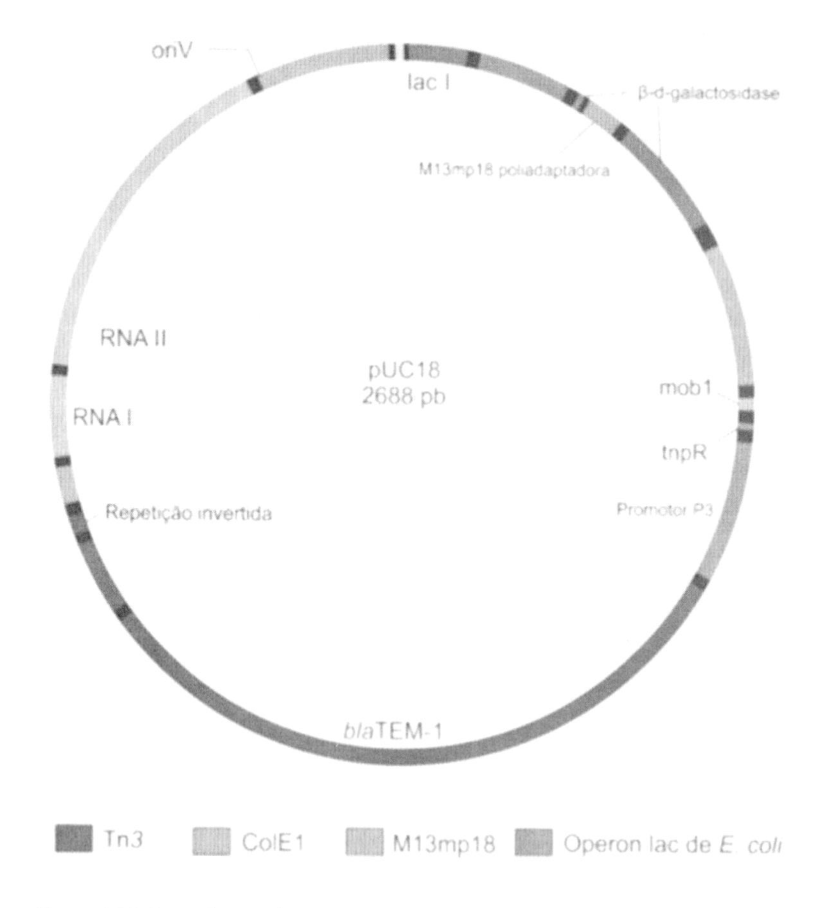

Figura 15.2 Outra forma de mostrar o plasmídeo pUC18, com mais informações.
Fonte: modificado de Bensasson, Boore e Nielsen (2004).

A Figura 15.3 fornece mais dados, além dos colocados anteriormente:

1. Origem do plasmídeo: pBR322.

2. Marcas: promotor LAC (para distinção das células com e sem inserto); M13 (marca do vírus para aumentar a inserção do plasmídeo na célula e para usar *primers* para sequenciamento/amplificação do inserto no plasmídeo); enzimas de restrição no promotor LAC e no plasmídeo, onde ocorre a restrição; marca de resistência a antibiótico para a seleção das células (Amp^R – ampicilina resistente).

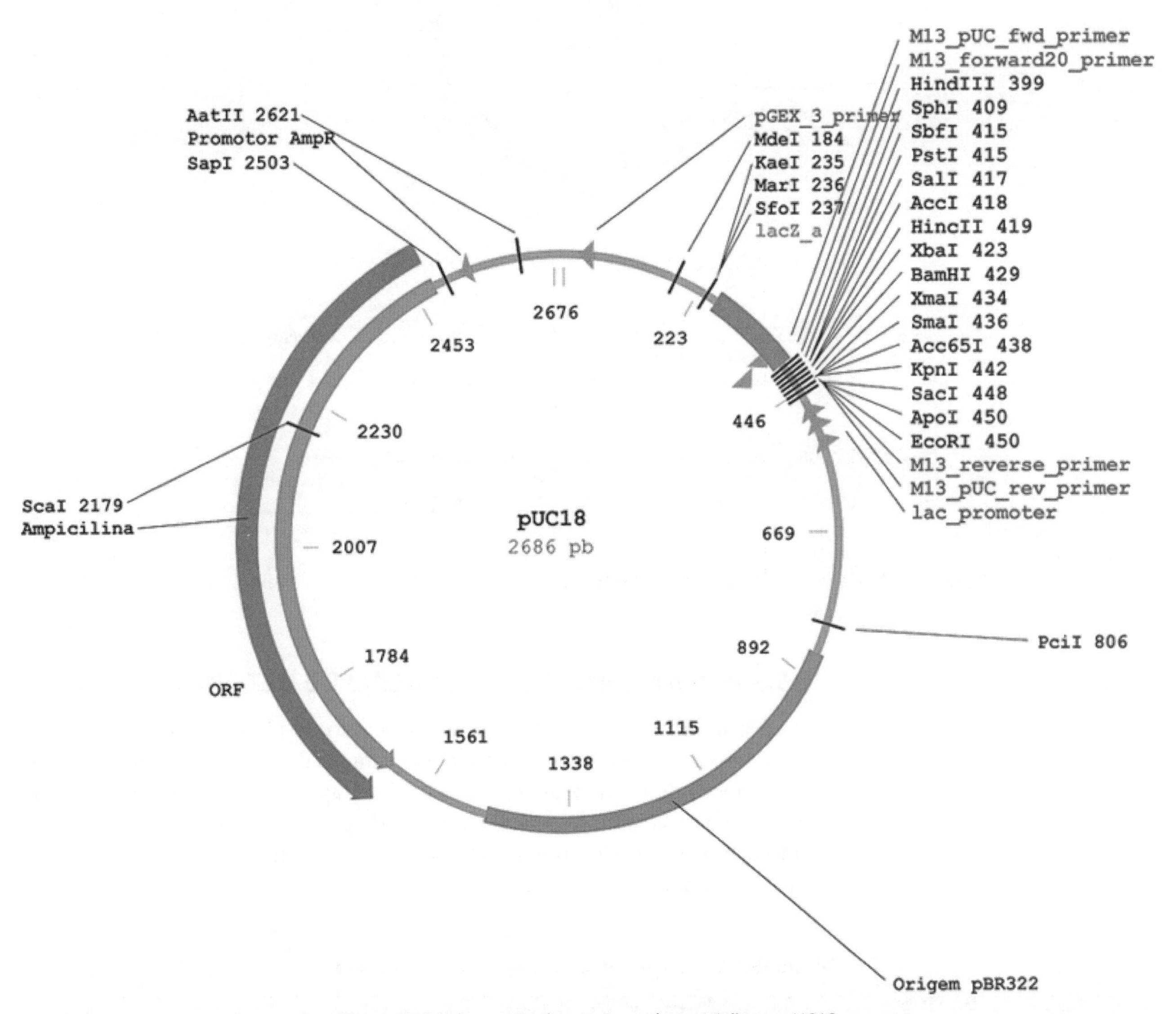

Figura 15.3 Informação das enzimas de restrição no pUC18.
Fonte: modificado de Lablife (2014).

Já a Figura 15.4 fornece o mapa completo do plasmídeo e onde ocorrem as restrições (sequência) na β-d-galactosidase, além de informar quais são as enzimas de restrição e a direção do operon lac. Nesse caso, é possível verificar que no pUC19 há inversão da fase de leitura do operon lac, sendo necessário inverter a inserção do fragmento no plasmídeo.

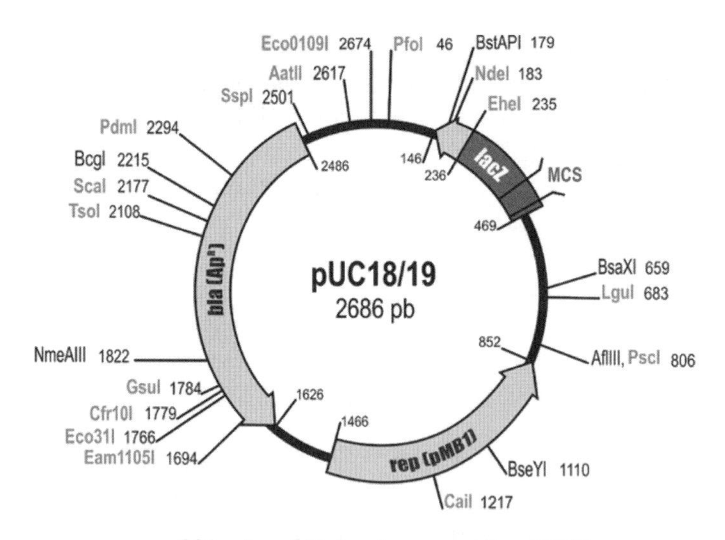

Sítio de múltipla clonagem do pUC18

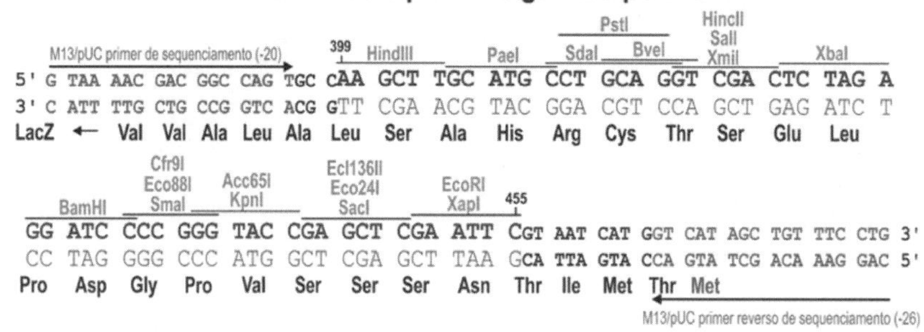

Figura 15.4 Mapa mais completo de pUC18/19. Fonte: modificado de Thermo Scientific (2014).

15.8 ISOLAMENTO E PURIFICAÇÃO DE VETORES

Existem métodos gerais para a purificação de plasmídeos e outros vetores como a lise alcalina, purificação por cloreto de césio (especialmente para plasmídeos de baixa cópia ou que contêm fragmentos de alto peso molecular) ou ebulição simples (não recomendado para plasmídeos de baixa cópia). Também existem kits comerciais; no entanto, a recuperação do material nem sempre é a esperada (Quadro 15.1).

Quadro 15.1 Alguns kits comerciais disponíveis no mercado.

	Fabricante	Uso
CosMCPrep® Kit	Agencourt Bioscience Corporation	Para purificar plasmídeos de alta e de baixa cópia, BACs, cosmídeos e fosmideos.
Nu cleoBond Plasmid Purification Kits	Clontech Laboratories	Para purificar plasmídeos de alta e de baixa cópia, cosmídeos, BACs, PACs e YACs.
illustra TempliPhiDNA Sequencing Template Preparation Kit	GE Healthcare	Para amplificar DNA circular de fita simples ou de fita dupla a partir de células bacterianas que contêm um plasmídeo, plasmídeos purificados ou fago M13 intacto.

(continua)

Quadro 15.1 Alguns kits comerciais disponíveis no mercado. (continuação)

	Fabricante	Uso
Wizard® *Plus* Minipreps DNA Purification Systems	Promega	Para purificar DNA plasmidial.
QIAprep® Spin Miniprep Kits	QIAGEN	Para purificar DNA plasmídial.
GenElute™ Plasmid Miniprep Kit	Sigma-Aldrich	Para purificar DNA plasmidial em pequena escala.

15.9 ISOLAMENTO E PURIFICAÇÃO DE DNA PLASMIDIAL BACTERIANO POR LISE ALCALINA

15.9.1 REAGENTES

15.9.1.1 Solução GETL

- Glicose 50 mM
- EDTA 10 mM
- Tris-HCl 25 mM

15.9.1.2 Acetato de potássio

- Acetato de potássio 5M: 60 mL
- Ácido acético: 11,5 mL
- Água destilada: 28,5 mL

15.9.2 PROCEDIMENTO

1. Cultive a linhagem de *E. coli* contendo o plasmídeo desejado por 16 h em 10 mL de meio LB contendo o antibiótico de seleção.
2. Centrifugue a cultura por 10 min a 4.000 rpm (2.800 x g).
3. Descarte o sobrenadante.
4. Ressuspenda as células em 500 μL de GETL.
5. Incube a solução por 5 min à temperatura ambiente.
6. Adicione 1 mL de solução alcalina de SDS 1% em NaOH 0,2 M.
7. Incube a mistura em banho de gelo por 5 min.
8. Adicione 750 μL de solução de acetato de potássio a 4 °C para precipitar o DNA cromossômico e as proteínas.
9. Incube a mistura por mais 5 min em banho de gelo.

10. Centrifugue a mistura por 15 min.
11. Transfira o sobrenadante para um tubo novo.
12. Limpe o DNA com fenol-sevag.
13. Precipite o DNA com 2,5 volumes de etanol 100%.
14. Deixe a mistura em freezer por 10 a 24 h.
15. Centrifugue o material.
16. Descarte o sobrenadante.
17. Deixe o DNA secar com o tubo invertido em papel toalha.
18. Ressuspenda o DNA seco em água ultrapura estéril.
19. Proceda à limpeza com RNase.
20. Estoque em freezer a –20 °C.

15.10 ISOLAMENTO E PURIFICAÇÃO DE DNA PLASMIDIAL BACTERIANO POR EBULIÇÃO: MINIPREP

15.10.1 REAGENTES

– Lisozima (10 mg/mL em Tris 25 mM pH 8,0)

15.10.2 SOLUÇÃO STET

15.10.2.1 Para 100 mL

- Sacarose (8,0%): 8,0 g
- Triton X-100 (0,5%): 0,5 mL
- EDTA (500 mM): 10,0 mL (estoque 0,5 M pH 8,0)
- Tris 20 mM, pH 8,0: 2,0 mL (estoque 1 M)
- Água ultrapura q.s.p.: 100,0 mL
- RNase (10 mg/mL)

15.10.3 PREPARO DE RNASE

1. Dissolva a RNase (10 mg/mL) em acetato de sódio 0,01 M pH 5,2.
2. Aqueça a 100 °C por 15 min.
3. Esfrie lentamente à temperatura ambiente.
4. Ajuste o pH adicionando 0,1 volume de Tris 1 M pH 7,4.
5. Aliquote aproximadamente 0,3 mL por tubo e armazenar a –20 °C.

Obs.: A RNase precipita quando é aquecida a 100 °C na concentração estoque (10 mg/mL) e em pH neutro.

15.10.4 PROCEDIMENTO

1. Inocule uma colônia de bactérias isoladas em 3 mL de caldo LB com o antibiótico adequado.
2. Incube em estufa com agitação durante a noite (doze a 16 h) a 37 °C e a 250rpm.
3. Verta 1,5 mL da cultura em tubo de microcentrífuga.
4. Centrifugue a 3.300 x g e a 4 °C por 2 min.
5. Despreze o sobrenadante.
6. Suspenda o sedimento em 300 mL de STET.
7. Homogeneíze com a micropipeta.
8. Adicione 25 mL de lisozima.
9. Leve ao banho fervente por 45 s.
10. Centrifugue a 12.000 x g e a 4 °C por 15 min.
11. Remova o "debris" com palito de dente.
12. Adicione 3 mL de RNase.
13. Leve ao banho-maria a 37 °C por no mínimo 30 min.
14. Adicione 350 mL de isopropanol.
15. Homogeneíze a mistura por inversão.
16. Incube à temperatura ambiente por 5 min.
17. Centrifugue a 12.000 x g e a 4 °C por 20 min.
18. Descarte o sobrenadante.
19. Lave o sedimento com etanol 70% gelado.
20. Deixe o tubo invertido para que seque até o sedimento ficar transparente.
21. Suspenda em 50 mL de água ultrapura ou TE pH 8,0.
22. Estoque em freezer a -20 °C.

Dica

- Caso haja necessidade de concentrar a amostra, suspenda em volume menor de água ou TE (20 μL, por exemplo).

15.11 ISOLAMENTO E PURIFICAÇÃO DE DNA PLASMIDIAL DE LEVEDURA

15.11.1 REAGENTES

15.11.1.1 Tampão de Lise

Para 100 mL

- 2%Triton X-100: 2ml
- 1% SDS: 10ml de estoque 10%
- 100 mM NaCl: 2ml de estoque 5 M
- 10 mM Tris-HCl (pH 8,0): 1 mL de estoque 1 M
- 1 mM EDTA (pH 8,0): 200 µL de estoque 0,5 M

15.11.2 PROCEDIMENTO

1. Cultive a levedura desejada em 2 mL de meio seletivo até fase estacionária.
2. Centrifugue 1,5 mL da cultura a 16.000 x g por 5 s.
3. Despreze o sobrenadante.
4. Lave as células com 1 mL de água estéril.
5. Repita os passos 3 e 4.
6. Suspenda as células em 200 µL de Tampão de Lise.
7. Adicione 200 µL de uma mistura de fenol-sevag e 300 mg (uma "colher") de pérolas de vidro.
8. Agite vigorosamente em vórtex por 5 min.
9. Centrifugue a 16.000 xg por 1 min.
10. Transfira 100 µL da fase aquosa para um novo tubo.
11. Adicione o mesmo volume de isopropanol.
12. Misture por inversão.
13. Centrifugue a 16.000 x g por 10 min.
14. Remova o sobrenadante.
15. Lave o precipitado com 500 µL de etanol 75% gelado.
16. Após a secagem do precipitado, suspenda-o em 50 µL de água ultrapura.

REFERÊNCIAS

AUSUBEL, E. et al. **Short protocols in molecular biology**. 5. ed. New York: John Wiley, 2002.

BENSASSON, D.; BOORE, J. L.; NIELSEN, K. M. Genes without frontiers? **Heredity**, London, v. 92, p. 483-9, 2004.

BIRNBORIM, H. C.; DOLY, J. A rapid extraction procedure for screening recombinant plasmid DNA. **Nucleic Acids Research**, London, v. 7, p.1513-1523, 1979.

BOCA SCIENTIFIC. **Miscellaneous DNA vectors systems**. Disponível em: <http://www.bocascientific.com/standard-cloning-vector-puc18-p-773.html>. Acesso em: 10 mar. 2014.

GELLISSEN, G. **Production of recombinant proteins**: novel microbial and eukaryotic expression systems. 1. ed. Wiley-Blackwell, 2005.

GREEN, M. R.; SAMBROOK, J. **Molecular cloning**: a laboratory manual. 4. ed. New York: Cold Spring Harbor Laboratory Press, 2012.

LABLIFE. **Vector database**: pUC18 sequence. Disponível em: < https://www.lablife.org/>. Acesso em: 10 mar. 2014.

VALENTINI S. R. **Protocolos do laboratório de biologia molecular e celular de microrganismos**. Araraquara: UNESP Araraquara. Disponível em: <http://www.fcfar.unesp.br/laboratorio_sandro_valentini/int_protocolos.php>. Acesso em: 10 mar. 2014.

THERMO SCIENTIFIC. **pUC18, pUC19 DNA**. Disponível em: <http://www.thermoscientificbio.com/molecular-cloning/puc18-puc19-dna/>. Acesso em: 10 mar. 2014.

CAPÍTULO 16
TRANSFORMAÇÃO

Fernanda Matias, Sabrina Dick

Os métodos de transformação gênica ou genética são amplamente utilizados nos laboratórios que trabalham com organismos geneticamente modificados (OGM). A transformação celular se dá pela inserção de um gene exógeno que fornece ao transformante uma característica diferenciada, e muitas vezes superior, à célula original. Em geral, se utilizam vetores (plasmídeos, cosmídeos, vírus) contendo o gene de interesse. Os vetores, assim como as linhagens, devem ser cuidadosamente selecionados de acordo com o objetivo do experimento. Bactérias gram-negativas e leveduras são mais fáceis de transformar pela própria estrutura celular que possuem, e normalmente se usa entre 10 e 50 nanogramas de DNA (vetor + inserto) para a transformação. Neste capítulo são abordados os métodos mais simples de transformação bacteriana e de leveduras.

16.1 PREPARAÇÃO DE BACTÉRIAS COMPETENTES PELO MÉTODO DE CLORETO DE CÁLCIO

16.1.1 MATERIAL NECESSÁRIO

- Meios de cultura líquidos pré-aquecidos a 37 °C
- Placas de Petri contendo LB Agar pré-aquecidas a 37 °C
- Isopor contendo gelo seco e álcool
- Estufa a 37 °C
- Agitador rotativo a 37 °C
- Centrífuga
- Microcentrífuga
- Espectrofotômetro
- Pipetas e ponteiras de 1 mL e 0,2 mL estéreis
- Tubos de microcentrífuga estéreis
- Tubos de centrífuga estéreis

16.1.2 PROCEDIMENTO

1. Semeie a linhagem de *E. coli* de interesse em uma placa de LB isolando as colônias. Verifique as especificações de cada linhagem, como necessidade de antibióticos (XL1-Blue necessita de tetraciclina, PLys, cloranfenicol, Arctic, gentamicina...).
2. Cultive em estufa com o ágar invertido a 37°C por dez8 h.
3. Selecione uma colônia com alça de platina e cultive em LB líquido em agitador rotativo a 37 °C e a 200 rpm por dez8 h (verifique a necessidade de antibiótico).
4. Transfira cerca de 2 mL do pré-inóculo para 100 mL de meio LB líquido estéril.
5. Cultive em agitador rotativo a 37 °C e a 200 rpm por duas a 3 h, até DO_{600nm} atingir de 0,5 abs a 0,6 abs.
6. Transfira as células para tubos de centrífuga estéreis (2 falcons de 50 mL, por exemplo).
7. Centrifugue a 4.000 x g por 20 min a 4 °C.
8. Descarte o sobrenadante.
9. Ressuspenda o sedimento em 40 mL de $CaCl_2$ 0,1 M estéril gelado (volume final).
10. Incube em banho de gelo por 1 h.
11. Centrifugue a 4.000 *x* g por 20 min a 4 °C.
12. Descarte o sobrenadante.
13. Ressuspenda o sedimento em 1 mL de $CaCl_2$ 0,1 M estéril gelado (volume final) se o uso for imediato. Se forem congeladas alíquotas, adicione glicerol para uma concentração final de 15% (v/v), distribua o líquido em tubos de microcentrífuga (100 μL por tubo), congele em banho de gelo seco/etanol e armazene a –80 °C.

Dica

- Sempre verifique o meio de cultura de cada linhagem; linhagens contendo gene pLys necessitam de meio 2x TY em todas as fases!
- Tudo deve ser feito em gelo seco com álcool!!!
- Esse é um bom método para quem precisa fazer muitas transformações.

16.2 PREPARAÇÃO DE BACTÉRIAS COMPETENTES PELO MÉTODO DE MAGNÉSIO (OU SAIS)

16.2.1 MATERIAL NECESSÁRIO

- Meios de cultura líquidos pré-aquecidos a 37 °C
- Placas de Petri contendo LB Agar pré-aquecidas a 37 °C

- Tampão de transformação
- Isopor contendo gelo
- Centrífuga
- Microcentrífuga
- Espectrofotômetro
- Pipetas e ponteiras de 1 mL e 0,2 mL estéreis
- Tubos de microcentrífuga estéreis
- Tubos de centrífuga estéreis

16.2.1.1 Preparo do tampão de transformação

- Tris-HCl pH 8,0: 10 mM
- $CaCl_2$: 50 mM
- $MgCl_2$: 10 mM
- $MgSO_4$: 10 mM

16.2.2 PROCEDIMENTO

1. Semeie a linhagem de *E. coli* de interesse em uma placa de LB isolando as colônias. Verifique as especificações de cada linhagem, como necessidade de antibióticos (XL1-Blue necessita de tetraciclina; PLys, cloranfenicol; Arctic, gentamicina...).
2. Cultive em estufa com o ágar invertido a 37 °C por dez8 h.
3. Selecione uma colônia com alça de platina e cultive em LB líquido em agitador rotativo a 37 °C e a 200 rpm por dez8 h (verifique a necessidade de antibiótico).
4. Aliquote com pipeta automática 1 mL de cultivo e inocule 100 mL de meio de cultura novo contendo 10 mM de $MgSO_4$ e 10 mM de $MgCl_2$.
5. Cultive a 37 °C até $DO_{600\ nm}$ atingir entre 0,3 e 0,6.
6. Centrifugue 20 mL da cultura durante 15 min a 4 °C, 4.000 *x* g.
7. Descarte o sobrenadante.
8. Ressuspenda o sedimento em 4 mL de tampão de transformação.
9. Incube a solução em banho de gelo durante 15 min.
10. Centrifugue durante 10 min a 4 °C, 4.000 *x* g.
11. Descarte o sobrenadante.

12. Ressuspenda o sedimento em 0,8 mL de tampão de transformação.
13. Aliquote 200 μL da solução por tubo de microcentrífuga.
14. Use imediatamente.

Dica

- Trabalhe sempre no gelo.
- Melhores resultados são obtidos com DO_{600nm} 0,3!
- A cultura nova preparada com os sais pode ser utilizada em até 24 h se mantida em ambiente refrigerado (4 °C a 10 °C).

16.3 PREPARO DE CÉLULAS ELETROCOMPETENTES

16.3.1 MATERIAL NECESSÁRIO

- Meios de cultura líquidos pré-aquecidos a 37 °C
- Solução de glicerol a 10% estéril
- Isopor contendo gelo
- Centrífuga
- Microcentrífuga
- Espectrofotômetro
- Pipetas e ponteiras de 1 mL e 0,2 mL estéreis
- Tubos de microcentrífuga estéreis
- Tubos de centrífuga estéreis

16.3.2 PROCEDIMENTO

1. Cultive a linhagem de *E. coli* por 16 h.
2. Inocule 1 mL do cultivo em 100 mL de meio de cultura novo.
3. Incube o cultivo a 37 °C com agitação de 110 rpm em agitador rotativo até atingir uma absorbância de 0,5 a 0,6 em 600 nm (aproximadamente 3 h).
4. Transfira a suspensão para tubos de centrífuga.
5. Deixe os tubos em repouso no gelo por quinze a 30 min.
6. Centrifugue as células a 4.500 *x* g por 15 min.
7. Descarte o sobrenadante.
8. Ressuspenda o sedimento em 100 mL de água destilada estéril a 4 °C.

9. Centrifugue as células a 4.500 *x* g por 15 min.
10. Ressuspenda o sedimento em 50 mL de água destilada estéril a 4 °C.
11. Centrifugue as células a 4.500 *x* g por 15 min.
12. Ressuspenda o sedimento em 2 mL de glicerol 10% estéril a 4 °C.
13. Centrifugue as células a 4.500 *x* g por 15 min.
14. Ressuspenda o sedimento em 300 μL de glicerol 10% estéril a 4 °C fornecendo uma concentração celular de 1-3 x 10^{10} células/mL.
15. Aliquote 40 μL da suspensão em tubos de microcentrífuga de 1,5 mL.
16. Armazene os tubos em freezer a –80 °C.

16.4 TRANSFORMAÇÃO DE BACTÉRIAS COM PLASMÍDEOS PELO MÉTODO DE CHOQUE TÉRMICO

16.4.1 MATERIAL NECESSÁRIO

- Meio SOC líquido (pré-aquecido a 37 °C)
- Placas de Petri contendo meio LB Agar com o(s) antibiótico(s) adequado (pré-aquecido(s) a 37 °C)
- Alíquotas de bactérias competentes
- DNA a ser inserido (plasmídeo + inserto)
- Vetor sem inserto para controle do método
- Isopor contendo gelo
- Banho de água a 42 °C
- Timer
- Estufa a 37 °C
- Alça de Drigalski (preferencialmente de vidro)
- Bico de Bunsen
- Álcool

16.4.2 PROCEDIMENTO

1. Utilize aproximadamente 0,2 μg de DNA (plasmídeos ou produtos de reações de ligação de DNA).
2. Adicione o DNA a 100-200 μL de bactérias competentes.
3. Mantenha a mistura em banho de gelo por 30 min.
4. Submeta as células a um choque térmico a 42 °C de 20 s a 90 s.

5. Incube a mistura imediatamente em banho de gelo por 2 min.
6. Adicione 500 µL de meio de cultura (preferencialmente SOC. Você pode utilizar LB ou 2x TY, de acordo com as exigências de cada célula).
7. Deixe a suspensão bacteriana a 37 °C por 1 h a 200 rpm.
8. Após a recuperação, semeie de 50 a 200 µL em placas contendo meio LB ou meio 2x TY e o antibiótico necessário para seleção.
9. Incube as placas em estufa a 37 °C por uma noite por dez8 h.

16.5 TRANSFORMAÇÃO DE CÉLULAS *E. COLI* POR ELETROPORAÇÃO

16.5.1 MATERIAL NECESSÁRIO

- Eletroporador
- Células eletrocompetentes

16.5.2 PROCEDIMENTO

1. Retire as células competentes (40 µL) do freezer a −80°C e coloque-as imediatamente no gelo.
2. Após 20 min, adicione em torno de 0,2 a 1 µg de DNA e misture bem por pipetagem.
3. Transfira o conteúdo total para uma cubeta estéril gelada (0,1 cm) de eletroporador.
4. Dê um pulso de 1,7 kV de voltagem, 200 Ω de resistência (pode chegar até 700 Ω) e 25 µF de capacitância. Após o pulso, a constante de tempo ideal deverá ser de 4,0 a 4,7 ms.
5. Adicione 1 mL de meio SOC às células e passe-as para um tubo de microcentrífuga estéril.
6. Incube as células a 37 °C por 1 h em agitador rotativo.
7. Distribua 200 µL do cultivo em placas contendo o meio LB sólido e o antibiótico adequado.
8. Incube as placas em estufa a 37 °C até obter as colônias (por volta de dez8 h).

Dica

- O uso de SOC na transformação aumenta a eficiência da geração de clones.

16.6 TRANSFORMAÇÃO DE LEVEDURAS

16.6.1 REAGENTES

- TE (10x) para 100 mL
- Tris-HCl 1 M pH 7,5: 10 mL (0,1 M)
- EDTA 0,5 M pH 7,5: 2ml (0,01 M)
- Acetato de lítio 1 M (10X) para 100 mL
- LiOAc: 10,2 g (ajustar o pH para 7,5 com ácido acético diluído e esterilizar por filtração).
- PEG 4000 (ou 3350) 50% (m/v) para 100 mL
- PEG 4000 (3350) 50%: 50g (esterilizar por filtração).

16.6.2 MATERIAL NECESSÁRIO

- Estufa
- Centrífuga
- Meio YPD
- Água ultrapura
- TE/acetato de lítio (LiOAc):
- TE/LiOAC (recém-preparado a partir das soluções estoque estéreis) para 20ml
- TE: 2 mL de estoque 10x
- LiOAc 0,1 M: 2 mL de estoque 10x.

16.6.3 PROCEDIMENTO PARA OBTENÇÃO DE CÉLULAS COMPETENTES

1. Cultive a linhagem de interesse em 10 mL de meio YPD de 1 cel/mL a 2×10^7 cel/mL e de 12 a 16 h.
2. Centrifugue por 5 min a 3.000 *x* g.
3. Ressuspenda as células em 1 mL de água estéril.
4. Transfira todo o conteúdo para um tubo de microcentrífuga de 1,5 mL.
5. Centrifugue de 5 s a 10 s a 13.400 *x* g.
6. Remova o sobrenadante e lave as células com 1 mL de água estéril.
7. Lave novamente com 1 mL de TE/LiOAc (solução fresca).
8. Ressuspendar as células em TE/LiOAc na concentração de 2×10^9 cel/mL.

Dica

- Células competentes mantêm sua competência por alguns dias se conservadas a 4 °C.

16.7 PROCEDIMENTO PARA TRANSFORMAÇÃO

16.7.1 Material necessário

- Estufa
- Microcentrífuga
- Água ultrapura
- DNA carreador fita simples (SS-DNA)
- Solução de polietilenoglicol (PEG)/LiOAc/TE:
- PEG/TE/LiOAc (recém-preparado a partir das soluções estoque estéreis) para 5 mL.
- PEG 4000 (3350) a 40%
- TE 50%: 4 mL
- LiOAc 10X 0,1M: 500 µL

16.7.2 Procedimento:

1. Em um tubo de microcentrífuga, misture 50 mL da suspensão de células com 1 mg do plasmídeo e 5 mL de DNA carreador (10 mg/mL de DNA de esperma de salmão fita simples).
2. Adicione 300 mL de PEG/LiOAc/TE (solução fresca).
3. Agite bem a mistura.
4. Incube a 30 °C com agitação por 30 min.
5. Incube a 42 °C por 15 min (choque térmico).
6. Centrifugue as células de 5 s a 10 s a 13.400 *x* g.
7. Remova o sobrenadante e ressuspenda em 1 mL de TE.
8. Semeie 100 mL em meio seletivo.

Dica

- O volume de DNA carreador pode ser dobrado para aumentar a eficiência.

16.8 TRANSFORMAÇÃO RÁPIDA E FÁCIL DE LEVEDURAS (MÉTODO TRAFO)

16.8.1 MATERIAL NECESSÁRIO:

- Estufa
- Centrífuga
- Meio SC
- Meio YPAD
- Água ultrapura
- Polietilenoglicol (PEG) 4.000
- Acetato de lítio (LiOAc) 1,0 M
- LiOAc 100 mM
- DNA carreador fita simples (SS-DNA)

16.8.2 PROCEDIMENTO:

1. Prepare uma cultura fresca de levedura em placa contendo YPAD ou 5 mL de meio líquido (2x YPAD ou meio seletivo SC, 200 rpm).
2. Incube a 30 °C por dez8 h.
3. Para cada transformação, raspe da placa fresca com um palito estéril (ou centrifugue a cultura em meio líquido) o equivalente a 25 mL de células da levedura a ser transformada.
4. Resuspenda as células em 1 mL de água ultrapura estéril.
5. Centrifugue as células na velocidade máxima por 30 s.
6. Descarte o sobrenadante.
7. Ressuspenda as células em 1 mL de LiOAc 100 mM.
8. Incube a mistura por 5 min a 30 °C.
9. Coloque o volume de uma única reação de transformação (ou um volume de 25 mL de células; se você raspou o equivalente a um volume de 50 mL de células em 1 mL de água, então esse volume ser***á*** de 0,5 mL) em um novo tubo e centrifugue na velocidade máxima por 30 s (ou 1 min a 3.000 *x* g para o sedimento não ficar muito duro).
10. Remova o sobrenadante com a micropipeta.
11. Adicione os seguintes componentes no tubo (sobre o sedimento de células e na seguinte ordem):
    - PEG (50% p/v): 240 mL
    - LiOAc 1.0 M: 36 mL

- SS-DNA (2 mg/mL): 25 mL
- DNA plasmidial (100 a 5 μg): 5 mL
- Água ultrapura estéril: 45 mL.

12. Agite o tubo em vórtex por 1 min ou até ressuspender as células na mistura de transformação.
13. Incube a mistura a 42 °C por 20 min.
14. Centrifugue na velocidade máxima por 30 s.
15. Remova o sobrenadante usando uma micropipeta.
16. Ressuspenda gentilmente as células em 200 a 400 μL de água ultrapura estéril pipetando devagar.
17. Semeie a suspensão de células no meio SC apropriado para a seleção adequada do plasmídeo que você está utilizando.
18. Colônias devem aparecer em dois a quatro dias a 30 °C.

Dicas

- A placa pode ter até uma semana, mas é preferível um inóculo fresco. As células podem estar em qualquer meio sólido para serem transformadas por esse método; no entanto, o crescimento em YPD tem melhores resultados. Remova as células do canto da massa de células para garantir que estejam saudáveis.
- A suspensão conterá em torno de 5 x 10^8 **células. Células** que crescem à noite (por volta de dez8 h) no meio líquido 2x YPAD atingem um crescimento de 1 a 2 x 10^8 **células**/mL, enquanto o crescimento em meio SC **é** de aproximadamente 5 x 10^7 **células**/mL. Centrifugue 2 mL de cultivo em YPAD ou 5 mL de cultivo em SC.
- Células na fase logarítmica, tanto em meio líquido quanto em meio sólido, terão uma transformação mais eficiente.
- Cada reação de transformação requer aproximadamente um volume de 25 mL de células. Assim, um volume de 100 mL de células raspadas representa quatro reações de transformação.
- Muitas linhagens de laboratório alcançarão mais de 1 x 10^5 transformantes/μg de plasmídeo após 60 min de incubação. Em algumas linhagens, aumentando o tempo para 180 min a 42 °C, o número de transformantes chegará a mais de 1 x 10^6/μg de plasmídeo.

16.9 TRANSFORMAÇÃO DE LEVEDURAS; MÉTODO DO ACETATO DE LÍTIO

16.9.1 MATERIAL NECESSÁRIO:

- Meio líquido YPD
- Água Milli-Q estéril.
- Solução TE/LiOAc (prepare na hora de usar a partir das soluções-mãe 10x concentradas) (ver item 16.6 "Transformação de leveduras")
- DNA carreador fita simples (SS-DNA: esperma de salmão ou timo de vitela)
- DNA transformante
- Solução 40% PEG/TE/LiOAc (prepare na hora de usar; ver item 16.6 "Transformação de leveduras")
- DMSO (dimetilsulfóxido)
- Tampão TE
- Gelo
- Placas de cultura com meio seletivo.

16.9.2 PROCEDIMENTO

1. Inocule as células em 20 mL a 25 mL de meio líquido YPD e cultive *overnight* até a concentração aproximada de $2x10^7$ células/mL (mínimo $1X10^7$ ***células***/mL).
1. Dilua a cultura 1:10 em meio líquido YPD fresco e aquecido a 30 °C (volume final de 20 mL a 25 mL) e cultive novamente até a concentração aproximada de $2x10^7$ células/mL (mínimo $1x10^7$ células/mL).
2. Centrifugue as células em temperatura ambiente por 5 min a 5.000 rpm.
3. Descarte o sobrenadante e ressuspenda as células em 20 a 25 mL de água Milli-Q estéril.
4. Centrifugue novamente nas mesmas condições do item 3, desprezando mais uma vez o sobrenadante.
5. Ressuspenda o precipitado em 1 mL de água Milli-Q estéril, transfira a amostra para tubos de centrífuga de 1,5 mL e recentrifugue a amostra. Descarte o sobrenadante.
6. Lave as células em 1 mL de solução TE/LiOAc, recentrifugue e ressuspenda o precipitado em 200 µL da mesma solução, obtendo uma concentração aproximada de $2x10^9$ células/mL (100x concentrado).
7. Incube a alíquota de DNA carreador fita simples a ser usada por dez a 15 min a 100 °C.

8. Coloque a alíquota imediatamente no gelo.
9. Misture 50 µL da suspensão celular de levedura a 1 µg do DNA transformante (respeitando o volume máximo de 5 µL) e 50 µg do carreador de DNA em um tubo de microcentrífuga.
10. Adicione 300 µL de 40% PEG-4000-TE/LiOAc, homogeneíze e incube sob agitação em *shaker* (225 rpm) a 30 °C por 30 min.
11. Provoque um choque térmico de 42 °C por 15 min (tempo exato!), resfriando imediatamente.
12. Centrifugue duas vezes por 5 s em temperatura ambiente e ressuspenda as células em 1 mL de solução TE.
13. Semeie as diluições apropriadas nas placas de meio seletivo e incube a 30 °C. Os transformantes crescerão em dois a cinco dias.

Dica

- Caso seja necessário, o passo 12 pode ser modificado para um período de recuperação da levedura da seguinte forma: ressuspenda as células em meio líquido YPD sem antibiótico e incube por 1 h a 30 °C antes de semear em meio seletivo.

REFERÊNCIAS

AUSUBEL, E. et al. **Short protocols in molecular biology**. 5. ed. New York: John Wiley, 2002.

GIETZ, R.D. **The Gietz lab yeast transformation home page**. University of Manitoba, 2006. Disponível em: <http://home.cc.umanitoba.ca/~gietz/>. Acesso em: 8 abr. 2013.

GIETZ, R. D.; WOODS, R. A. Transformation of yeast by the LiAc/SS carrier DNA/Peg method. **Methods in Enzymology**, Totowa, v. 350, p. 87-96, 2002.

GREEN, M. R.; SAMBROOK, J. **Molecular cloning**: a laboratory manual. 4. ed. New York: Cold Spring Harbor Laboratory Press, 2012.

CAPÍTULO 17
VISUALIZAÇÃO E MANIPULAÇÃO *IN SILICO* DE PROTEÍNAS TRIDIMENSIONAIS

Maurício Menegatti Rigo, Dinler Amaral Antunes, Gustavo Fioravanti Vieira

Este capítulo tem o propósito de inserir o usuário no contexto de programas de visualização de estruturas tridimensionais. Os tópicos foram abordados de maneira didática e simples, objetivando o entendimento da base de funcionamento dos programas. Sendo assim, o presente capítulo não tem por objetivo demonstrar tópicos avançados sobre os programas, mas, sim, os aspectos básicos. Dentre a enorme gama de programas de visualização de estruturas tridimensionais, escolhemos dois dos principais visualizadores que utilizamos na rotina de nosso laboratório: o Swiss-PDBViewer (SPDBv) e o Chimera.

17.1 SWISS-PDBVIEWER

O Swiss-PDBViewer (SPDBv) - também conhecido como DeepView - é o visualizador de proteínas tridimensionais desenvolvido no Swiss Institute of Bioinformatics, localizado na cidade de Basileia, na Suíça. Esse visualizador foi desenvolvido inicialmente por Nicolas Guex em 1994. Desde então, o programa vem sendo modificado e atualizado, e a versão estável mais recente é a 4.0.4.

Mas o SPDBv é muito mais do que um simples visualizador de estruturas. Ele possui ferramentas para análise de diedros, cálculos de energia global e de energia de ligações/torções entre moléculas, cálculos de potencial eletrostático, modelagem por homologia, análise da estabilidade de modelos, minimização de energia, entre outros.

Neste capítulo, abordaremos apenas algumas das funções úteis para visualização e manipulação de proteínas, dando um enfoque mais básico para a utilização do programa.

17.1.1 OBTENÇÃO E INSTALAÇÃO

O SPDBv é disponibilizado na World Wide Web (http://spdbv.vital-it.ch/download.html) como um *freeware*, ou seja, a sua utilização não implica pagamento de licenças ou qualquer outra taxa ao governo ou à iniciativa privada.

Atualmente, a versão estável mais recente (v. 4.0.4) pode ser executada nas plataformas Linux (por meio do aplicativo Wine), Microsoft Windows e Macintosh.

No caso do download ser feito para a plataforma Windows, o usuário recebe um conjunto de arquivos compactados. Uma vez descompactado, o programa já pode ser utilizado, sem necessidade de instalação. Basta rodar o aplicativo do SPDBv com a extensão **.exe** que se encontra entre os arquivos descompactados.

17.1.2 UTILIZAÇÃO

Ao abrir o programa, uma janela é aberta ("*Main window*" (MW)) e na guia "*File*" é possível escolher o arquivo que se deseja visualizar. O SPDBv permite a visualização de arquivos PDB (*Protein data bank*), mmCIF (*macromolecular crystallographic information file*) ou MOL/SDF, todos contendo informações sobre as coordenadas atômicas das estruturas. Além disso, é possível carregar mais de uma molécula simultaneamente.

Ao abrir a molécula no programa, as ligações covalentes são representadas automaticamente como linhas interligando os átomos (*Wireframe representation*) em uma janela de visualização ("*Display window*" (DW)). Se o arquivo contém erros em alguns aminoácidos, ou se está com alguma informação faltante (cadeias laterais, por exemplo), uma janela de texto se abrirá, informando onde ocorreu o problema. Em geral, o próprio programa corrige os erros e a molécula é carregada sem maiores problemas.

O SPDBv (Figura 17.1) possui uma opção que reúne os principais comandos básicos de visualização em um só local: o painel de controle ("*Control panel*" (CP)). Caso o CP não tenha sido aberto concomitantemente com a janela de visualização, basta escolher a opção "*Control panel*", sob a guia "*Window*" (na parte superior da MW).

A MW apresenta alguns botões de acesso rápido, sendo os quatro primeiros os mais importantes, conforme explicado e ilustrado a seguir:

: O primeiro (à esquerda, logo abaixo de "*File*") é utilizado para "centralizar" a(s) estrutura(s) no DW.

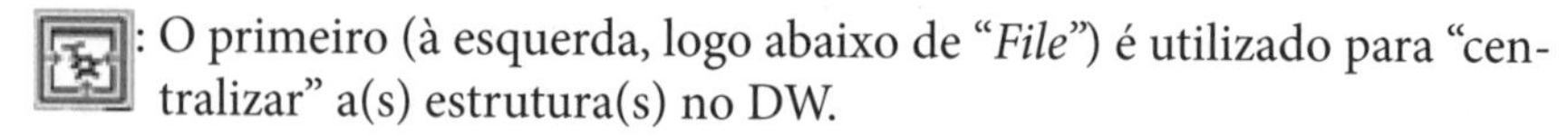

: O segundo é utilizado para "segurar" a(s) estrutura(s) e arrastá-la(s) com o auxílio do *mouse*.

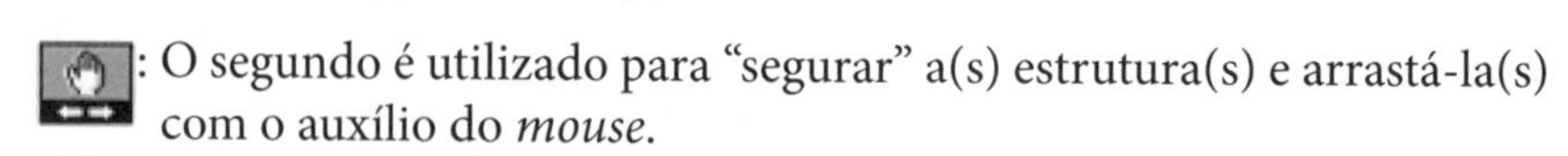

: O terceiro é o *zoom*, utilizado para afastar e aproximar as estruturas com o auxílio do *mouse*.

: O quarto é utilizado para realizar a rotação em torno dos eixos X e Y da estrutura com o auxílio do *mouse*.

Os outros botões de acesso rápido não serão discutidos neste capítulo.

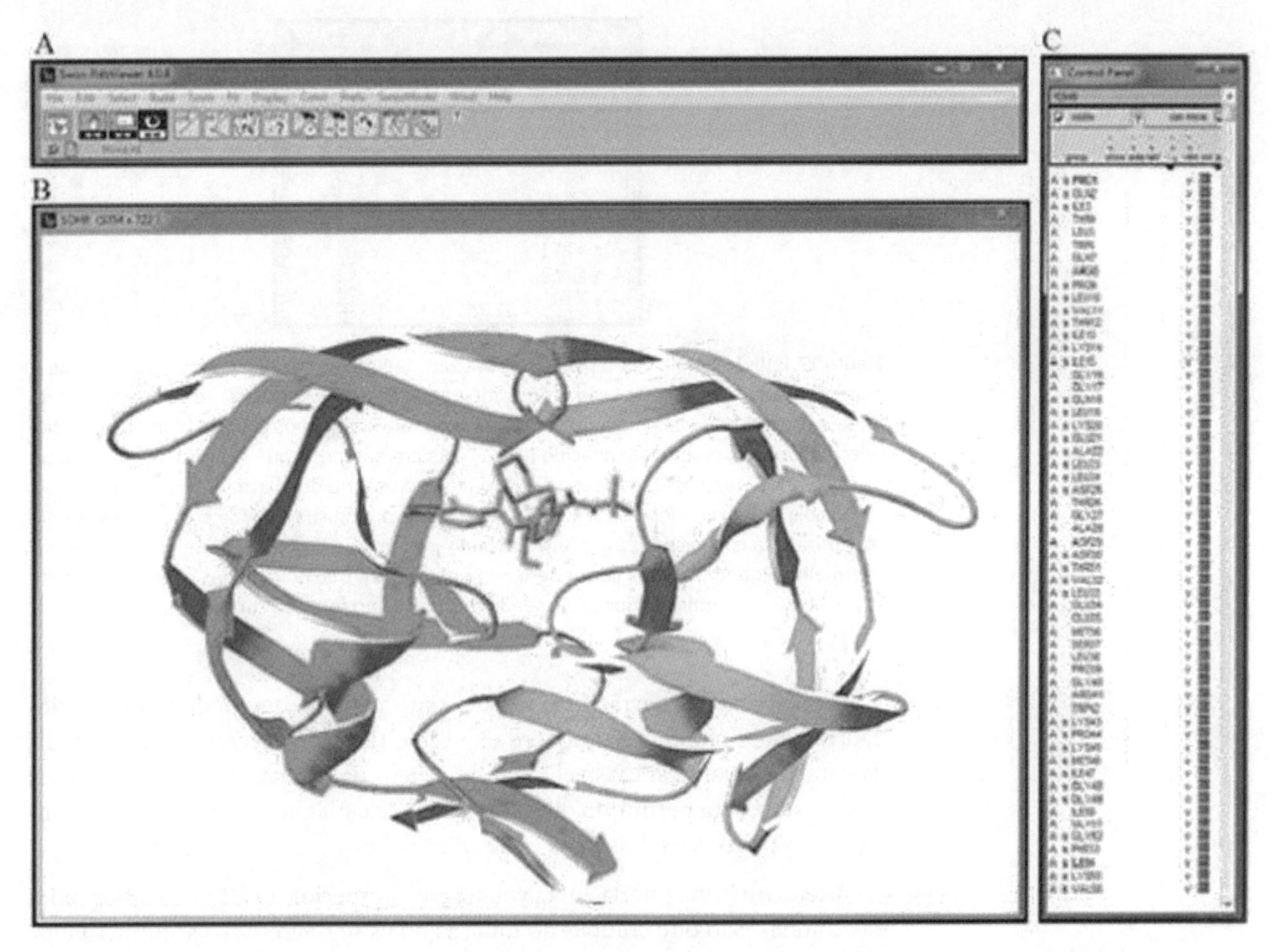

Figura 17.1 Interface do SPDBv. Em (A), a janela de controle (*"Main window"* (MW)); em (B), a janela de visualização (*"Display window"* (DW)), onde está sendo visualizada a proteína protease de HIV-1 contendo um inibidor, em verde, a qual foi obtida a partir do *Protein data bank* (PDB ID: 1OHR); em (C), o painel de controle (*"Control panel"* (CP).

17.1.3 PAINEL DE CONTROLE (CP)

O painel de controle (CP) é uma janela disposta verticalmente que, quando aberta, posiciona-se na lateral direita da tela (figuras 17.1 e 17.2). No topo, em uma barra cinza, está escrito o nome da estrutura que está sendo visualizada e controlada naquele momento. Caso haja mais de uma estrutura aberta no visualizador (mais de uma "camada" ou *layer*) uma seta preta aparecerá à direita dessa barra cinza, a qual permite trocar de camada.

OBS.: Todos os comandos executados no CP atuarão somente sobre a camada que aparece na barra cinza.

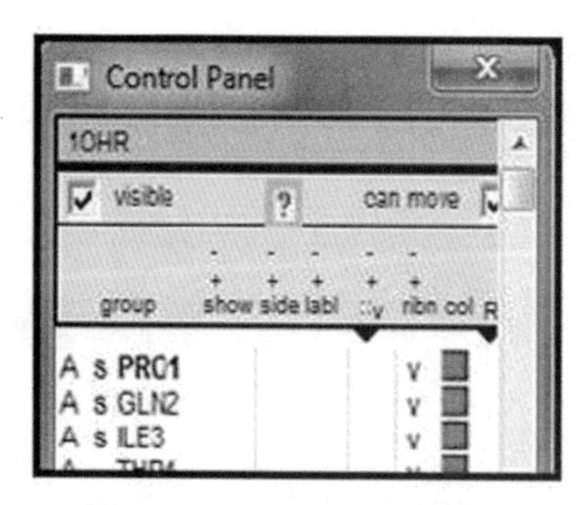

Figura 17.2 Visão ampliada do painel de controle. Segundo a figura, podemos afirmar que o item nomeado "1OHR" está sendo mostrado na DW (item "*visible*" está selecionado), sendo que o usuário pode locomover a estrutura com o auxílio do *mouse* (item "*can move*" está selecionado). O primeiro aminoácido (PRO1) está em negrito, o que significa que a estrutura está centralizada nesse resíduo, ou seja, quando o usuário der a ordem para rotacionar a molécula, por exemplo, essa se fará ao redor desse aminoácido. Ainda percebemos que a estrutura está com os itens da coluna "*ribbon*" selecionados, além do item "*color*" estar em vermelho. Podemos então inferir, sem olhar para o DW, que pelo menos os três primeiros aminoácidos estão sendo mostrados no formato *cartoon*.

Logo abaixo da barra cinza existem dois campos que podem ser selecionados. Quando o item da esquerda ("*visible*") estiver selecionado, a molécula da camada atual ficará visível; quando o item da direita ("*can move*") estiver selecionado, será permitido que a molécula da camada atual se mova. Na configuração padrão, os dois itens estão selecionados.

A terceira linha (ainda em cinza, na parte superior do CP) traz as legendas das colunas. São oito colunas no total, as quais se referem aos seguintes itens:

1. "*Group*": uma letra maiúscula, mais à esquerda, indica a cadeia (por exemplo, A, B, C). A letra minúscula logo ao lado indica a estrutura secundária na qual aquele aminoácido se encontra, sendo "*h*" para α-hélice e "*s*" para β-folha. Se não houver nenhuma letra nesse campo, significa que a estrutura se encontra em uma região de alça. O código de três letras maiúsculas indica o aminoácido, e o número à direita indica a posição do aminoácido na proteína. Por exemplo, uma lisina que se encontra em uma α-hélice na posição 25 da cadeia A é representada por "A h LYS25".

2. "*Show*": essa coluna permite mostrar, ou ocultar, a cadeia principal do aminoácido (indicado na primeira coluna da mesma linha). Por *default*, essa coluna está selecionada para todos os aminoácidos (marcada com a letra "v"). Basta clicar com o botão esquerdo do *mouse* na posição correspondente ao aminoácido de interesse para mostrá-lo (colocando o "v"). Clicando com o botão direito do *mouse*, a sua ordem se aplica para toda a coluna (isso será válido nas outras colunas também). Cabe salientar que os comandos dados às colunas 3, 4 e 5 só serão executados se a segunda coluna estiver selecionada.

3. "*Side*": mostra/oculta os átomos da cadeia lateral do aminoácido de interesse para a camada selecionada.
4. "*Label*": mostra o nome do aminoácido de interesse no DW. A visualização deste pode ser modificada a partir do comando "*Preferences*", em "*Label...*", na MW.
5. .:': essa coluna pode ser utilizada para três diferentes comandos, que podem ser alternados clicando-se em uma pequena seta preta que aparece abaixo da linha cinza. As opções são:
   a) **VDW** (.:'v): para visualizar as forças de Van der Waals.
   b) **Accessible** (.:'a): acessibilidade dos grupos ao solvente.
   c) **Molecular** (.:'m): superfície molecular. Essa opção só funciona depois que o usuário clica em "*Tools*", na MW, e seleciona "*Compute Molecular Surface*".
   d) **User** (.:'u): permite visualização de outro parâmetro previamente definido pelo usuário.
6. "*Ribbon*": permite visualizar os aminoácidos no estilo *ribbon*, que são representações tridimensionais esquemáticas da estrutura proteica. Para melhorar a qualidade da visualização, você pode clicar em "*Display*", na MW, e assinalar as duas últimas opções ("*Use OpenGL Ren der-ing*" e "*Render in solid 3D*").
7. "*Col*": essa coluna permite colorir os aminoácidos. Em vez dos marcadores "v", ela é composta por quadros referentes a cada aminoácido que podem ser pintados. As ordens dadas nessa coluna atuarão sobre a "parte" definida na oitava coluna.
8. A oitava coluna define sobre quem a cor (coluna 7) será aplicada. São seis opções, e o símbolo varia de acordo com a opção selecionada: *back bone + sidechains* (BS), *backbone* (B), *sidechains* (S), *ribbon* (R), *label* (L) e *molecular surface* (U). Esta última opção só funciona depois que o usuário clica em "*Tools*", na MW, e seleciona "*Compute Molecular Surface*".

Usando o botão esquerdo do *mouse* é possível selecionar um aminoácido (ou um grupo) no CP. Clicando sobre a letra que designa a **cadeia**, todos os aminoácidos dessa cadeia serão selecionados, os quais serão automaticamente marcados em vermelho no CP. O mesmo ocorre se o usuário clicar sobre a letra que designa a **estrutura secundária** (ou no espaço vazio, se for alça). Ao clicar sobre o nome do aminoácido (código de três letras), seleciona-se apenas aquele elemento. A seleção pode ser útil para algumas funções, como encontrar essa região em uma proteína (item "*Color by selection*").

O botão direito do *mouse* pode ser utilizado para centralizar a estrutura mostrada no DW. Clicando sobre um aminoácido com esse botão é possível centralizar a estrutura nesse aminoácido específico.

Acima de cada coluna existe um sinal positivo (+) e um negativo (-). Caso exista algum aminoácido selecionado (marcado em vermelho) no painel de controle, ao clicar sobre o sinal positivo da primeira coluna, por exemplo, será dada a ordem de mostrar a cadeia principal dos aminoácidos selecionados. O sinal negativo funciona da mesma forma, mas agindo de modo contrário, ocultando a cadeia principal dos respectivos aminoácidos selecionados.

17.1.4 SPDBV-COLOR

Além de poder colorir a estrutura a partir do CP, a guia "*Color*" (MW) traz outras formas de colorir a estrutura visualizada, sendo que algumas delas possuem funções que vão muito além da estética. A primeira linha nessa guia tem a mesma função da coluna 8 do CP, devendo ser verificada antes que se resolva usar uma das opções a seguir:

- *by CPK* [por CPK]: essa opção irá colorir os aminoácidos de acordo com sua constituição atômica. O programa está configurado para as seguintes cores de elementos atômicos: carbono (branco), oxigênio (vermelho), nitrogênio (azul-escuro), hidrogênio (azul-claro), fósforo (laranja), enxofre (amarelo) e outros (cinza). Esse padrão pode ser alterado na guia "*Preferences*" (MW) em "*Colors...*". Naturalmente, esse esquema de cores só será útil se o DW estiver mostrando a cadeia principal ou a lateral em *wireframe* (*Backbone/Sidechains*). Caso o DW só esteja mostrando a estrutura em *ribbon*, nada será visualizado.

- *by type* [por tipo]: colore de acordo com o grupo físico-químico do aminoácido.

- *by RMS* [por RMS]: essa forma de colorir serve para verificar a qualidade da sobreposição (*fit*) entre uma proteína-molde e o modelo gerado a partir de uma sequência fasta que se deseja modelar (por homologia). Deve ser utilizado sobre o *layer* que se quer modelar, e irá colori-lo em uma escala que varia de azul, se o *fit* foi ótimo, até vermelho, se foi péssimo.

- *by B-factor* [por fator B]: colore de acordo com o *temperature factor*, de azul-escuro, para baixos valores de *B-factor*, a vermelho, para valores elevados. Valores de *B-factor* elevados indicam alta mobilidade dos resíduos em estruturas cristalografadas. Quando a mobilidade é muito alta, torna-se difícil a visualização desses resíduos por mapeamento de densidade eletrônica, já que eles não possuem uma posição fixa em todos os grupos de células. Esses resíduos tornam-se mais estáveis quando ligados a um ligante específico.

- *by custom scale* [por escala padronizada]: colore de acordo com o aminoácido. Como são muitos aminoácidos, alguns ficarão com tons semelhantes de uma mesma cor, o que pode confundir o usuário.

- *by secondary structure* [por estrutura secundária]: colore de acordo com a estrutura secundária. O programa está configurado para colorir da seguinte maneira: α-hélices em vermelho, β-folhas em amarelo e alças em cinza. Entretanto, essas configurações podem ser mudadas na guia "*Preferences*" (MW).
- *by secondary structure succession* [pela sucessão da estrutura secundária]: partindo-se da extremidade amino-terminal da proteína, a cor se altera a cada nova estrutura secundária.
- *by selection* [por seleção]: o programa está configurado para colorir todo o *layer* de cinza, deixando apenas a região selecionada (aminoácidos em vermelho no CP) em azul-claro. Esse é um método rápido para, por exemplo, localizar uma região de interesse dentro da estrutura da proteína.
- *by layer* [por camada]: o programa irá colorir as diferentes *layers* com cores diferentes.
- *by chain* [pela cadeia]: o programa irá colorir as diferentes cadeias da proteína com diferentes cores.
- *by alignment diversity* [pela diversidade do alinhamento]: conforme o próprio nome sugere, essa coloração mostrará onde o alinhamento entre duas proteínas foi perfeito (azul) e onde houve desvio (outras cores). Essa opção só está disponível se o usuário realizou o *fit* para modelagem de proteínas por homologia.
- *by accessibilty* [por acessibilidade]: cada aminoácido é colorido de acordo com a sua acessibilidade. A acessibilidade máxima possível é calculada pelo aminoácido flanqueado por quatro glicinas (GG-X-GG), pois a glicina possui grande poder de rotação. Sendo assim, essa sequência hipotética daria liberdade ao aminoácido para rotar livremente, estando "completamente" acessível para estabelecer ligações e interações com outros aminoácidos e moléculas. Essa é uma escala aproximada, mas permite diferenciar entre aminoácidos do *core* e da superfície. O programa está configurado para colorir de azul-escuro os aminoácidos encravados no centro da proteína e, de vermelho, os aminoácidos com pelo menos 75% de sua superfície acessível.
- *by threading energy* [pelo encadeamento de energia]: cada aminoácido é colorido de acordo com sua energia em relação à vizinhança. De acordo com o guia do usuário do SPDBv, azul-escuro significa baixa energia, ou seja, o aminoácido estaria "feliz com seu ambiente". O ver-

melho, no entanto, indicaria que o aminoácido está "menos feliz com seu ambiente", ou seja, a energia está alta.

- *by force field energy* [pela energia do campo de força]: cada aminoácido é colorido de acordo com sua energia, calculada no vácuo, e utilizando os parâmetros do programa GROMOS96 (http://www.gromos.net/). É possível selecionar quais parâmetros se deseja calcular (resíduos, torções, ângulos, ligações, entre outros), bem como solicitar um relatório das energias calculadas.
- *by protein problems* [por problemas da proteína]: resíduos com ligação peptídica muito longa são mostrados em rosa, enquanto os demais aparecem em verde. Além disso, resíduos com os ângulos *phi/psi* em regiões proibidas (fora das ilhas no diagrama de Ramachandran) são apresentados em amarelo. Esse item é especialmente útil para verificar a qualidade de proteínas modeladas.
- *by other color* [por outras cores]: escolha uma cor e todo *layer* será colorido.
- *by backbone color* [pela cor de fundo]: a parte-alvo (oitava coluna no CP) será colorida da mesma forma que o esqueleto de carbonos (seguindo o padrão de cores que o *backbone* apresenta nesse momento).
- *by sidechain color* [pela cor da cadeia lateral]: a parte-alvo (oitava coluna no CP) será colorida da mesma forma que as cadeias laterais.
- *by ribbon color* [pela cor do *ribbon*]: a parte-alvo (oitava coluna no CP) será colorida da mesma forma que o *Ribbon.*
- *by surface color* [pela cor de superfície]: a parte-alvo (oitava coluna no CP) será colorida da mesma forma que a superfície.
- *by label color* [pela cor da legenda]: a parte-alvo (oitava coluna no CP) será colorida da mesma forma que o nome dos aminoácidos.

E, o melhor de tudo, o SPDBv é gratuito. Além disso, na página inicial do programa é possível baixar o tutorial completo do mesmo.

17.2 CHIMERA

O software Chimera foi desenvolvido pelo UCSF Computer Graphics Laboratory, da Califórnia, o qual trabalha com sistemas de visualização de moléculas desde a década de 1970. O Chimera foi planejado para ser executado em uma ampla variedade de plataformas, e inclui gráficos bastante complexos, onde é possível manipular desde a transparência até o efeito de luzes e sombras sobre as moléculas visualizadas (Figura 17.3).

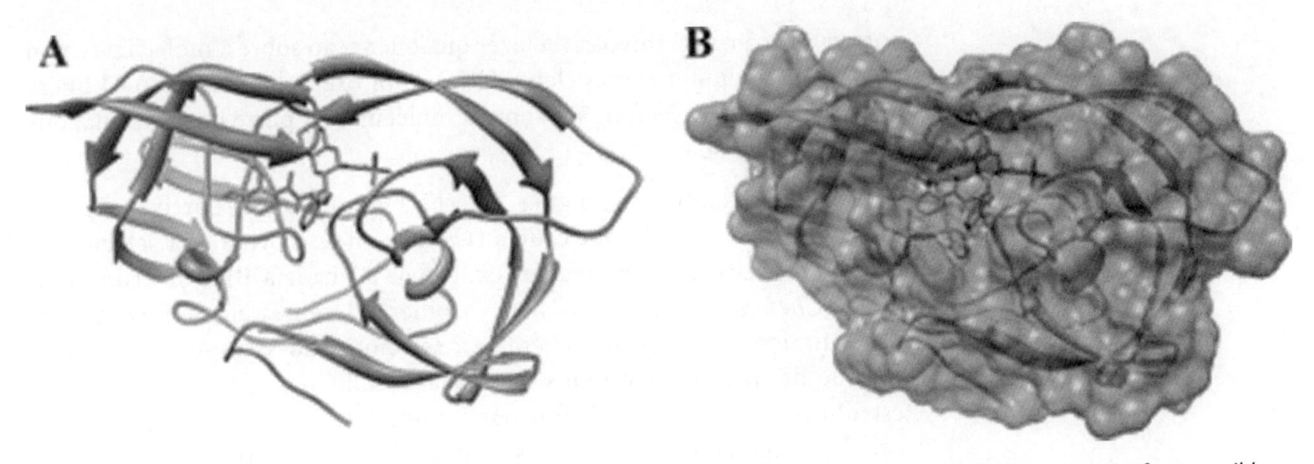

Figura 17.3 Molécula da protease de HIV-I complexada com o ligante nelfinavir (PDB ID: 1OHR). Em (A) a estrutura no formato *ribbon*; em (B), sob a mesma perspectiva, a estrutura com a superfície molecular computada pelo próprio Chimera.

Assim, como o programa oferece uma interface gráfica para a manipulação das estruturas, o usuário tem a opção de utilizar o modo de "linha de comando", utilizando linhas com sentenças pré-definidas para selecionar, colorir, mudar aspectos da estrutura, entre outras opções. A seguir, vamos adentrar no mundo do Chimera, aprendendo os aspectos básicos para a manipulação das estruturas tridimensionais.

Neste capítulo, trabalharemos principalmente com a molécula de protease do HIV-I extraída do PDB sob o código "1OHR". No entanto, para visualização separada dos componentes (proteína, ligante e água), precisamos fazer uma modificação no arquivo. Para fazer tal modificação, basta abrir o arquivo "1OHR.pdb" em um editor de texto de sua preferência e modificar a quinta coluna do texto (referente à cadeia), substituindo as letras conforme exemplo do Anexo (fim do capítulo). Assim, cada cadeia proteica ficará com a designação A e B, enquanto o ligante e as águas ficarão designados com as letras C e W, respectivamente.

17.2.1 ABRINDO UMA MOLÉCULA NO CHIMERA (*FILE*)

O Chimera aceita uma ampla gama de arquivos, mas, neste capítulo, abordaremos apenas os arquivos com a extensão **.pdb** (*Protein data bank*). Para abrir uma molécula, primeiramente, em uma das opções, o usuário deve fazer o download da mesma para o seu computador. Uma vez feito isso, o usuário pode abrir a molécula por meio da guia *File* → *Open*. Também é possível obter a estrutura diretamente da Internet, por meio da opção "*Fetch by ID*".

17.2.2 SELEÇÃO & AÇÃO (*SELECT* & *ACTION*)

Para trabalhar com a estrutura da molécula no Chimera, é preciso entender dois conceitos: seleção (guia "*Select*") e ação (guia "*Action*"). Sem a correta seleção, será impossível fazer qualquer ação sobre a molécula (como colorir ou computar cargas eletrostáticas, por exemplo). Assim, o Chimera somente executará as funções sobre a molécula, ou parte da molécula, que estiver selecionada.

Para seleção, utiliza-se a guia "*Select*" (Figura 17.4). A partir daí, podemos escolher a seleção por cadeia (*Chain*), onde o programa selecionará cadeias específicas da molécula (ex. cadeia A, cadeia B); por grupo químico (*Chemistry*), sendo possível escolher diferentes elementos ou grupos químicos; por resíduo (*Residue*), selecionando-se especificamente o resíduo de interesse (resíduos não usuais também são mostrados); e por estrutura (*Structure*), onde o usuário pode selecionar estruturas como a cadeia principal, íons, estruturas secundárias, entre outras. Ainda na guia "*Select*" é possível escolher a seleção de grupos definidos pelo usuário (ex. seleção pela sequência linear da molécula).

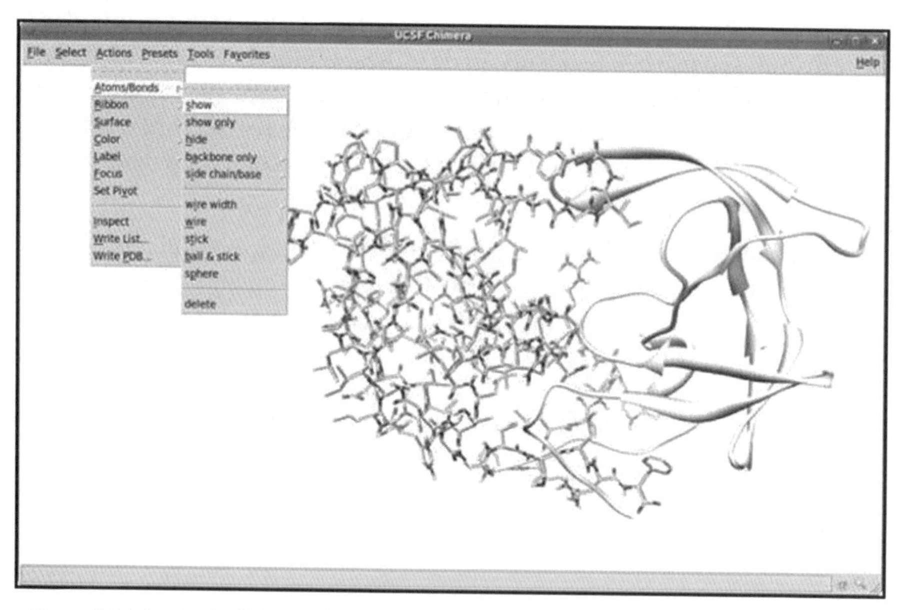

Figura 17.4 Janela do Chimera demonstrando a seleção da cadeia A da protease de HIV-I. Uma vez selecionada, essa parte será marcada com um contorno em verde, como demonstrado na imagem.

A partir do momento em que a molécula é selecionada, o usuário poderá manipular a molécula no sentido de colorir, mudar a visualização (por exemplo, computar superfície molecular), entre outras opções. Isso pode ser feito por meio da opção "*Actions*". Uma vez aberta a guia, é possível modificar a molécula mostrando apenas os resíduos com suas cadeias laterais (*Atoms/Bonds* → *show*), como demonstra a Figura 17.5 (cadeia A, à esquerda); o mesmo pode ser feito no sentido de modificar a representação da molécula para *Ribbon* (Figura 17.5, cadeia B, à direita) e para *Surface* (superfície molecular).

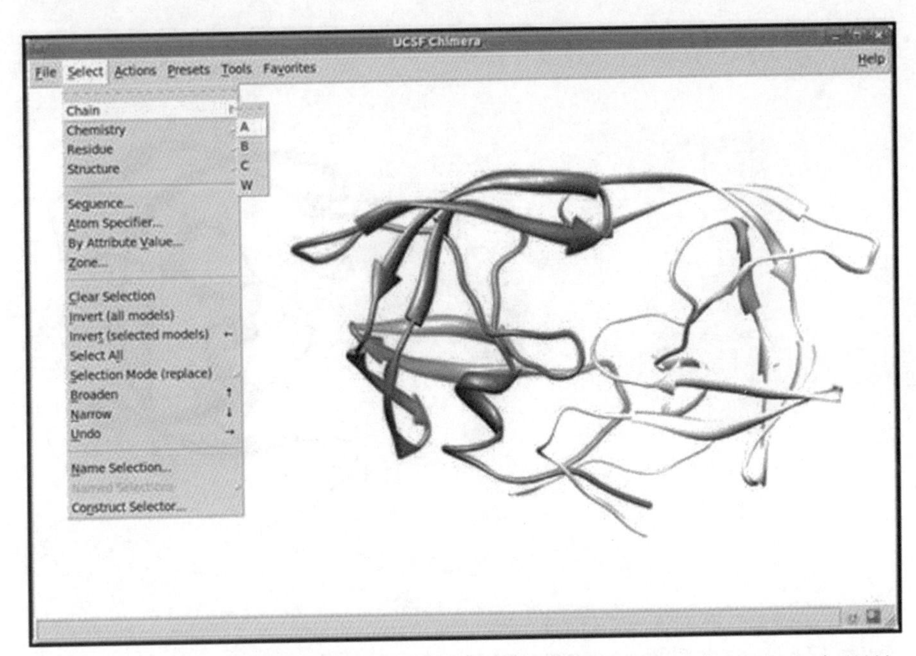

Figura 17.5 Janela do Chimera demonstrando a ação sobre a cadeia A da protease de HIV-I. Nesse caso, a cadeia A aparece com átomos e ligações representadas (à esquerda), enquanto a cadeia B aparece com a representação *ribbon*.

Outra alternativa na guia "*Actions*" é modificar a cor da molécula. No exemplo da Figura 17.6, selecionamos primeiramente uma cadeia (cadeia A), modificamos a cor para laranja (*orange*) e depois selecionamos a outra cadeia (cadeia B) e modificamos a cor para preto (*black*). Ainda selecionamos a cadeia C e mostramos apenas os átomos, de acordo com o padrão de cores CPK (carbono em cinza, nitrogênio em azul, oxigênio em vermelho, enxofre em amarelo). Para deixar o plano de fundo branco, utilizamos a guia "*Actions*" em dois momentos. Primeiro, selecionamos *Actions* → *Color* → *Background*. Depois, selecionamos novamente *Actions* → *Color* e escolhemos a cor branca (*White*). Para que as cores voltem a agir sobre a molécula, e não sobre o plano de fundo, basta selecionar novamente *Actions* → *Color* → *all of the above*. Como é possível observar na Figura 17.6, há outras opções ao lado das cores, na guia "*Color*". Assim, pode-se colorir partes específicas da seleção (por exemplo, ao selecionar a cadeia A, você pode optar por colorir apenas a superfície ou apenas os átomos).

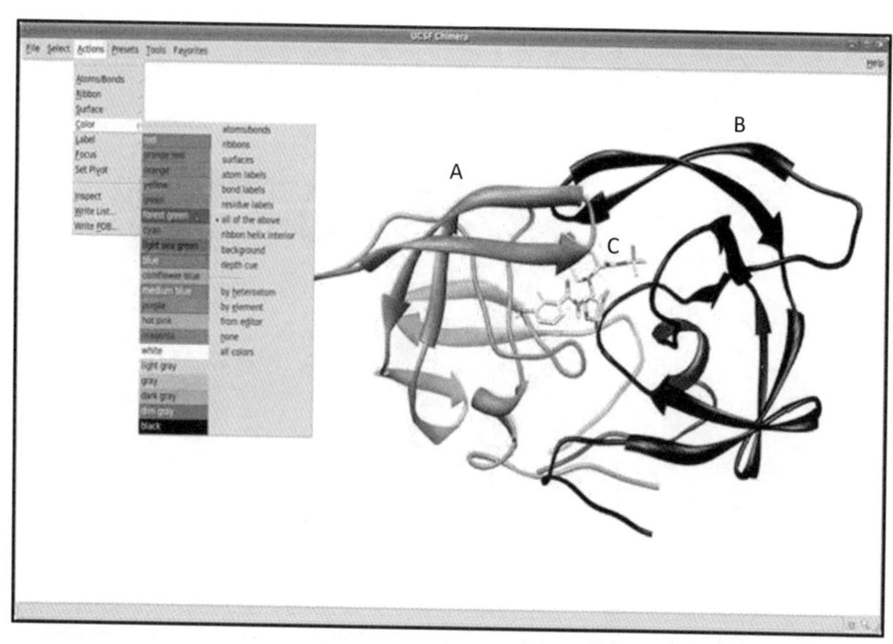

Figura 17.6 Janela do Chimera demonstrando como os padrões de cores podem ser modificados. Conforme descrito no texto, colorimos a cadeia A em laranja, a cadeia B em preto e a cadeia C no padrão de cores CPK. Ainda modificamos o plano de fundo para branco.

Outra opção da guia "*Actions*" é a opção "*Label*", onde é possível marcar o nome da estrutura, o elemento, o resíduo, entre outros.

Dica

- Para desfazer a seleção, o usuário deve manter a tecla "Ctrl" pressionada e clicar com o botão esquerdo do *mouse* no plano do fundo.

17.2.3 OPÇÕES PRÉ-DEFINIDAS (*PRESETS*)

O Chimera oferece ao usuário um conjunto de opções de visualizações pré-definidas por meio da guia "*Presets*". São seis opções no total, onde o usuário poderá optar por utilizar um padrão de cores e formatos já definidos pela equipe do Chimera.

17.2.4 FERRAMENTAS (*TOOLS*)

O Chimera possui uma ampla gama de ferramentas, as quais podem ser acessadas por meio da guia "*Tools*". Seria inviável discutir todas as opções fornecidas pelo programa neste capítulo, mas abordaremos algumas das mais utilizadas.

17.2.4.1 Controles gerais (*General controls*)

Por meio da guia *Tools* → *General controls* o usuário pode escolher várias opções de trabalho. Entre elas, encontra-se a linha de comando (*Command line*), onde o usuário terá a opção de utilizar apenas a linha de comando para fazer seleções, computar cálculos estruturais, mudar visualização, entre outras tarefas (um guia completo das linhas de comando do Chimera pode ser encontrado na página <http://www.cgl.ucsf.edu/chimera/docs/UsersGuide/framecommand.html>). Ao selecionar a guia "*Command line*", uma caixa de texto abrirá na parte inferior do programa.

Dentro da guia "*General controls*" também pode ser encontrada a opção "*Model panel*". Por meio desse painel, o usuário poderá manipular as estruturas que estão abertas na janela de visualização, modificando a cor, deixando-a imóvel e alterando sua visibilidade. Outras opções também estão disponíveis. Um fato interessante é que se o usuário computar uma superfície para a molécula aberta na visualização, esta aparecerá como uma nova estrutura no "*Mod el panel*". Por exemplo, se o usuário abrir o arquivo 1OHR.pdb e computar a superfície molecular do mesmo, aparecerão dois arquivos que poderão ser modificados no "*Model panel*": um referente à estrutura 1OHR.pdb e outro referente à superfície. Sendo assim, você deve ter cuidado para trabalhar com as estruturas separadamente. Como pode ser visto na Figura 17.7, computamos a superfície molecular sobre o esqueleto de carbonos da estrutura 1OHR. No "*Model panel*", visualizamos o item referente à estrutura 1OHR e o item referente à superfície molecular.

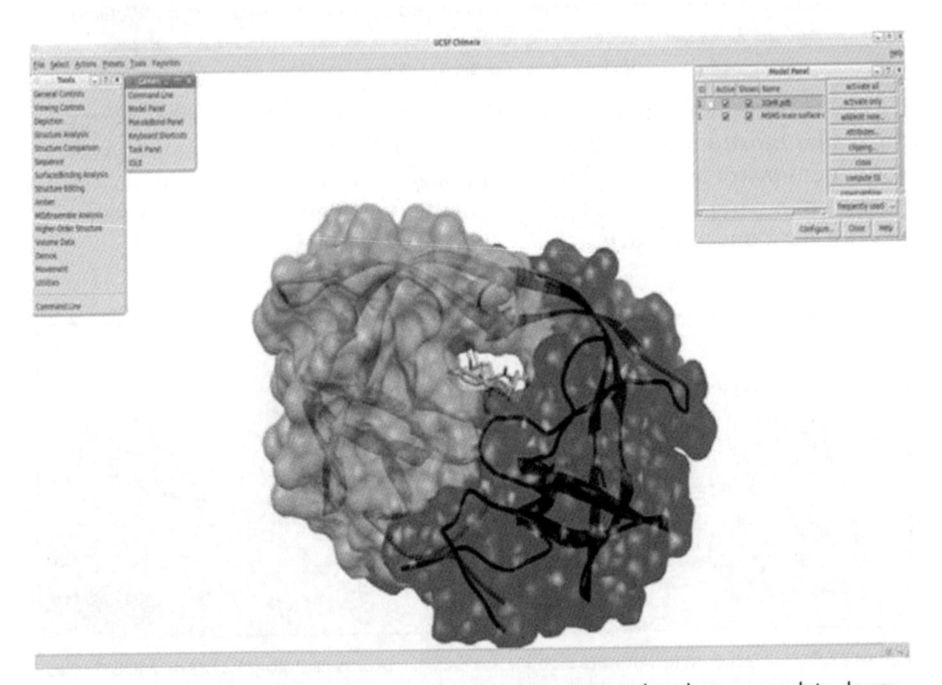

Figura 17.7 Superfície molecular da protease de HIV-I computada sobre o esqueleto de carbonos da estrutura (formato *ribbon*). Veja, ao lado direito, a janela "*Model panel*" demonstrando uma estrutura referente ao 1OHR.pdb e outra referente à superfície molecular.

17.2.4.2 Controles de visualização (*Viewing controls*)

Sob a guia "*Viewing controls*" encontram-se as opções *Side View*, *Camera*, *Effects*, *Lighting* e *Shininess*. Todos esses comandos serão abertos na mesma janela (Figura 17.8), e poderão ser utilizados para modificar características visuais da molécula.

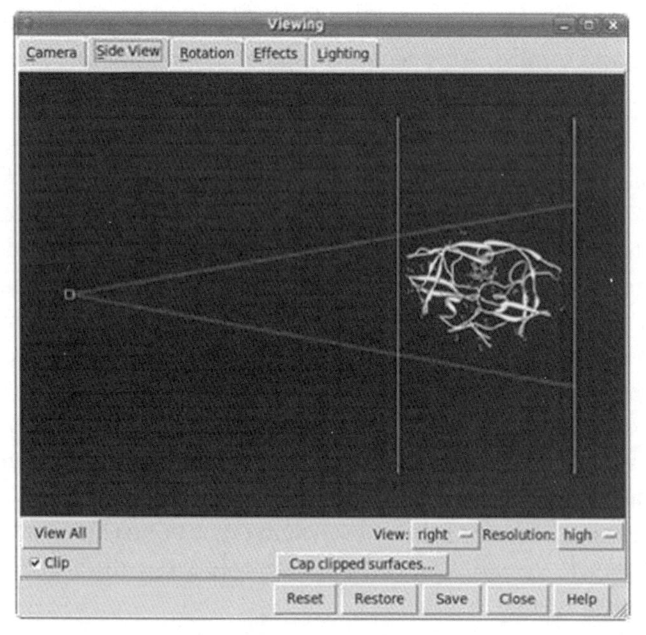

Figura 17.8 Janela do Chimera correspondente ao controle de visualização ("*Viewing controls*"). Na parte superior, podemos observar as diferentes abas relativas às opções *View*, *Camera*, *Effects*, *Lighting*.

Por exemplo, com a opção *Side View*, o usuário poderá "cortar" partes da molécula, mostrando o seu interior a partir de uma perspectiva diferente, como demonstra a Figura 17.9. Nessa imagem, o autor do trabalho moveu as barras em amarelo dispostas paralelamente (ver Figura 17.8) para mostrar o interior das duas moléculas.

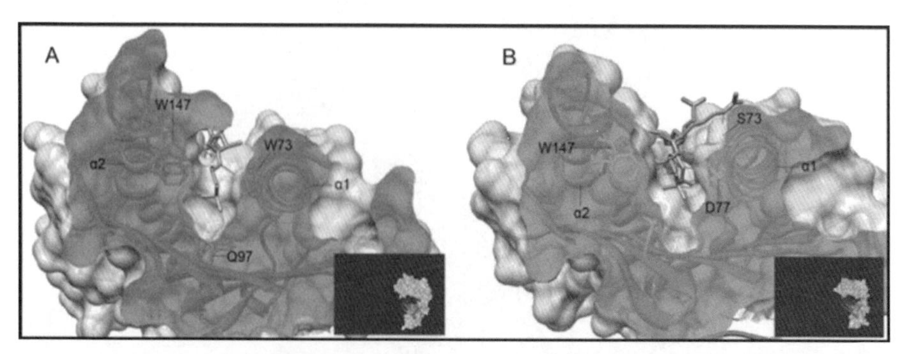

Figura 17.9: Utilização da ferramenta *Side View.* Duas estruturas cristalografadas de MHC de classe I murino (H2-D^b (A) e H2-K^b (B)) retiradas de ANTUNES et al. (2010). Nessa imagem, o autor utiliza a opção *Side View* do Chimera para visualizar uma parte "cortada" da molécula, exibindo o seu interior e os principais resíduos envolvidos na interação do ligante com a macromolécula.

17.2.4.3 Análise estrutural (*Structural analysis*)

Essa guia oferece várias funções; entre elas, uma que se destaca é a ferramenta para procurar e marcar ligações de hidrogênio (*FindHBond*). Nesse caso, ao abrir a janela do *FindHBond*, o usuário se deparará com um conjunto de opções. Ali é possível escolher o tipo de marcação desejada, onde as mais importantes são: (i) a cor da marcação das ligações de hidrogênio (o padrão é colorir em azul-claro), (ii) a espessura da linha (*line width*) e (iii) entre quais estruturas se deseja computar as ligações de hidrogênio (*inter-model, intra-model* ou *both*). A visualização do sítio de interação da protease de HIV-I está representada na Figura 17.10.

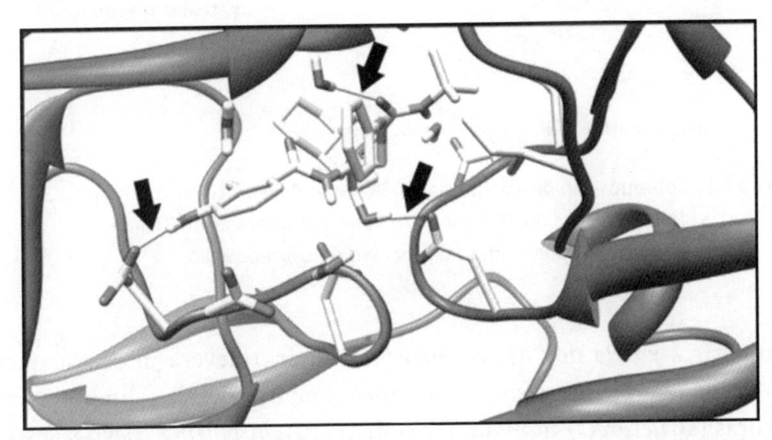

Figura 17.10 Visão ampliada do sítio de interação da protease de HIV-I com o fármaco Nelfinavir. As ligações de hidrogênio (em verde) estão apontadas pelas setas pretas. Pode-se observar que ocorrem ligações de hidrogênio entre o Nelfinavir e moléculas de água e as cadeias laterais da protease.

Dica

- Para retirar as ligações de hidrogênio marcadas, basta abrir a linha de comando sob a guia *Tools* → *General controls* → *Command line* e digitar "*~hbonds*".

17.2.4.4 Comparação estrutural (*Structure comparison*)

Para a comparação estrutural, é necessário que mais de uma molécula seja aberta no visualizador. Nesse caso, abrimos as moléculas 3DJK.pdb e 1OHR.pdb. Apesar da similaridade entre as duas sequências, pequenas variações estruturais podem ser observadas (Figura 17.11). Para avaliar qualitativamente essas variações, o Chimera oferece uma ferramenta de sobreposição de estruturas. Essa ferramenta pode ser acessada a partir da guia *Tools* → *Structure comparison* → *MatchMaker*.

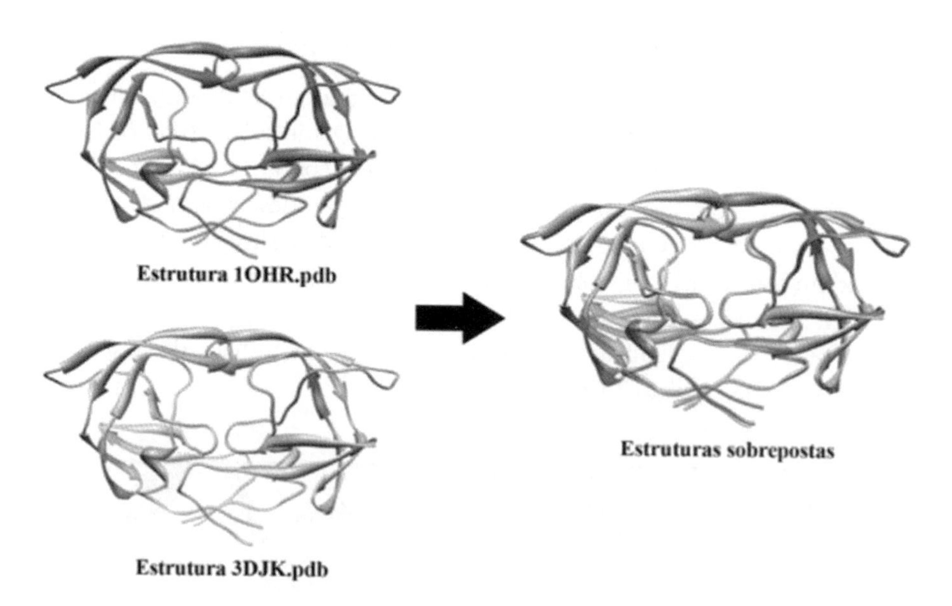

Figura 17.11 Sobreposição de estruturas no Chimera. As estruturas 1OHR.pdb e 3DJK.pdb foram obtidas do *"Protein data bank"*, visualizadas no Chimera e submetidas ao processo de sobreposição.

Ao abrir a janela do "*MatchMaker*", o usuário deverá informar qual é a estrutura de referência (*reference structure*) a qual se deseja sobrepor as outras estruturas (*structure(s) to match*). No item "*Chain pairing*" deve-se escolher o processo pelo qual o programa fará a sobreposição. O padrão é utilizar o primeiro método, mas, caso o usuário ache necessário, poderá realizar a sobreposição entre cadeias específicas das moléculas abertas no visualizador.

Nesse exemplo, demonstramos a sobreposição de apenas duas estruturas, mas muitas outras podem ser utilizadas para realizar a sobreposição.

17.3 COMENTÁRIOS ADICIONAIS

Neste capítulo foram apresentados dois dos principais visualizadores de estruturas tridimensionais de acesso livre. Há outros visualizadores comumente utilizados em publicações, como o PyMol, mas atualmente para poder baixá-lo é necessário que a a instituição na qual você trabalha ou estuda assine uma licença que dê acesso ao programa aos funcionários ou estudantes ou que você utilize uma versão para Linux cujo arquivo compactado contenha todos os arquivos necessários (http://www.pymol.org/). Mais informações sobre os programas aqui apresentados podem ser encontradas nas páginas de Internet oficiais do SPDBv (http://spdbv.vital-it.ch/) e do Chimera (http://www.cgl.ucsf.edu/chimera/). Lá também poderão ser encontrados manuais e tutoriais para aqueles que estiverem dispostos a se aprofundar na ampla gama de opções oferecidas por esses programas.

REFERÊNCIAS

ANTUNES, D. A. et al. Structural allele-specific patterns adopted by epitopes in the MHC-I cleft and reconstruction of MHC: peptide complexes to cross-reactivity assessment. **PLOS One**, San Francisco, v. 5, p. e10353, 2010.

GHOSH, A. K. et al. Flexible cyclic ethers/polyethers as novel P2-ligands for HIV-1 protease inhibitors: design, synthesis, biological evaluation, and protein-ligand X-ray studies. **Journal of Medicinal Chemistry**, Washington, DC, v. 51, p. 6021-6033, 2008.

GUEX, N.; PEITSCH, M. C. SWISS-MODEL and the Swiss-PdbViewer: an environment for comparative protein modeling. **Electrophoresis**, Weinheim, v. 18, p. 2714-2723, 1997.

KALDOR, S. W. et al. Viracept (nelfinavir mesylate, AG1343): a potent, orally bioavailable inhibitor of HIV-1 protease. **Journal of Medicinal Chemistry**, Washington, DC, v. 40, p. 3979-3985, 1997.

PETTERSEN, E. F. et al. UCSF Chimera: a visualization system for exploratory research and analysis. **Journal of Computational Chemistry**, New York, v. 25, p. 1605-1612, 2004.

ANEXO I

ATOM	1	N	PRO	A	1	-3.477	7.714	33.891	1.00	26.32	N
ATOM	2	CA	PRO	A	1	-2.582	6.722	34.505	1.00	24.30	C
ATOM	3	C	PRO	A	1	-1.168	6.908	34.016	1.00	22.52	C
ATOM	4	O	PRO	A	1	-0.984	7.654	33.063	1.00	22.27	O
ATOM	5	CB	PRO	A	1	-3.083	5.331	34.122	1.00	26.46	C
ATOM	6	CG	PRO	A	1	-3.631	5.623	32.740	1.00	26.17	C
ATOM	7	CD	PRO	A	1	-4.339	6.972	32.959	1.00	26.04	C
ATOM	8	H2	PRO	A	1	-4.023	8.297	34.550	1.00	0.00	H
ATOM	9	H3	PRO	A	1	-2.859	8.366	33.350	1.00	0.00	H

.
.
.
.
.
.

ATOM	853	N	PHE	A	99	10.232	10.755	30.680	1.00	14.11	N
ATOM	854	CA	PHE	A	99	11.438	10.203	31.317	1.00	22.95	C
ATOM	855	C	PHE	A	99	12.213	11.461	31.764	1.00	27.56	C
ATOM	856	O	PHE	A	99	13.408	11.335	32.026	1.00	29.62	O
ATOM	857	CB	PHE	A	99	12.199	9.128	30.492	1.00	23.45	C
ATOM	858	CG	PHE	A	99	12.717	9.612	29.205	1.00	23.99	C
ATOM	859	CD1	PHE	A	99	11.883	9.683	28.097	1.00	25.58	C
ATOM	860	CD2	PHE	A	99	14.044	10.022	29.126	1.00	26.69	C
ATOM	861	CE1	PHE	A	99	12.408	10.144	26.901	1.00	26.33	C
ATOM	862	CE2	PHE	A	99	14.562	10.482	27.923	1.00	27.51	C
ATOM	863	CZ	PHE	A	99	13.741	10.524	26.807	1.00	27.49	C
ATOM	864	OXT	PHE	A	99	11.666	12.580	31.808	1.00	29.65	O
ATOM	865	H	PHE	A	99	10.270	11.707	30.465	1.00	0.00	H
TER	866		PHE	A	99						
ATOM	867	N	PRO	B	1	12.544	14.339	30.054	1.00	32.33	N
ATOM	868	CA	PRO	B	1	11.746	15.278	29.223	1.00	27.77	C
ATOM	869	C	PRO	B	1	10.368	14.698	29.023	1.00	25.91	C
ATOM	870	O	PRO	B	1	10.122	13.581	29.466	1.00	22.46	O
ATOM	871	CB	PRO	B	1	12.446	15.447	27.860	1.00	26.34	C
ATOM	872	CG	PRO	B	1	13.226	14.133	27.786	1.00	28.43	C
ATOM	873	CD	PRO	B	1	13.707	13.944	29.231	1.00	29.49	C
ATOM	874	H2	PRO	B	1	12.792	14.664	31.014	1.00	0.00	H
ATOM	875	H3	PRO	B	1	11.955	13.488	30.267	1.00	0.00	H

.
.
.

```
.
.
.
ATOM    1744  N    PHE  B  99    -1.192   9.761   30.783  1.00  15.56  N
ATOM    1745  CA   PHE  B  99    -2.465  10.360   30.379  1.00  19.91  C
ATOM    1746  C    PHE  B  99    -3.371  10.325   31.633  1.00  27.07  C
ATOM    1747  O    PHE  B  99    -4.561  10.648   31.554  1.00  28.83  O
ATOM    1748  CB   PHE  B  99    -3.127   9.737   29.134  1.00  19.45  C
ATOM    1749  CG   PHE  B  99    -3.588   8.349   29.234  1.00  19.57  C
ATOM    1750  CD1  PHE  B  99    -2.712   7.298   29.049  1.00  21.98  C
ATOM    1751  CD2  PHE  B  99    -4.917   8.079   29.474  1.00  22.10  C
ATOM    1752  CE1  PHE  B  99    -3.182   5.994   29.073  1.00  20.57  C
ATOM    1753  CE2  PHE  B  99    -5.395   6.773   29.498  1.00  21.46  C
ATOM    1754  CZ   PHE  B  99    -4.528   5.721   29.281  1.00  23.91  C
ATOM    1755  OXT  PHE  B  99    -2.901   9.961   32.708  1.00  25.17  O
ATOM    1756  H    PHE  B  99    -1.229   9.223   31.599  1.00  0.00   H
TER     1757       PHE  B  99
HETATM  1758  C1   1UN  C  201    2.645  -4.153   16.315  1.00  24.55  C
HETATM  1759  C2   1UN  C  201    3.461  -5.453   16.593  1.00  20.71  C
HETATM  1760  C3   1UN  C  201    2.685  -6.686   16.166  1.00  19.44  C
HETATM  1761  C4   1UN  C  201    2.272  -6.548   14.711  1.00  21.07  C
HETATM  1762  C5   1UN  C  201    1.434  -5.277   14.506  1.00  24.78  C
HETATM  1763  C6   1UN  C  201    2.293  -4.012   14.826  1.00  20.62  C
HETATM  1764  N7   1UN  C  201    4.738  -2.846   16.041  1.00  21.30  N
HETATM  1765  C8   1UN  C  201    5.578  -4.031   16.322  1.00  20.47  C
HETATM  1766  C9   1UN  C  201    4.828  -5.323   15.889  1.00  21.72  C
HETATM  1767  C10  1UN  C  201    3.483  -2.959   16.821  1.00  23.23  C
HETATM  1768  C11  1UN  C  201    6.848  -3.955   15.521  1.00  17.31  C
HETATM  1769  N12  1UN  C  201    7.886  -4.465   16.233  1.00  14.35  N
HETATM  1770  C13  1UN  C  201    9.289  -4.534   15.760  1.00  14.28  C
HETATM  1771  C14  1UN  C  201    9.834  -3.158   15.420  1.00  12.88  C
HETATM  1772  C15  1UN  C  201    9.334  -5.409   14.470  1.00  13.75  C
HETATM  1773  C16  1UN  C  201   10.121  -5.118   16.937  1.00  11.47  C
HETATM  1774  O17  1UN  C  201    6.830  -3.538   14.345  1.00  12.42  O
HETATM  1775  C18  1UN  C  201    5.338  -1.596   16.518  1.00  22.63  C
HETATM  1776  C19  1UN  C  201    4.820  -0.446   15.641  1.00  19.98  C
HETATM  1777  C20  1UN  C  201    5.512  -0.302   14.283  1.00  16.51  C
HETATM  1778  O21  1UN  C  201    5.032   0.729   16.433  1.00  18.38  O
HETATM  1779  N22  1UN  C  201    4.758   0.743   13.606  1.00  14.95  N
HETATM  1780  C23  1UN  C  201    6.932   0.183   14.310  1.00  19.24  C
HETATM  1781  C24  1UN  C  201    3.879   0.393   12.645  1.00  18.85  C
HETATM  1782  O25  1UN  C  201    3.710  -0.787   12.306  1.00  8.39   O
HETATM  1783  C29  1UN  C  201    3.198   1.488   11.992  1.00  18.43  C
HETATM  1784  C30  1UN  C  201    3.939   2.596   11.522  1.00  21.44  C
HETATM  1785  C31  1UN  C  201    3.324   3.687   10.918  1.00  15.28  C
HETATM  1786  C32  1UN  C  201    1.951   3.659   10.753  1.00  20.01  C
HETATM  1787  C33  1UN  C  201    1.206   2.570   11.229  1.00  22.21  C
HETATM  1788  C34  1UN  C  201    1.806   1.460   11.829  1.00  20.56  C
HETATM  1789  O38  1UN  C  201   -0.164   2.619   11.201  1.00  25.11  O
HETATM  1790  C39  1UN  C  201    0.935   0.343   12.334  1.00  15.59  C
HETATM  1791  S74  1UN  C  201    7.747  -0.242   12.758  1.00  24.64  S
```

HETATM	1792	C77	1UN	C	201	7.704	1.203	11.820	1.00	23.51	C
HETATM	1793	C78	1UN	C	201	7.968	1.062	10.464	1.00	23.21	C
HETATM	1794	C79	1UN	C	201	7.972	2.204	9.686	1.00	24.60	C
HETATM	1795	C80	1UN	C	201	7.714	3.451	10.264	1.00	26.95	C
HETATM	1796	C81	1UN	C	201	7.443	3.580	11.630	1.00	26.67	C
HETATM	1797	C82	1UN	C	201	7.436	2.428	12.412	1.00	24.28	C
HETATM	1798	HNC	1UN	C	201	7.720	-4.933	17.075	1.00	0.00	H
HETATM	1799	HOL	1UN	C	201	5.974	0.772	16.537	1.00	0.00	H
HETATM	1800	HNM	1UN	C	201	4.879	1.681	13.867	1.00	0.00	H
HETATM	1801	HO	1UN	C	201	-0.438	3.374	10.694	1.00	0.00	H
HETATM	1802	O	HOH	W	303	5.234	-3.131	11.969	1.00	14.96	O
HETATM	1803	H1	HOH	W	303	5.477	-3.671	11.219	1.00	0.00	H
HETATM	1804	H2	HOH	W	303	5.334	-3.683	12.752	1.00	0.00	H
HETATM	1805	O	HOH	W	304	5.076	7.422	15.567	1.00	13.12	O
HETATM	1806	H1	HOH	W	304	5.772	7.838	15.063	1.00	0.00	H
HETATM	1807	H2	HOH	W	304	4.339	7.402	14.954	1.00	0.00	H
HETATM	1808	O	HOH	W	307	5.335	5.935	13.125	1.00	16.03	O
HETATM	1809	H1	HOH	W	307	4.568	5.581	13.584	1.00	0.00	H
HETATM	1810	H2	HOH	W	307	6.014	5.319	13.421	1.00	0.00	H
HETATM	1811	O	HOH	W	311	-13.460	13.885	15.757	1.00	16.10	O
HETATM	1812	H1	HOH	W	311	-13.160	13.018	15.459	1.00	0.00	H
HETATM	1813	H2	HOH	W	311	-13.885	14.273	14.990	1.00	0.00	H
HETATM	1814	O	HOH	W	312	0.734	13.895	22.914	1.00	23.51	O
HETATM	1815	H1	HOH	W	312	1.001	13.110	23.425	1.00	0.00	H
HETATM	1816	H2	HOH	W	312	-0.196	13.972	23.163	1.00	0.00	H
HETATM	1817	O	HOH	W	313	-8.231	10.258	13.646	1.00	19.89	O
HETATM	1818	H1	HOH	W	313	-8.251	9.544	13.012	1.00	0.00	H
HETATM	1819	H2	HOH	W	313	-8.321	11.067	13.132	1.00	0.00	H
HETATM	1820	O	HOH	W	315	7.441	-5.872	18.759	1.00	21.55	O
HETATM	1821	H1	HOH	W	315	6.892	-6.131	19.523	1.00	0.00	H
HETATM	1822	H2	HOH	W	315	6.999	-5.075	18.456	1.00	0.00	H
HETATM	1823	O	HOH	W	321	-6.267	5.402	12.208	1.00	21.29	O
HETATM	1824	H1	HOH	W	321	-6.924	6.002	12.570	1.00	0.00	H
HETATM	1825	H2	HOH	W	321	-5.674	5.955	11.702	1.00	0.00	H
HETATM	1826	O	HOH	W	325	-8.302	-9.541	12.085	1.00	22.90	O
HETATM	1827	H1	HOH	W	325	-7.684	-9.721	12.818	1.00	0.00	H
HETATM	1828	H2	HOH	W	325	-7.996	-8.690	11.737	1.00	0.00	H
HETATM	1829	O	HOH	W	326	2.448	0.339	34.685	1.00	30.94	O
HETATM	1830	H1	HOH	W	326	1.879	0.067	33.938	1.00	0.00	H
HETATM	1831	H2	HOH	W	326	3.144	-0.351	34.731	1.00	0.00	H
HETATM	1832	O	HOH	W	330	-6.663	12.558	15.554	1.00	32.93	O
HETATM	1833	H1	HOH	W	330	-6.269	13.436	15.500	1.00	0.00	H
HETATM	1834	H2	HOH	W	330	-6.115	12.119	16.213	1.00	0.00	H
HETATM	1835	O	HOH	W	334	-5.088	-7.234	20.927	1.00	32.43	O
HETATM	1836	H1	HOH	W	334	-5.495	-6.480	21.366	1.00	0.00	H
HETATM	1837	H2	HOH	W	334	-5.485	-8.000	21.350	1.00	0.00	H
HETATM	1838	O	HOH	W	335	10.510	-3.652	6.379	1.00	30.94	O
HETATM	1839	H1	HOH	W	335	10.503	-4.295	5.665	1.00	0.00	H
HETATM	1840	H2	HOH	W	335	9.642	-3.254	6.327	1.00	0.00	H
HETATM	1841	O	HOH	W	336	5.106	-2.663	32.895	1.00	32.30	O
HETATM	1842	H1	HOH	W	336	5.296	-2.428	33.809	1.00	0.00	H

HETATM	1843	H2	HOH	W	336	5.047	-3.620	32.898	1.00	0.00	H
HETATM	1844	O	HOH	W	406	-3.785	-7.271	3.146	1.00	33.45	O
HETATM	1845	H1	HOH	W	406	-4.416	-7.991	3.040	1.00	0.00	H
HETATM	1846	H2	HOH	W	406	-2.952	-7.691	2.903	1.00	0.00	H
HETATM	1847	O	HOH	W	407	2.786	-1.850	30.195	1.00	20.63	O
HETATM	1848	H1	HOH	W	407	1.918	-2.164	30.425	1.00	0.00	H
HETATM	1849	H2	HOH	W	407	3.020	-1.184	30.842	1.00	0.00	H
HETATM	1850	O	HOH	W	410	-6.137	-10.542	12.920	1.00	28.70	O
HETATM	1851	H1	HOH	W	410	-6.502	-11.051	13.650	1.00	0.00	H
HETATM	1852	H2	HOH	W	410	-6.369	-11.056	12.143	1.00	0.00	H
HETATM	1853	O	HOH	W	411	-3.924	3.708	0.732	1.00	31.92	O
HETATM	1854	H1	HOH	W	411	-3.064	3.678	1.165	1.00	0.00	H
HETATM	1855	H2	HOH	W	411	-3.808	4.346	0.023	1.00	0.00	H
HETATM	1856	O	HOH	W	414	-12.050	10.458	11.398	1.00	33.41	O
HETATM	1857	H1	HOH	W	414	-11.858	9.740	12.006	1.00	0.00	H
HETATM	1858	H2	HOH	W	414	-11.341	10.367	10.749	1.00	0.00	H
HETATM	1859	O	HOH	W	421	-16.137	6.118	7.536	1.00	30.84	O
HETATM	1860	H1	HOH	W	421	-16.317	5.558	6.773	1.00	0.00	H
HETATM	1861	H2	HOH	W	421	-15.650	6.858	7.167	1.00	0.00	H
HETATM	1862	O	HOH	W	423	-17.910	3.119	18.722	1.00	36.88	O
HETATM	1863	H1	HOH	W	423	-17.740	2.751	19.606	1.00	0.00	H
HETATM	1864	H2	HOH	W	423	-17.275	3.852	18.633	1.00	0.00	H
HETATM	1865	O	HOH	W	425	-17.593	-7.157	24.615	1.00	33.68	O
HETATM	1866	H1	HOH	W	425	-18.081	-7.444	23.838	1.00	0.00	H
HETATM	1867	H2	HOH	W	425	-16.676	-7.151	24.323	1.00	0.00	H
HETATM	1868	O	HOH	W	426	-13.937	6.193	5.218	1.00	37.58	O
HETATM	1869	H1	HOH	W	426	-14.212	5.616	4.499	1.00	0.00	H
HETATM	1870	H2	HOH	W	426	-14.028	7.073	4.853	1.00	0.00	H
HETATM	1871	O	HOH	W	432	8.036	14.513	31.996	1.00	37.94	O
HETATM	1872	H1	HOH	W	432	8.934	14.612	32.303	1.00	0.00	H
HETATM	1873	H2	HOH	W	432	8.091	13.979	31.203	1.00	0.00	H
HETATM	1874	O	HOH	W	433	3.550	-8.127	27.967	1.00	40.21	O
HETATM	1875	H1	HOH	W	433	2.600	-8.057	27.825	1.00	0.00	H
HETATM	1876	H2	HOH	W	433	3.726	-9.067	27.881	1.00	0.00	H
HETATM	1877	O	HOH	W	507	-9.630	-8.165	22.433	1.00	30.93	O
HETATM	1878	H1	HOH	W	507	-10.412	-7.697	22.722	1.00	0.00	H
HETATM	1879	H2	HOH	W	507	-8.931	-7.532	22.344	1.00	0.00	H
HETATM	1880	O	HOH	W	508	-12.721	2.567	28.312	1.00	40.80	O
HETATM	1881	H1	HOH	W	508	-12.210	1.897	27.844	1.00	0.00	H
HETATM	1882	H2	HOH	W	508	-13.047	2.096	29.080	1.00	0.00	H
HETATM	1883	O	HOH	W	510	4.357	3.347	7.491	1.00	42.96	O
HETATM	1884	H1	HOH	W	510	4.936	3.294	6.739	1.00	0.00	H
HETATM	1885	H2	HOH	W	510	4.345	4.273	7.729	1.00	0.00	H
HETATM	1886	O	HOH	W	515	-17.480	3.298	22.163	1.00	43.31	O
HETATM	1887	H1	HOH	W	515	-17.918	4.147	22.050	1.00	0.00	H
HETATM	1888	H2	HOH	W	515	-16.569	3.517	21.920	1.00	0.00	H
HETATM	1889	O	HOH	W	301	16.009	-5.887	20.978	1.00	12.65	O
HETATM	1890	H1	HOH	W	301	16.305	-6.171	21.842	1.00	0.00	H
HETATM	1891	H2	HOH	W	301	15.252	-6.444	20.783	1.00	0.00	H
HETATM	1892	O	HOH	W	302	5.180	-3.368	23.260	1.00	12.71	O
HETATM	1893	H1	HOH	W	302	4.263	-3.195	23.451	1.00	0.00	H

HETATM	1894	H2	HOH	W	302	5.261	-4.316	23.154	1.00	0.00	H
HETATM	1895	O	HOH	W	305	17.658	-6.282	26.168	1.00	12.37	O
HETATM	1896	H1	HOH	W	305	17.410	-5.383	25.976	1.00	0.00	H
HETATM	1897	H2	HOH	W	305	17.870	-6.730	25.353	1.00	0.00	H
HETATM	1898	O	HOH	W	308	9.115	1.842	32.020	1.00	13.20	O
HETATM	1899	H1	HOH	W	308	10.044	1.590	32.163	1.00	0.00	H
HETATM	1900	H2	HOH	W	308	9.201	2.644	31.480	1.00	0.00	H
HETATM	1901	O	HOH	W	309	10.894	1.946	33.840	1.00	24.09	O
HETATM	1902	H1	HOH	W	309	10.978	1.649	34.760	1.00	0.00	H
HETATM	1903	H2	HOH	W	309	10.008	2.325	33.811	1.00	0.00	H
HETATM	1904	O	HOH	W	314	18.661	-0.182	7.011	1.00	21.70	O
HETATM	1905	H1	HOH	W	314	19.469	-0.658	6.847	1.00	0.00	H
HETATM	1906	H2	HOH	W	314	18.155	-0.695	7.639	1.00	0.00	H
HETATM	1907	O	HOH	W	318	0.434	13.176	29.697	1.00	22.97	O
HETATM	1908	H1	HOH	W	318	-0.256	12.489	29.719	1.00	0.00	H
HETATM	1909	H2	HOH	W	318	0.008	13.928	30.121	1.00	0.00	H
HETATM	1910	O	HOH	W	319	21.935	-8.040	25.660	1.00	27.53	O
HETATM	1911	H1	HOH	W	319	22.142	-8.092	26.595	1.00	0.00	H
HETATM	1912	H2	HOH	W	319	21.768	-7.104	25.535	1.00	0.00	H
HETATM	1913	O	HOH	W	329	22.557	6.709	32.339	1.00	28.47	O
HETATM	1914	H1	HOH	W	329	23.165	6.802	33.095	1.00	0.00	H
HETATM	1915	H2	HOH	W	329	22.712	7.548	31.881	1.00	0.00	H
HETATM	1916	O	HOH	W	338	19.466	4.870	32.347	1.00	28.52	O
HETATM	1917	H1	HOH	W	338	19.733	4.288	31.625	1.00	0.00	H
HETATM	1918	H2	HOH	W	338	20.212	5.463	32.458	1.00	0.00	H
HETATM	1919	O	HOH	W	343	8.740	8.659	33.794	1.00	36.92	O
HETATM	1920	H1	HOH	W	343	9.121	7.883	33.371	1.00	0.00	H
HETATM	1921	H2	HOH	W	343	7.793	8.595	33.695	1.00	0.00	H
HETATM	1922	O	HOH	W	403	15.698	6.339	11.861	1.00	27.65	O
HETATM	1923	H1	HOH	W	403	16.337	5.896	11.293	1.00	0.00	H
HETATM	1924	H2	HOH	W	403	15.022	6.629	11.241	1.00	0.00	H
HETATM	1925	O	HOH	W	408	10.371	8.965	10.394	1.00	32.85	O
HETATM	1926	H1	HOH	W	408	11.210	8.542	10.207	1.00	0.00	H
HETATM	1927	H2	HOH	W	408	10.612	9.795	10.809	1.00	0.00	H
HETATM	1928	O	HOH	W	413	4.831	15.996	18.911	1.00	29.15	O
HETATM	1929	H1	HOH	W	413	5.238	15.243	19.378	1.00	0.00	H
HETATM	1930	H2	HOH	W	413	4.975	16.752	19.505	1.00	0.00	H
HETATM	1931	O	HOH	W	415	10.684	-5.888	25.636	1.00	34.62	O
HETATM	1932	H1	HOH	W	415	10.330	-6.749	25.428	1.00	0.00	H
HETATM	1933	H2	HOH	W	415	10.432	-5.730	26.544	1.00	0.00	H
HETATM	1934	O	HOH	W	416	26.437	-3.352	7.284	1.00	37.62	O
HETATM	1935	H1	HOH	W	416	25.538	-3.470	6.960	1.00	0.00	H
HETATM	1936	H2	HOH	W	416	26.816	-2.771	6.618	1.00	0.00	H
HETATM	1937	O	HOH	W	422	5.020	-5.617	20.608	1.00	44.41	O
HETATM	1938	H1	HOH	W	422	4.539	-4.932	20.113	1.00	0.00	H
HETATM	1939	H2	HOH	W	422	4.402	-6.355	20.632	1.00	0.00	H
HETATM	1940	O	HOH	W	424	32.947	5.837	16.574	1.00	31.83	O
HETATM	1941	H1	HOH	W	424	32.010	5.977	16.773	1.00	0.00	H
HETATM	1942	H2	HOH	W	424	32.971	4.880	16.469	1.00	0.00	H
HETATM	1943	O	HOH	W	431	27.566	3.246	22.319	1.00	39.50	O
HETATM	1944	H1	HOH	W	431	26.791	2.733	22.603	1.00	0.00	H

```
HETATM 1945 H2 HOH W 431 28.302 2.719 22.648 1.00 0.00 H
HETATM 1946 O HOH W 506 19.627 8.479 11.626 1.00 36.28 O
HETATM 1947 H1 HOH W 506 19.809 9.389 11.876 1.00 0.00 H
HETATM 1948 H2 HOH W 506 19.977 8.426 10.733 1.00 0.00 H
HETATM 1949 O HOH W 513 -0.200 -8.907 8.539 1.00 39.96 O
HETATM 1950 H1 HOH W 513 -0.387 -8.220 9.201 1.00 0.00 H
HETATM 1951 H2 HOH W 513 0.733 -8.710 8.374 1.00 0.00 H
HETATM 1952 O HOH W 514 23.930 -12.388 19.893 1.00 40.53 O
HETATM 1953 H1 HOH W 514 24.054 -13.254 20.280 1.00 0.00 H
HETATM 1954 H2 HOH W 514 23.810 -12.553 18.956 1.00 0.00 H
END
```

ANEXO II

AII.1 MEIOS DE CULTURA

Todos os meios apresentados estão na forma de caldo (líquido). Caso queira meio sólido, adicione de 18 a 20 g/L de ágar.

AII.1.1 MEIO LB

- Triptona 1%
- NaCl 1%
- Extrato de Levedura 0,5%
- Ajustar pH para 7,4

AII.1.2 MEIO 2X TY

- Triptona 1,6%
- NaCl 1%
- Extrato de levedura 8,5 mM

AII.1.3 MEIO CALDO NUTRIENTE

- Extrato de carne: 3 g/L
- Peptona: 5 g/L

AII.1.4 MEIO LB/X-GAL

Meio LB com:

- IPTG 1 M: 0,1 mL/L
- X-Gal 2% (solubilizado em DMSO): 2 mL/L

AII.1.5 MEIO SOC

Triptona 2%

Extrato de levedura 0,5%

NaCl 10 mM

- KCl 2,5 mM
- $MgCl_2$ 10 mM
- $MgSO_4$ 10 mM
- Glicose 20 mM

AII.1.6 MEIO YPD

- Extrato de levedura 1%
- Peptona 2%
- Glicose 2%

Dica

- Para fazer o meio YPDS, adicionar 18% de sorbitol.

AII.1.7 MEIO SC

- Glicose: 20 g/L
- Base de nitrogênio para leveduras sem aminoácidos: 6,7 g/L
- Mistura dos aminoácidos específicos (cada um tem uma quantidade específica)

AII.1.8 MEIO YPAD

- Extrato de levedura: 10 g/L
- Peptona: 20 g/L
- Glicose: 20 g/L
- Sulfato de adenina: 40 mg/L

Tabela A2.1 Antibióticos com concentração de uso e concentração estoque.

Antibiótico	Concentração estoque	Concentração de uso
Ampicilina	100 mg/mL	100 µg/mL
Carbenicilina	50 mg/mL	50 µg/mL
Cloranfenicol	34 mg/mL	34 µg/mL
Canamicina	25 mg/mL	25 µg/mL
Gentamicina	50 mg/mL	10 µg/mL

AII.2 FENOL PARA LIMPEZA DE DNA

- Funda o fenol a 68 °C.
- Adicione o mesmo volume de água destilada.
- Misture e incube a 4 °C por no mínimo uma noite.
- Retire a água com uma pipeta de Pasteur e descarte-a em um recipiente apropriado.
- Lave a fase orgânica (inferior) com o mesmo volume de Tris-HCl 0,5 M pH 8,0.
- Retire a fase superior com uma pipeta de Pasteur e descarte-a em recipiente apropriado.
- Lave a fase orgânica (inferior) com o mesmo volume de Tris-HCl 0,1 M pH 8,0.
- Retire a fase superior com pipeta de Pasteur e descarte-a em recipiente apropriado.
- Guarde a mistura na geladeira com uma pequena camada de Tris-HCl 0,1 M pH 8,0.

Dica

- O fenol é extremamente tóxico e, portanto, sua manipulação deve ser feita em câmara de gases. Para o descarte em local apropriado, e exclusivamente para este reagente, recomenda-se vidro.

SOBRE OS AUTORES

CLARISSA PUJOL

Licenciada em Ciências Biológicas pela Universidade Federal do Rio Grande do Sul (2003), possui mestrado em Medicina: Ciências Médicas pela Universidade Federal do Rio Grande do Sul (2006). Atuou como pesquisadora no laboratório de genética molecular do serviço de genética médica do Hospital de Clínicas de Porto Alegre. Bióloga no Hereditare - Centro de Genética Médica e Biologia Molecular/Porto Alegre (2006-2008).

DINLER AMARAL ANTUNES

Formado em Biomedicina pela Universidade Federal do Rio Grande do Sul (UFRGS), possui mestrado e doutorado pelo programa de pós-graduação em Genética e Biologia Molecular (PPGBM/UFRGS). Nesse período, trabalhou com imunoinformática estrutural junto ao Núcleo de Bioinformática do Laboratório de Imunogenética (NBLI). Atualmente realiza pós-doutorado no Departamento de Ciências da Computação da Rice University (Houston/TX), desenvolvendo novos métodos de ancoramento molecular para peptídeos grandes com foco em alelos de MHC com interesse biomédico.

FERNANDA MATIAS

Bacharel em Ciências Biológicas pela Universidade Federal do Rio Grande do Sul (2003), possui doutorado em Biotecnologia pela Universidade de São Paulo (2009). Atuou como pós-doutoranda em Bioquímica pela USP (2009-2010) e em Patologia pela UFCSPA (2011-2012). É professora da Universidade Federal Rural do Semi-Árido (UFERSA) desde 2012. Tem experiência na área de Microbiologia, com ênfase em Microbiologia Industrial e de Fermentação, atuando principalmente nos seguintes campos: Actinomicetos, Microbiologia Industrial e Aplicada, Biotecnologia, Biologia Molecular, Bioinformática, Taxonomia Bacteriana, Propriedade Intelectual e Inovação em Biotecnologia.

GUSTAVO FIORAVANTI VIEIRA

Possui graduação em Ciências Biológicas com ênfase em Molecular, Celular e Funcional pela Universidade Federal do Rio Grande do Sul (2002) e doutorado em Ciências pelo Programa de Genética e Biologia Molecular da Universidade Federal do Rio Grande do Sul (2008). Atualmente é professor-colaborador do programa de pós-graduação em Genética e Biologia Molecular da UFRGS. Tem experiência na área de Imunologia, com ênfase na compreensão dos mecanismos estruturais que regem a imunogenicidade de células T para aplicação no desenvolvimento de vacinas racionalizadas. Por trabalhos nessa área, recebeu um financiamento da Fundação Bill & Melinda Gates em 2009 pelo programa Grand Challenges Exploration, Round II. Possui colaborações com outros projetos de bioinformática estrutural envolvendo estudos de variantes de oxitocina, estudos da enzima alfa-l-iduronidase, fatores de coagulação e resistência do HIV a fármacos. Recentemente, publicou um artigo com sua equipe na *Nature*.

GUSTAVO PELICIOLI RIBOLDI

Possui graduação em Farmácia com ênfase em Bioquímica pela Pontifícia Universidade Católica do Rio Grande do Sul (PUCRS), além dos títulos de mestre e doutor em Biologia Celular e Molecular pelo Centro de Biotecnologia da Universidade Federal do Rio Grande do Sul (CBiot, UFRGS). Atuou como pesquisador visitante da Virginia Polytechnic and State University, nos Estados Unidos, e como pós-doutorando na Newcastle University, na Inglaterra. Possui experiência nas áreas de Biotecnologia, Biologia Molecular, Bioquímica, Microbiologia, Bioinformática e Biologia Estrutural, atuando diretamente nas áreas de metaloproteômica, caracterização de alvos moleculares para o desenvolvimento de antibacterianos e produção recombinante de biofármacos.

JUAN DIEGO ROJAS

Possui graduação em Microbiologia Industrial pela Pontificia Universidad Javeriana, na Colômbia (2004). Realizou seu doutorado no departamento de Biotecnologia da USP no laboratório de genética de Streptomyces (2010). Ainda nessa linha de pesquisa, realizou um pós-doutorado no laboratório de bioprodutos. Atualmente trabalha no laboratório de biotecnologia de Braskem S.A. como pesquisador na área de Biologia Molecular. Tem experiência na área de Biotecnologia, com ênfase em Genética, Fermentações e produtos naturais, atuando principalmente nos seguintes temas: Endofítico, Streptomyces, Biofármacos, Engenharia metabólica e Biologia sintética. Possui especial interesse no gerenciamento de projetos com fins biotecnológicos.

MATEUS SCHREINER GARCEZ LOPES

Responsável pela área de Inovação em Biotecnologia da Braskem, que incluem atividades de avaliação tecno-econômica de projetos, construção de planos de negócios, análise de propriedade intelectual e coordenação dos projetos de prova de conceito. Possui sólida experiência em engenharia metabólica e gestão de projetos de biotecnologia. Coordena projetos em cooperação com universidades (Edital FAPESP/Braskem) e atualmente é membro do Conselho Consultivo Industrial do Synberc (Synthetic Biology Engineering Research Center, na Califórnia). É responsável pelo projeto de desenvolvimento do butadieno verde em cooperação com a empresa norte-americana Genomatica e por novos projetos de biotecnologia da Braskem. Doutor em Biotecnologia pela Universidade de São Paulo e pela Friedrich-Alexander-Universität, na Alemanha, já trabalhou em projetos de pesquisa no Institute of Natural Energy, nos Estados Unidos, no Instituto de Biotecnología da Universidad Nacional Autónoma de México (Unam), no México, e no Instituto de Pesquisa Tecnológicas do IPT, em São Paulo.

MAURÍCIO MENEGATTI RIGO

Formado em Biomedicina pela Universidade Federal do Rio Grande do Sul, possui mestrado pelo programa de pós-graduação em Genética e Biologia Molecular da UFRGS (PPGBM-UFRGS). Atualmente é pós-graduando em nível de doutorado pelo mesmo programa junto ao Núcleo de Bioinformática do Laboratório de Imunogenética. Tem experiência na área de Imunogenética com ênfase em Bioinformática no desenvolvimento de vacinas. Inscrito no CRBM – 5ª Região, com habilitação nas áreas de Imunologia, Biologia Molecular, Genética e Virologia.

NÉLSON ALEXANDRE KRETZMANN FILHO

Possui graduação em Ciências Biológicas (bacharel em Bio-Patologia) pela Universidade Luterana do Brasil (2005), mestrado em Genética e Toxicologia Aplicada pela Universidade Luterana do Brasil (2006), doutorado em Medicina pela Universidade Federal de Ciências da Saúde de Porto Alegre UFCSPA (2010) e pós-doutorado em Patologia pela UFCSPA (2011). Atualmente é professor do Centro Universitário Ritter dos Reis (Laureate International Universities), professor colaborador do PPG em Medicina Animal: Equinos da UFRGS, professor colaborador do PPG em Medicina Hepatologia e do Laboratório de Microbiologia Molecular (UFCSPA) e professor colaborador do Instituto de Educação e Pesquisa do Hospital Moinhos de Vento. Tem experiência na área de Fisiologia e Biologia Molecular com ênfase em Gastroenterologia, atuando principalmente nos seguintes temas: Terapia Celular, Biologia Molecular, Patologia, Histologia e Câncer.

SABRINA DICK

Doutora em Ciências Morfológicas pela Universidade Federal do Rio de Janeiro na área de terapia celular, bioengenharia de tecidos e biopolímeros. Possui pós-doutorados pela Universidade do Minho (UMINHO), em Portugal, no Laboratório de Biologia Molecular e Sintética, e pela Universidade Federal de Santa Catarina, no Laboratório de Tecnologias Integradas (InteLab/

CTC/UFSC) e no Laboratório de Células Tronco e Regeneração Tecidual (LACERT/Departamento de Biologia Celular, Embriologia e Genética/UFSC). Possui graduação em Ciências Biológicas com ênfase celular, molecular e funcional pela Universidade Federal do Rio Grande do Sul (UFRGS, 2001). Tem também experiência na área de Bioquímica com ênfase em proteínas de citoesqueleto e erros inatos do metabolismo.

CAMILA MÍRYAN DE OLIVEIRA FERREIRA

Graduada em Biotecnologia pela Universidade Federal Rural do Semi-Árido (2013), possui mestrado em Produção Animal pela Universidade Federal Rural do Semi-Árido com ênfase na área de Biologia Molecular e Biotecnologia.

KAMILLA CARVALHO

É graduada em Biotecnologia pela Universidade Federal Rural do Semi-Árido (UFERSA). Possui experiência em Morfologia Vegetal na área de Ilustração Botânica. É estagiária e bolsista PICI do Laboratório de Biotecnologia Vegetal e Horta do Departamento de Ciências Vegetais (DCV) na área de melhoramento vegetal e biotecnologia. Participante do Grupo de Estudos em Recursos Genéticos e Biotecnologia Vegetal (GERMEV-UFERSA), que enfatiza o melhoramento genético de cucurbitáceas assistido por marcadores moleculares.

KARINA TEIXEIRA PINHEIRO

Graduada em Enfermagem pela Universidade Federal de Ciências da Saúde Porto Alegre (UFCSPA), Pós graduada pelo programa de Residência Integrada Multiprofissional em Saúde do Hospital de Clínicas de Porto Alegre - HCPA com ênface em Serviço de Controle de Infecção Hospitalar. Atua como enfermeira no Hospital Universitário Dr. Miguel Riet Corrêa Jr.

LAURA TREVIZAN CORRÊA

Graduada em Biomedicina pela Universidade Federal de Ciências da Saúde de Porto Alegre com habilitação em Análises Clínicas, Biologia Molecular e Genética e experiência profissional em Pesquisa Clínica e Controle de Qualidade. Possui mestrado profissionalizante em Biotecnologia Farmacêutica pela Pontifícia Universidade Católica do Rio Grande do Sul, onde trabalhou com modelo animal de glioblastoma, com desenvolvimento de pesquisa básica em inflamação e câncer.

LIZANDRA DE SOUZA CORDEIRO

Graduada em Biotecnologia pela Universidade Federal Rural do Semi-Árido (UFERSA).

GRÁFICA PAYM
Tel. [11] 4392-3344
paym@graficapaym.com.br